# 装备电磁辐射效应规律与作用机理
## Feature and Mechanism of Electromagnetic
## Radiation Effects for Equipment

魏光辉　潘晓东　万浩江　著

国防工业出版社

·北京·

**图书在版编目（CIP）数据**

装备电磁辐射效应规律与作用机理／魏光辉，潘晓东，万浩江著. —北京：国防工业出版社，2018.12
ISBN 978 – 7 – 118 – 11721 – 9

Ⅰ. ①装… Ⅱ. ①魏… ②潘… ③万… Ⅲ. ①电磁辐射 – 辐射效应 – 研究 Ⅳ. ①O441.4

中国版本图书馆 CIP 数据核字（2018）第 290258 号

※

*国防工业出版社*出版发行
（北京市海淀区紫竹院南路 23 号　邮政编码 100048）
三河市腾飞印务有限公司印刷
新华书店经售
*
开本 710×1000　1/16　印张 13¾　字数 234 千字
2018 年 12 月第 1 版第 1 次印刷　印数 1—2000 册　定价 89.00 元

**（本书如有印装错误，我社负责调换）**

国防书店：(010)88540777　　发行邮购：(010)88540776
发行传真：(010)88540755　　发行业务：(010)88540717

# 致 读 者

本书由中央军委装备发展部**国防科技图书出版基金**资助出版。

为了促进国防科技和武器装备发展,加强社会主义物质文明和精神文明建设,培养优秀科技人才,确保国防科技优秀图书的出版,原国防科工委于1988年初决定每年拨出专款,设立国防科技图书出版基金,成立评审委员会,扶持、审定出版国防科技优秀图书。这是一项具有深远意义的创举。

**国防科技图书出版基金**资助的对象是:

1. 在国防科学技术领域中,学术水平高,内容有创见,在学科上居领先地位的基础科学理论图书;在工程技术理论方面有突破的应用科学专著。

2. 学术思想新颖,内容具体、实用,对国防科技和武器装备发展具有较大推动作用的专著;密切结合国防现代化和武器装备现代化需要的高新技术内容的专著。

3. 有重要发展前景和有重大开拓使用价值,密切结合国防现代化和武器装备现代化需要的新工艺、新材料内容的专著。

4. 填补目前我国科技领域空白并具有军事应用前景的薄弱学科和边缘学科的科技图书。

国防科技图书出版基金评审委员会在中央军委装备发展部的领导下开展工作,负责掌握出版基金的使用方向,评审受理的图书选题,决定资助的图书选题和资助金额,以及决定中断或取消资助等。经评审给予资助的图书,由中央军委装备发展部国防工业出版社出版发行。

国防科技和武器装备发展已经取得了举世瞩目的成就,国防科技图书承担着记载和弘扬这些成就,积累和传播科技知识的使命。开展好评审工作,使有限的基金发挥出巨大的效能,需要不断摸索、认真总结和及时改进,更需要国防科技和武器装备建设战线广大科技工作者、专家、教授,以及社会各界朋友的热情支持。

让我们携起手来,为祖国昌盛、科技腾飞、出版繁荣而共同奋斗!

**国防科技图书出版基金**

评审委员会

# 前　言

现代信息化条件下的联合作战将是基于信息系统的体系对抗,是全系统、全方位、电磁频谱支持下陆、海、空、天及电磁、网络领域的综合对抗。作战任务的实施通常需要运用信息系统把各种作战力量、作战单元、作战要素融合为整体作战能力,逐步构建作战要素无缝链接、作战平台自主协同的一体化联合作战体系,实现部队从机械化到信息化的转变。为实现装备互联互通,用频装备需追求更远的作用距离,更大的空、时、频域覆盖范围,使其接收灵敏度进一步提高,发射功率进一步增大。大功率用频设备的不断增加以及电子战系统、电磁脉冲弹和高功率微波武器的出现,使战场电磁环境日趋复杂、恶劣,各种武器装备不仅处于己方武器装备产生的强电磁辐射、自然和民用设备产生的电磁辐射的包围之中,还会遇到超宽谱、高功率微波等定向能武器、电磁脉冲弹及强电磁辐射干扰机等敌方的有意干扰,武器装备能否具有良好的电磁环境适应性,已经成为完成战场情报侦察、目标探测识别、联合指挥控制、武器精确攻击以及多军兵种协同作战任务的决定性因素之一,直接影响战争的成败。

准确揭示装备电磁辐射效应规律和作用机理,既是针对装备电磁防护薄弱环节对症下药进行电磁防护加固的依据,也是基于装备电磁辐射敏感特性建立装备多源电磁辐射效应预测模型,探索装备复杂电磁环境适应性试验评估方法的基础工作,是破解装备复杂电磁环境适应性试验评估的技术难题,是提高装备战场复杂电磁环境适应性和强场电磁防护能力的必经之路。基于上述目的,我们选择典型通信电台、无线电引信作为受试对象,系统研究了其窄谱连续波电磁辐射效应与宽谱强电磁脉冲辐射效应,比较了电磁辐射场调制方式对受试装备效应规律的影响,确定了用频装备电磁辐射效应共性规律和作用机理,给出了电磁防护方法、技术措施和试验验证结果,能够为提升相关装备的电磁环境适应性和确定新型装备电磁兼容与防护技术指标提供技术支撑。

本书以装备电磁辐射效应规律研究为主线,从战场电磁环境分析入手,系统阐述了静电、雷电等电磁脉冲源的特性及其一般防护方法,分析了人为电磁辐射源特性,总结了电子信息装备面临的电磁环境问题。重点分析了电磁辐射效应试验方法研究的现状,给出了不同方法的优缺点和适用范围,阐明了提高装备电磁辐射效应试验准确度应遵循的原则和技术问题。从单频、扫频、调幅连续波电磁辐射效应和宽谱强电磁脉冲辐射效应两方面,系统阐述了典型通信电台、无线电引信的电磁辐射效应规律,确定了引起干扰效应的能量耦合通道,揭示了作用机理,提出了防护加固方法。

全书共分 7 章:第 1 章阐述了战场电磁环境构成、特点及相关概念,总结了电磁危害源的基本特性,给出了防止静电、雷电危害的一般方法;第 2 章从作战样式变化和装备发展两方面,系统总结了电子信息装备面临的电磁环境威胁,分析了产生电磁不兼容问题的本质原因,指出了试验方法存在的问题;第 3 章总结了电磁辐射效应试验方法的研究现状,给出了不同试验方法的适用范围以及降低装备连续波电磁辐射效应、电磁脉冲辐射效应试验误差的试验程序和一般要求,阐明了连续波电磁环境和电磁脉冲场模拟方法;第 4 章给出了典型通信电台、无线电引信的单频、扫频、调幅电磁辐射效应试验结果,通过综合分析、比较,确定了窄谱连续波电磁辐射效应规律;第 5 章给出了典型通信电台、无线电引信的宽谱电磁脉冲和窄带高功率微波辐射效应试验结果,分析了效应机理,给出了防护加固方法并进行了试验验证;第 6 章通过理论分析和试验验证,系统阐述了无线电引信连续波电磁辐射效应机理,给出了无线电引信综合防护对策和高效干扰方法;第 7 章总结了装备电磁辐射共性效应规律,阐明了复杂电磁环境效应试验、评估技术的发展方向。

本书由魏光辉提出纲目并撰写,潘晓东提供了第 3 章的初稿,万浩江提供了第 1 章的初稿。书中采纳的效应数据均来自实装试验,是项目组工作人员和研究生共同研究的结果。

由于作者水平有限,书中难免存在疏漏和欠妥之处,敬请广大读者批评指正。

作 者

2018 年 5 月

# 目　录

# Contents

# 第 1 章　战场电磁环境分析

　　面对周边军事安全形势、国家利益拓展以及新军事变革发展的要求,打赢一场信息化条件下的局部战争,已成为我军当前面临的一项重大战略任务。未来信息化条件下的一体化联合作战,参战军兵种数量多,作战样式丰富,电子信息装备广泛应用,电磁空间日趋拥挤,制信息权和制电磁权将成为双方争夺的焦点。随着用频装备和新型电磁武器的广泛应用,战场电磁环境日趋复杂、恶劣。在未来战场复杂电磁环境中,能否解决用频装备的电磁环境适应性问题已成为战场情报侦察、目标探测识别、联合指挥控制、武器精确打击以及多军兵种协同作战的重要保证,将直接影响我军武器装备的信息化作战效能,甚至影响到战争的成败。

## 1.1　战场电磁环境概述

　　任何作战行动都是在一定的环境中进行的,作战环境是一个时代的科学技术、军事战略战术与自然因素有机结合的产物。由于战争形态和军队建设向信息化转型,现代战争开辟了陆、海、空、天四维战场空间之外的电磁空间,从而诞生了现代战场环境的又一新的构成要素——电磁环境。

### 1.1.1　基本概念及内涵

　　在 GJB 72A—2002《电磁干扰和电磁兼容性术语》中,给出了电磁环境的定义:电磁环境是指存在于给定场所的所有电磁现象的总和。国际电气和电子工程师协会给出的定义则是指一个设备、分系统或系统在完成其规定的任务时可能遇到的辐射或传导电磁发射电平在不同频段内的功率、场强分布。美军在2007 年 10 月出版的《国防部军事相关术语词典》中也给出了电磁环境的定义,是指在特定的行动环境里军队、系统或者平台执行其规定的任务时可能遇到的,在各种频率范围内由辐射或传导构成的电磁发射(电平)功率的时间分布结果。上述定义从不同的侧面描述了电磁环境的特点、内涵,但并不完全符合中文对环境的描述。吸收上述三种定义的精华,给出电磁环境的概念与读者商榷:电磁环

1

境是指一个设备、分系统或系统在完成其规定的任务时可能遇到的,由各种频率范围内的电磁辐射发射信号和传导信号构成的开放空间或密闭空间,其特点是电磁信号频谱分布随时间不断变化。

未来信息化战争,电子信息装备和新型电磁武器广泛应用,战场电磁环境日趋复杂、恶劣。各种武器装备不仅处于己方武器装备产生的电磁辐射、自然和民用电磁辐射的包围之中,还会遇到超宽谱电磁脉冲、高功率微波等定向能武器、电磁脉冲弹及强电磁辐射干扰机等敌方的有意干扰,如图 1 - 1 所示。其中:静电、雷电、核电磁脉冲和超宽谱电磁脉冲武器激发瞬变电磁场,涵盖较宽的频率范围;系统内和系统外电磁辐射、高功率微波及电子战武器除了激发电磁噪声辐射外,主要激发载波及其谐波电磁辐射,涵盖较窄的频率范围。这些电磁信号在空域上纵横交错、时域上持续不断、频域上密集重叠、效能上随机多变,对电子信息装备和弹药、导弹等武器系统产生电磁干扰或毁伤作用。

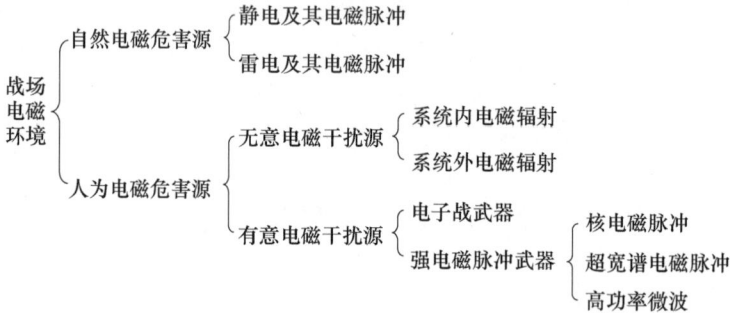

图 1 - 1 战场电磁环境构成要素

美军在 2000 年出版的《联合电子战条令》中指出:军事行动是在越来越复杂的电磁环境中实施的。由于战场电磁环境受参战地域装备的分布状况、工作频率、辐射功率、辐射方式、所处地理环境、气象条件等多种因素的影响,所以战场电磁环境是复杂的、随机的,通常称为复杂电磁环境。复杂电磁环境可能严重影响信息系统和电子设备的正常工作,削弱武器装备的作战效能。

复杂电磁环境由人为的和自然的、民用的和军用的、敌方的和我方的、对抗的和非对抗的多种电磁信号动态随机交叠构成,在时域、频域、能域和空域上分布密集、数量繁多、样式复杂,能够对电子装备、电爆装置和人员等产生一定的影响。

### 1.1.2 复杂电磁环境的特点

未来信息化战争在陆、海、空、天、电五维战场空间展开,电磁环境已成为战场环境的重要构成要素,并广泛渗透到陆、海、空、天四维空间中。在相对有限的战场空间中,将密集布设多军兵种的高功率用频装备和电子对抗装备,电磁环境复杂程度不断提高,主要表现为:"密、杂、争、变、强"。

**1. 密——信号密集**

一是空域上的"密"。各种新型用频装备、系统不断涌现并投入战场,而且辐射源部署使用和运载平台呈现多维化、立体化和网络化的特点,使用范围不断增大,部署密度急剧增大。据国外有关资料统计,在海湾战争中,美军在狭小的区域和空间内就开设了通信枢纽 2500 多个、电台 1.62 万部,电磁辐射源的数量达数万个以上。

二是频域上的"密"。现代战场上的各种电磁信号纷繁复杂,各类用频装备的使用频段几乎包括了从超长波、长波、短波、超短波、微波、毫米波直至红外、紫外的几乎所有电磁频谱。不同的装备,甚至在同一频段协同工作,其杂散辐射、谐波辐射和寄生噪声辐射使电磁环境更加复杂,频谱密集度不断提高。

三是时域上的"密"。各种用频装备共存于同一空间,电磁信号密集重叠,电磁脉冲密度不断提高。以空中雷达信号为例,在接收机动态范围内,20 世纪 70 年代雷达脉冲密度是 4 万脉冲/s,20 世纪 80 年代是 80 万脉冲/s,20 世纪 90 年代是 150 万脉冲/s,到 2010 年已超过 200 万脉冲/s。脉冲密度的不断增加,对用频装备的正常工作将产生不利影响。以某方向典型防御体系为例,据有关资料显示:敌陆军地面部队拥有超短波电台约 1.4 万部,短波电台 350 余部;海军舰艇拥有超短波电台约 400 部,短波电台 65 部,卫星通信终端 30 部,雷达 100 余部;空军拥有预警探测雷达 51 部,第三代战斗机 430 余架,预警机 4 架,专用电子干扰机 2 架以及防空导弹系统、弹炮结合防空系统和高炮系统近百营套。按作战投入 30% ~40% 的装备计算,其空间电磁信号数量就可达上万个,一定带宽内的瞬时信号数量也将有成百上千个,电磁环境将异常的密集和复杂。

**2. 杂——样式繁杂**

目前雷达、通信等电子装备广泛采用了各种复杂的信号调制样式,各种新体制电台、雷达和光电设备层出不穷,辐射源和信号日趋多样。据不完全统计,目前世界上不同体制的通信、雷达信号种类超过了 100 种。美军在伊拉克战争中使用的电子设备有情报侦察、指挥通信、导航定位、电子对抗、武器控制、气象水文等十几个类型,数千个型号。每一类型的电磁辐射源都会对其他用频装备产生不同的影响,进而影响整体作战效能。

**3. 争——冲突激烈**

由于大气衰减、电离层反射和吸收等传播因素影响,在实际应用过程中,能够使用的电磁频谱资源是有限的,作为军事用途的频段更少。战场中敌我双方的用频装备相对集中,导致电磁频谱资源异常紧张,频点密集、重叠,导致自扰、互扰问题突出。

一是军民之争。目前,民用电子设备发展迅猛,军队频谱使用空间被大大压缩。民用广播和无线电通信,特别是未经无线电管理部门审批的广播和无线电通信设备,极易干扰到军队的通信设备。

二是军内之争。军队内部用频重叠,导致武器装备之间的自扰、互扰严重。据统计,全军使用电磁频谱的信息化武器装备有 1600 多种,频率资源供需矛盾十分突出。

三是敌我之争。所有的频谱空间都有军事利用的踪迹,未来战争电子战将成为复杂电磁环境最活跃的主导因素,这种直接对抗,更使电磁环境难以预测。敌对双方用频重叠,己方电子装备在进攻敌方的同时也对己方电子设备造成干扰和影响,如世界各国军队的超短波通信频率均在 $30 \sim 400\,MHz$ 之间,若战时对敌方超短波通信实施干扰,也会对进入干扰作用区内的己方超短波通信设备产生影响。

### 4. 变——变幻莫测

即使在同一作战空间内,季节、天候、地形、地物等自然条件的不同,以及电离层、地磁场分布等因素的变化,也会造成电磁环境的变化。在信息化战场上,交战双方为保持通信联络畅通和作战指挥的不间断,必将不断使用新体制雷达、电台和新的雷达、通信频率,致使战场电磁频谱环境随双方在电磁频谱领域斗争态势的不断变化而变化,时而持续连贯,时而集中突发。战时电磁频谱在能域上也强弱不均,有的新体制通信电台功率很小,有的干扰机功率高达几十兆瓦。而且随着战役、战斗阶段的发展,在不同的作战时间,交战双方因作战目的不同,电子设备运用的方式和程度不同,电磁环境的特征也在不断变化,所产生的电磁信号数量、种类、密集程度,信号强弱将随时间而变化,规律难以预测。

### 5. 强——场强提高

为实现从机械化到信息化的转变,各军兵种武器装备需要开展数据链设备加改装、国产卫星导航设备加改装、雷达通信电子对抗等装备升级改造,并将新研制一批信息化含量更高的武器装备,推进信息化装备综合集成,形成信息化体系作战能力。武器平台新增电子设备必将造成装备用频更加拥挤、天线布置更加密集、辐射强度进一步加大;电子设备升级改造追求更远的作用距离,空、时、频域更大的覆盖范围、更强的抗干扰能力,使得占用频带进一步扩展、发射功率进一步增大。上述技术升级在提高自身战技性能的同时,导致辐射场强进一步提高,对协同或友邻装备正常工作将产生潜在的影响。

电磁脉冲武器,尤其是电磁脉冲弹的发展与实战运用,进一步加剧了战场电磁环境的恶劣程度。电磁脉冲武器辐射场强高,对用频装备具有大规模干扰和杀伤破坏威力,它的出现不仅提升了电子战的能力,而且将推动未来信息化作战的战术和战法创新。新兴的"电磁瘫痪战"依靠强电磁场攻击效应对信息化装备的干扰和破坏作用,对战略、战役或战术作战任务中敌方的军事、政治、经济等目标实施电磁对抗作战,不以大规模的人员杀伤为目的,而是通过大规模瘫痪敌方电子设施和用频装备,使敌方的进攻、防护能力受到严重削弱,达到"不战而屈人之兵"之目的。

### 1.1.3 电磁环境适应性相关概念

用频装备电磁辐射效应机理是装备电磁环境效应的主要研究内容之一,与电磁兼容性、电磁防护、电磁环境适应性等联系紧密,对装备电磁防护加固改造、提升武器装备的电磁环境适应性具有重要支撑作用。为使初学者能够更好地理解相关研究内容,现将电磁环境适应性相关概念阐述如下:

**1. 电磁兼容性**

GJB 72A—2002 中给出的定义为:设备及分系统、系统在共同的电磁环境中能够一起执行各自功能的共存状态。它包括两方面的含义:一是设备及分系统、系统在预定的电磁环境中运行时不会因电磁干扰而受损或产生不可接受的功能降级;二是设备及分系统、系统在预定的电磁环境中正常工作不会给环境或其他设备带来不可接受的电磁干扰。也就是说,设备、分系统、系统既要能够在预定的电磁环境中正常工作,同时本身产生的电磁辐射又必须限制在一定的水平,避免影响周围其他电子设备的正常工作或造成明显的环境污染。

对用频装备而言,这两层含义相辅相成:一方面要求其具有较低的电磁辐射敏感度、电磁传导敏感度,保证装备在预定的电磁环境中能够可靠工作、正常发挥战技性能,不因电磁骚扰导致其功能降级或出现软、硬损伤;另一方面,装备工作时除了在预先分配的工作频点、预设的工作方向上电磁辐射不受限制外,其谐波辐射、杂散辐射、寄生噪声辐射和瞬态电磁辐射等均应符合相关要求,不能对工作环境造成不可接受的影响。

**2. 电磁防护**

电磁防护是指为提高武器装备、系统抗电磁干扰或抗电磁毁伤能力而采取的理论、方法和技术措施的总称,也包括了为了消除电磁环境(或电磁危害源)对电爆装置、燃油和人员的影响(甚至伤害)而采取的相关措施。

在战场复杂电磁环境中,武器装备仅具有与己方装备的电磁兼容性已不能满足作战的需求,必须提高己方装备与战场复杂电磁环境(包括自然干扰源和敌方有意、无意电磁干扰源,甚至电磁脉冲武器的攻击)的适应性,确保武器装备在复杂、恶劣电磁环境中正常发挥战技性能,这正是电磁防护需要解决的问题。

实际上,电磁兼容与电磁防护在内涵和外延上是一个有机的整体,其研究的重点都是电磁环境对系统或装备的效应规律、能量耦合途径、作用机理与防护技术,最终目的是提高设备及分系统、系统的抗电磁干扰、抗电磁毁伤能力。其中,电磁兼容技术是电磁防护技术的基础,要提高武器装备的电磁防护能力,需要首先解决其电磁兼容性问题。反之,解决了武器装备的强场电磁防护技术问题,一方面可以降低对用频装备电磁辐射强度的控制要求,另一方面设备与分系统、系统之间的自扰、互扰等弱场干扰问题将迎刃而解。

**3. 电磁环境效应**

构成电磁环境的某种因素或总体对武器系统、电子装备、电爆装置的作用效果通称为电磁环境效应,国外一般称为 E3 问题。美国国防科技报告 AD – A243367 和我国军用标准 GJB 72A—2002 均规定:E3 包括电磁兼容性、电磁干扰、电磁易损性、电磁脉冲、电子对抗、电磁辐射对武器装备和易挥发物质的危害,以及雷电和沉积静电等自然效应。

**4. 电磁辐射效应**

电磁辐射效应是电磁环境效应的构成要素之一,特指武器系统、电子装备、电爆装置在电磁辐射场作用下出现的非正常现象,包括战技指标下降、显示错误或乱码、死机或重启、硬件损伤等。

电磁辐射敏感度是装备电磁辐射效应的定量度量形式,通常用受试装备处于最强电磁辐射耦合状态、在特定工作模式下出现某种效应时的临界辐射场强来表示,也可以用装备出现非正常现象时的最低辐射场强(阈值)来表示。装备的电磁辐射敏感度与其个体差异(取样)、工作状态、电磁场的极化方向、电磁场的辐射方式、辐射面积、辐射位置等多因素关系密切,只有各种因素均处于最敏感状态,才能确定装备的电磁辐射敏感场强阈值。

**5. 电磁环境适应性**

电磁环境适应性与武器装备的可靠性、维修性、测试性、保障性和安全性等"五性"并重,是武器装备在复杂电磁环境中能否正常发挥战技性能的度量形式,是指武器装备在信息化战场复杂电磁环境中能够正常发挥作战效能的概率,用其在给定电磁环境中不受电磁干扰或电磁损伤的概率或能否适应特定电磁环境来表示。

**6. 电子战**

电子战在不同国家的不同时期有着不同的定义。美军在第二次世界大战时期称为无线电对抗,越南战争时期改称为电子战。俄罗斯(苏联)称为无线电斗争,后来也称为电子战。我军目前统称为电子战或电子对抗。

电子战是在战场电磁环境中,根据作战目的和敌我双方武器装备配置情况采取的一种军事行动,包括利用电磁能量和定向能武器控制电磁频谱或攻击敌方的任何军事行动。

电子战与电磁环境效应是两个既有联系又有区别的概念。一方面,电子战所使用的电磁能和定向能武器的作用原理属于电磁环境效应的范畴,它是电磁环境效应在电子战中的具体运用;另一方面,就其概念的学科范畴来说,电子战是指使用电磁能和定向能以控制电磁频谱或攻击敌方的军事行动,这与电磁环境效应是不同的两个概念。

在信息化条件下要掌握战争的主动权,就必须研究未来战场的电磁环境,掌握它的作用规律并采取相应的对策和措施。正如军委首长指出的:信息化条件下局部战争是在陆、海、空、天等有形战场和电磁空间、认知领域等无形战场同时展开的较量。只有未雨绸缪,提前掌握装备电磁辐射效应规律与作用机理,有针对性地进行电磁防护加固改造,才能从根本上提高武器装备的战场电磁环境适应性,在未来信息化战争中立于不败之地。

## 1.2　自然电磁危害源及其一般防护方法

战场电磁危害源包括自然的和人为的两大类,电磁危害源的产生主体不同、作用方式不同,其电磁危害防护方法也不尽相同。为此,本节简要介绍静电、雷电及其电磁脉冲等自然电磁危害源及其一般防护方法,它们具有军民通用的特点。

### 1.2.1　静电及其电磁脉冲

#### 1. 静电起电机理

1) 两种物质接触在交界面两侧形成偶电层

静电一般产生于不同物质之间的接触与分离过程。静电起电包括使正、负电荷发生分离的一切过程,如通过固体与固体表面、固体与液体表面之间的接触、摩擦、碰撞,固体或液体的破裂等机械作用产生的正、负电荷分离;也包括气体的离子化、喷射带电以及在粉尘、雪花和暴风雨中的带电现象。静电起电的本质原因是不同物质的原子核对核外电子的束缚能力不同。

原子核对核外电子的束缚能力用等效势函数 $\Phi$ 来表示,外层电子只有冲破势垒 $\Phi$ 的阻挡,才能摆脱原子核的束缚,成为自由电子,这在常温条件下一般是不可能的。但是,当两种物质相互接触(距离达到纳米数量级)时,由于隧道效应的存在,在两种物质的交界面两侧的薄层(纳米量级)内,电子能够穿透两种物质之间的势垒相互交换,只是等效势函数小的物质中的电子透射到等效势函数大的物质表面的概率远大于等效势函数大的物质中的电子透射到等效势函数小的物质表面的概率,由此导致了电子由等效势函数小的物质向等效势函数大的物质的净迁移。等效势函数大的物质表面得到电子,电位 $U_1$ 降低,电子势能增加,等效势函数小的物质表面失去电子,电位 $U_2$ 升高,电子势能降低,如图 1-2 所示。

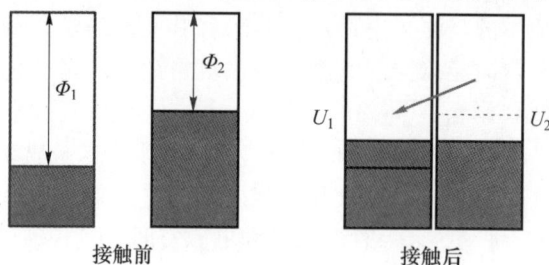

图 1-2 物质接触时电子迁移导致的势能变化

当两种物质中的电子逸出功相等时,电子迁移达到动态平衡状态,在接触界面两侧形成偶电层,如图 1-3 所示。若把这两种物质看作一个系统,从外部来看整个系统仍然是电中性的,但两种物质的分界面上存在接触电势差 $U$,其大小一般在 0.1V 数量级。

$$W_1 = \Phi_1 + eU_1 \tag{1-1}$$

$$W_2 = \Phi_2 + eU_2 \tag{1-2}$$

$$U = U_2 - U_1 = (\Phi_1 - \Phi_2)/e \tag{1-3}$$

式中 $e$——电子电量的绝对值。

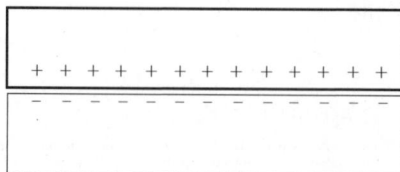

图 1-3 物质接触面两侧形成偶电层

2) 分离导致的静电电位升高

两种物质接触时产生的接触电势差很小,静电起电电位却很高,分离在其中起到了关键性的作用。下面分析其原因。

偶电层可近似地看作平行板电容器,根据电容的定义和平行板电容器容量计算公式可知

$$C = Q/U = \varepsilon S/d \tag{1-4}$$

8

式中  $\varepsilon$——两种物质分界面之间介质的电容率,一般为真空中的电容率 $\varepsilon_0$;

  $S$——两种物质之间的有效接触(摩擦)面积;

  $d$——两种物质之间的距离;

  $Q$——偶电层中正、负电荷的绝对值;

  $U$——两种物质之间的接触电势差。

从式(1-4)可以看出:假如分离过程中偶电层中的电荷量不变,那么两种物质之间的电势差与它们之间的距离成正比。若两种物质之间的距离由 2.5nm(可以发生电荷交换的距离)增加到 2.5mm,距离增加 100 万倍,则两种物质之间的接触电位差亦会相应地提高 100 万倍。假设分离前两种物质间的接触电势差为 0.2V,那么当两种物质分离到 2.5mm 时,它们之间的电压将达到 200kV。这就是很小的接触电势差会转变为很高的静电电压的本质原因,其中非静电力做功起到了决定性的作用。

但是,两种物质之间的电压也不会随距离的增加无限制地提高。当两种物质之间的距离达到一定程度时,两种物质与周围其他物质之间的部分电容以及它们的对地电容增加,这将制约电压的进一步提高。起电过程结束后,若空间电场强度足够强,空间电晕放电将导致物质带电量下降;无论物质的绝缘程度有多高,在电场的作用下均具有一定的电荷消散能力,使带电体的电量、对地电压逐渐趋向于零。

3)分离过程中电荷的逸散

两种物质接触分离过程中,不可能所有的接触点同时分离,总是有前有后。若接触界面两侧偶电层的电荷密度不变,则两种物质之间的电场强度保持基本不变,分离距离较大的两点之间的电压将高于分离距离较小的两点之间的电压,导致接触面两侧形成切向电场,如图 1-4 所示。任何物质均具有一定的导电性,若切向电场足够强,将导致偶电层两侧电荷中和,使接触界面两侧电荷出现逸散(回流)。一般情况下分离后每个物体所带电荷的绝对值均要小于平衡状态时偶电层中正、负电荷的绝对值。这种逸散现象与相互接触的两种物质的材料导电性、分离速度以及接触面周围的环境温湿度等密切相关。物质的电导率

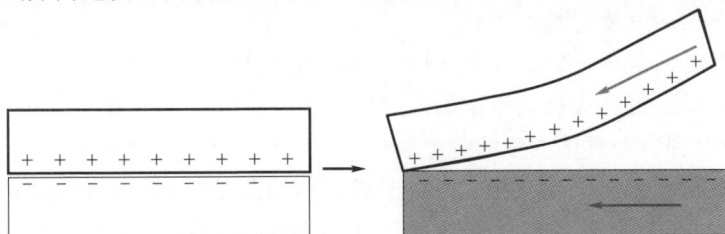

图 1-4  分离过程导致偶电层电荷逸散

9

越高,分离速度越低,环境温湿度越高,电荷逸散作用越明显。

值得说明的是,任意两种物质或处于不同状态的同种物质(表面能级不同),接触分离过程中都会发生电荷的转移,即发生静电起电现象。只是有的相当强烈、有的相对微弱;有的起电过程产生的静电荷在两种物质的分离过程中被中和或转移,宏观上难以察觉,如金属导体之间的接触分离。

**2. 静电及其危害**

随着物体上静电荷的增加,周围电场强度不断提高。当物体上的静电荷积累到一定程度时,物体上曲率较大的位置附近电场强度能够达到或超过空气的击穿强度,此时将发生静电放电(ESD)现象。静电放电具有两大特点:一是静电放电可形成高电位、强电场和瞬时大电流;二是静电放电过程会产生强烈的电磁辐射形成电磁脉冲。

人体静电是一种典型的近场危害源,人体静电电位的极端值可以达到60kV以上。当带电人体手持小金属物体(比如钥匙或螺丝刀等)接近接地体时,能够产生火花放电,产生的瞬态脉冲电流强度可以达到几十安甚至上百安,静电放电火花(能量)能够导致易燃易爆气体、粉尘、燃油、电爆装置出现意外燃烧、爆炸等重大事故,能够使敏感集成电路产生硬损伤;静电放电激发的电磁辐射可以干扰电子系统中的敏感电子设备,使其工作状态发生改变;放电过程中产生的强电流对人体具有电击效应。

静电及其放电能够造成多种危害,典型的静电效应及其危害方式主要包括以下几个方面:

1)静电力学效应造成的危害

在积聚有静电荷的物体周围存在着静电场,对电荷有作用力是电场的本质属性,密度较低、比表面积(单位质量表面积)较大的物体静电带电后,同性电荷相互排斥、异性电荷相互吸引,能够导致纺织、印刷、塑料包装等自动化生产线受阻。另外,静电场导致介质微粒极化,使原来不带电的尘埃颗粒能够被带电体吸引,导致悬浮在空气中的尘埃容易被吸附在物体表面造成污染,影响产品质量和生产效率,这种危害在需要超净工作区的生产场所最为明显,如集成电路芯片生产、高分辨力胶片生产场所等。

2)静电放电热效应造成敏感物质燃烧、爆炸和微电子器件损伤

一般来说,静电火花放电或刷形放电都是在纳秒或微秒量级时间内完成的,属于绝热过程。空气中发生的静电放电,可以瞬间使空气隙电离、击穿、通过数安的大电流,并伴随发光、发热过程,形成局部的高温热源。这种局部的热源可以引起易燃易爆气体、粉尘燃烧或爆炸,也可以使火炸药、电雷管、电引信等各种电发火装置意外发火,引起爆炸事故。

在微电子技术领域,由于静电能量在亚微秒时间内通过器件电阻释放,平均功率可达几千瓦,足以在绝热的情况下造成硅片上微区熔化,电流集中处使局部区域发生球化,甚至烧毁 PN 结和金属互连线,形成破坏性的"热电击穿",导致电路损坏、失效。图 1-5 所示为人体静电放电对集成电路损伤实例的微观形貌,分别导致介质击穿和金属线熔融。

图 1-5　静电放电导致的集成电路损伤

3）高压静电场引起的介质击穿和潜在性危害

静电荷在物体上的积累往往使物体具有很高的静电电压,可在附近形成强电场。这种强静电场会导致金属氧化物半导体（MOS）场效应器件的栅氧化层被击穿,使器件失效。因为一般 MOS 器件的栅氧化膜厚度为 $10^{-7}$ m 数量级,MOS 器件的栅氧化膜的绝缘击穿强度为 $0.8 \sim 1.0 \times 10^{6}$ kV/m,当电路设计没有采取保护措施时,即使栅氧化膜为致密无针孔的高质量氧化层,100V 的静电电压加在栅氧化膜上,就可使栅氧化膜上的电场强度超过其绝缘击穿场强,使器件击穿。另外,高压静电场也可使多层布线电路间介质击穿或金属化导线间介质击穿,造成电路失效。介质击穿若不严重,有时并不会导致电路性能立即恶化或损坏,但已埋下损伤的隐患,其抗电磁脉冲冲击的能力将下降——潜在性失效。

4）静电放电电磁脉冲对电子设备的干扰与损伤

静电放电过程中产生的电磁辐射属于宽频干扰,有效频谱从低频一直到吉赫量级,主要能量分布在数百兆赫,能够对敏感电子设备造成干扰。比如,空气、潮雾、沙尘、粒子与运动的飞行器（如飞机、导弹、弹药等）之间的电荷转移所形成的沉积静电,能使飞机表面的静电电位高达 100~300kV,由其导致的电晕、电弧放电可以产生严重的电磁干扰,对飞机的通信或导航产生不利影响。而传播型刷形放电和火花放电都是静电能量比较大的静电放电过程,峰值电流可达几百安,能够形成电磁脉冲串,对微电子系统造成强电磁干扰及浪涌效应,导致电路错误翻转或功能失效。

5）静电放电对人体的电击效应引发操作失误造成二次事故

当人体接近带有静电的对地绝缘导体时,或者带有静电的人体接近接地导体或机器设备等较大金属物体时,只要人体与其他导体间的静电场超过空气的击穿场强,都会形成静电火花放电,有瞬时大电流通过人体或人体的某一部位,使人体受到静电电击。通常情况下,静电引起的电击尚不足以导致人员死亡或伤害,但由于遭受电击刺激引起的精神紧张或恐慌情绪,可能会造成手脚动作失常,导致被机器设备碰伤或从高空坠落,引起静电放电的二次事故。

## 1.2.2 防止静电危害的一般方法

静电放电是一个随机过程,在某种环境下能否发生静电放电,发生静电放电时能否造成危害,与许多因素有关,但总体上讲,形成静电危害需要同时满足以下三个基本条件:

(1)产生并积累起足够的静电,形成了"危险静电源",以致局部电场强度达到或超过周围介质的击穿场强,发生静电放电。对移动物体,在靠近大地、接地体和其他电容量较大的物体时:若其对地电位较高,则可能发生非接触(空气)放电;若其对地电位较低,则可能发生接触(直接)放电。

(2)危险静电源存在的场所有易燃易爆气体、粉尘混合物并达到爆炸浓度极限,或有电爆装置、火炸药之类的爆炸危险品,或有静电敏感器件及电子设备等静电易爆、易损物质。

(3)危险静电源与静电易爆、易损物质之间能够形成能量耦合并且静电放电能量大于或等于前者最小静电点火能或损伤能量(静电敏感度)。

形成静电危害的这三个基本条件是缺一不可的,只要控制其中一个条件不成立,就不会有静电危害发生。

### 1. 控制静电起电率防止危险静电源的形成

物体静电起电是一个动态平衡过程,静电起电率(单位时间内的净电荷产出量)大于电荷消散速率(单位时间内通过对地泄漏或空气放电消散的净电荷量)时,物体上的静电荷不断积累,电位、场强(绝对值)不断提高,从而形成危险静电源。有效控制静电起电率,是防止静电危害的基本对策之一。

由静电起电机理可知:静电起电包括偶电层形成和分离导致电位升高两个过程,偶电层之间的接触电势差是静电起电的基础,决定了相互接触的两种物质的初始带电量。两种物质的等效势函数差别越大(摩擦带电序列中位置间隔越远),接触电势差越大,初始带电量越大;两种物质接触越紧密、接触面积越大,两者之间的等效电容量越大,导致初始带电量也越大。物质的电导率越高、分离速度越慢,分离过程中的电荷逸散比例越大,分离后的带电量就越少。物质接触分离的频次越高,物体的累计带电量越高。但接触分离(摩擦)产生明显的热效应后,由于物质表面电导率的升高,可能会导致物体带电量的降低。因此,控制

静电起电率的主要方法包括:

(1) 合理搭配相互接触的材料,尽量采用"摩擦带电序列"中位置靠近(等效势函数差别小)的材料,降低接触电势差,从起电根源上控制起电率。

(2) 减小接触压力或物体间的反复摩擦,缩小接触面积,降低接触分离物体之间的等效电容量,从而降低单次接触分离的带电量。

(3) 控制物体间的接触分离速度,不要急剧剥离处于紧密接触状态的物质,提高相互分离的物体间的电荷逸散比例,降低物体分离后的电荷量。

(4) 控制物体间的摩擦速率和次数,最大程度降低起电速率。

(5) 液体流速对起电率影响很大,紊流的液体比片流的液体带电量大得多,液体溅泼将加剧静电起电。在保持液体输送能力不变的情况下,尽量增大输送管道的横截面积。

(6) 纯净气体不会产生静电起电,因此,气体输运过程中要尽量避免混入杂质等异物微粒。

**2. 增大电荷消散速率防止电荷积聚**

物质之间的接触分离不可避免,在有带电粉尘存在的空间内,电荷的附着作用也普遍存在,单纯依靠控制静电起电率难以达到防止危险静电源形成的目的。如果物质接触分离后产生的静电荷能够及时泄漏到大地,就不会导致电荷的积聚,其对地电位很快衰减,也就不会形成危险静电源。

增大电荷消散速率的技术途径主要包括:

1) 静电接地和搭接

静电接地是使物体所带电荷向大地泄漏的有效措施,仅当物体具有电荷传导特性时静电接地才有效。一般,静电导体、静电亚导体(电阻率小于 $10^{10}\Omega\cdot m$)都是静电接地的对象;电阻率大于 $10^{10}\Omega\cdot m$ 的材料或表面电阻率大于 $10^{11}\Omega$ 的材料表面均属于静电非导体,它们基本上不具备转移电荷的能力,不宜作为静电接地对象。

静电导体、静电亚导体合理地静电接地和搭接,使其具备良好的电荷泄漏通道,能够保证它们与大地电位接近,不会形成危险静电源。在静电危险场所,严禁存在对地绝缘的导体。

单从防止静电危害的角度出发,不同的静电导体、静电亚导体既可以分别进行静电接地,也可以用金属导体或静电导电材料把它们搭接在一起再进行单点或多点静电接地。

2) 提高环境相对湿度

无论亲水性材料还是憎水性材料,或多或少均具有一定的吸附水分子的能力,其表面也或多或少地存在着电解质。随着环境相对湿度的增加,材料表面会形成一个含有电解质的水膜,使静电非导体材料的表面导电性迅速提高。当环境相对湿度增加到 50% 时,一般物体的表面导电性能迅速提高,静电起电量大幅度降低;当环境相对湿度增加到 65% 以上时,几乎所有的物体表面电阻率都减小,静电危害几乎消失。

3)对静电非导体材料进行防静电改性

采用静电导体、亚导体材料代替静电非导体材料并进行静电接地是从根本上消除静电危害的有效方法。因此,若工艺条件允许,应使用导电材料或防静电材料代替静电非导体材料,或使用抗静电剂处理静电非导体材料,使材料表面电阻率降低,使电荷能够通过接地装置较快地泄漏到大地。

4)采用消电器中和异号电荷

若工艺条件不允许使用静电导体或亚导体材料,又不能采用抗静电剂对静电非导体材料进行处理,那么静电带电将不可避免。此时,可采用静电消除器强制中和带电体上的电荷,使危险静电源不能形成。

静电消除器的种类很多,各有优缺点,应根据工作场所性质和消除静电危害的目的进行选用。一般:为防止静电力学效应造成的生产障碍,对消电的残余电压要求不高(一般在 3kV 左右),可选用造价低廉的无源自感应式消电器或一般高压电源式消电器(消电能力强);对管道内、复杂局部空间或需要远距离消电的区域,可采用作用距离远、消电能力强的离子风高压消电器;对具有防爆要求的静电危险场所,应选择自身不会成为引火源的防爆、隔爆型离子风高压消电器;对密闭空间或不允许有电源存在的场所,可采用放射源式静电消除器。

**3. 降低静电易损、易爆物质的静电敏感度**

1)控制气体、粉尘混合物浓度防止爆炸事故发生

存在易燃、易爆气体混合物和粉尘的危险场所,应严格控制气体、粉尘浓度,使其处于爆炸浓度极限范围之外。通过通风、降低生产速率等方法减少易燃易爆气体、粉尘的挥发,使其与空气混合后的浓度低于其爆炸浓度下限;密闭空间内(如油箱)充入氮气等惰性气体,使挥发气体难以达到爆炸浓度极限。此时,即使存在危险静电源并产生静电放电,也不会发生燃烧、爆炸等恶性事故。

2)采用抗静电火工品和电子元器件降低场所静电放电危险程度

在装备研制、生产过程中,应探索采用静电放电钝感火工品、火炸药、电子元器件的可行性,提高装备自身的抗静电能力,以防止静电放电造成的危害。

**4. 降低静电放电能量耦合**

静电危害包括静电能量注入导致的燃烧、爆炸和敏感电子设备硬损伤以及静电放电电磁脉冲导致的电子设备误动作两大类,其防护方法也不尽相同。

1）采用空间隔离防止静电放电能量注入导致的燃爆、损伤事故

静电放电能量有限，通过空间隔离可以防止静电放电对易燃易爆气体、粉尘、电火工品、火炸药、电子设备的能量耦合，使静电放电能量难以作用到敏感物质上，消除静电危害。如密封包装的电发火、电起爆弹药等，在储运环境不用采取专门的防静电措施，但拆除包装后隔离措施解除，必须采取严格的防静电措施。

2）采用电磁防护加固技术提高电子设备的抗电磁脉冲干扰能力

在电子设备研制、生产过程中，采用抗静电防护设计并综合运用接地、搭接、屏蔽、滤波等电磁脉冲加固技术，使电路和设备具备静电放电抗扰能力，消除静电放电电磁脉冲对电子设备的干扰危害。

### 1.2.3　雷电及其电磁脉冲

雷电也可以看作是大规模的静电放电，其放电持续时间长、能量大，但电磁脉冲覆盖的频率较低。雷电防护不仅要考虑直击雷、感应雷，也必须考虑雷电电磁脉冲场的作用。

#### 1. 雷电危害

雷电是雷暴云能量释放过程中的一种超强、超长放电现象，具有发生频度高、破坏能力强、危害范围广、防护难度大等特点，是自然界中一种典型的电磁危害源。据统计，全世界每年约有 10 亿次雷暴发生，每秒发生的闪电多达 100 次以上，每次闪电在微秒量级的瞬间释放出约 200MJ 的能量。闪电除了一部分打在无人、无人造物的旷野及海洋上外，还有一部分会对人畜造成伤害，对各种建筑物、系统、设备或元器件造成破坏。近年来，全球每年因雷击导致的各类事故逐年增多，每年因雷电袭击造成的直接经济损失高达 10 亿美元以上，造成的间接影响更是无法估量。

通常，雷电造成的危害主要来自于直击雷、感应雷和雷电电磁脉冲（LEMP）三个方面。当直击雷发生时，闪电的放电电压可高达 500kV 以上，回击通道内的峰值电流可高达 $100 \sim 300$kA，电流上升率可达几万安每微秒，瞬时功率可在 $10^{11}$W 以上，这样强大的瞬态电流会在闪电通道周围产生强大的热效应、电动力效应、电磁感应效应、电磁辐射效应和地电位反击，对从事户外活动的人畜、建筑物以及设备等造成严重威胁。雷电电磁脉冲作为伴随雷电放电过程激发的电磁辐射，主要能量的频率成分位于 $10$Hz $\sim 1$MHz 之间，覆盖的频带宽度小于 $10$MHz，影响区域遍布对流层以下至大地表层，可以以瞬时大电流、浪涌电压等形式，从电源线、信号线传导到电子设备，也可以通过电容性耦合、电感性耦合或等效天线耦合将脉冲能量耦合到电子设备内部电路，对电子设备造成影响。尤

其是 20 世纪 70 年代以后,随着半导体、微电子器件和大规模集成电路的广泛应用,雷电及其电磁脉冲的威胁对象逐渐向微电子器件方向倾斜,危害范围也不断扩大,已经涉及电力通信、轨道交通、航空航天、国防军工等各个领域,所造成的绝对损失也在不断增加。由雷电造成的灾害已被联合国有关部门列为"最为严重的十大自然灾害之一",被中国电工委员会称为"电子时代的一大公害",是我国危害程度仅次于暴雨洪涝、气象地质灾害的第三大气象灾害。

我国地处温带和亚热带地区,全国有 21 个省会城市的年最多雷暴日均在 50 天以上,雷暴活动十分频繁,由此导致的雷灾事故也在呈逐年上升趋势,已经严重影响到了社会经济发展和人民的日常生活。

雷电造成的危害在国内外时有发生,特别是随着武器装备电子化程度的提高,武器装备遭雷击损害的事故一再发生。1961 年秋,意大利因雷击使"丘比特"导弹系统多次遭到严重破坏;1977 年 7 月,苏联设在德国柏林的弹药库遭雷击,弹药爆炸持续数小时之久,死亡 340 人;1984 年 5 月,我国云南薄竹箐地区的一个火箭炮阵地上,由于雷电电磁感应致使 3 枚 107mm 火箭弹自行飞出阵地;1987 年肯尼迪航天中心的火箭发射场上有 3 枚小型火箭在一声雷响之后,自行点火升空。图 1-6 所示为电力线和 NASA 航天飞机发射前遭雷击的情况。近年来,我国东南沿海地区也多次出现雷达装备遭遇雷击损坏的事故,舰船、导弹发射车、通信系统等移动装备或用频装备也存在重大防雷击隐患,对武器系统全天候工作产生了重大影响。2006 年 6 月,福建某观测通信站的一次雷击事故造成 100 门程控电话交换机损坏 99 门,致使上下级通信中断,严重影响了部队的战斗力。

图 1-6 电力线和 NASA 航天飞机遭雷击情况

## 2. 防雷击技术的变迁

当人们弄清楚雷击是一种电现象后,对雷电的崇拜和恐惧就逐渐消失,并开始以科学的眼光来重新观察这一神奇的自然现象,希望能利用或控制雷电活动以造福人类。

人类社会的防雷击历史,大概可以追溯到 1749 年富兰克林发明避雷针前后,人类对雷电的防护研究经历了直击雷防护、感应雷防护和雷电电磁脉冲防护三个阶段。

200 多年前富兰克林率先在技术上向雷电发起了挑战,他发明的避雷针应该是最早的防雷击产品,今天几乎已众所周知。其实,富兰克林在发明避雷针时打算以金属避雷针的尖端放电中和雷云中的电荷,使雷云和大地间的电场降低到无法击穿空气的水平,从而避免雷击的发生,所以当时的避雷针一定要求是尖的。但后来的研究表明:避雷针是无法避免雷击发生的,它只能加剧雷电放电,使雷电能量通过避雷针泄放到大地,避免对附近建筑物、人员或设备造成危害。

电的普遍使用促进了防雷击产品的发展,当高压输电网为千家万户提供动力和照明时,雷电也严重危害高压输变电设备的安全。高压线架设高、距离长、穿越地形复杂,容易被雷电击中。避雷针的保护范围不足以保护上千千米的输电线,因此避雷线作为保护高压线的新型接闪器应运而生,随后在建筑物等其他大线度物体防雷击中得到了广泛应用。

在高压线获得保护后,与高压线连接的发电、配电设备仍然被过电压损坏,人们发现这是由于"感应雷"在作怪。雷电放电在高压线上感应起电涌,并沿导线传播到与之相连的发电、配电设备,当这些设备的耐压较低时就会被感应雷损坏。为抑制导线中的电涌,人们发明了线路避雷器。早期的线路避雷器是开放的空气间隙。空气的击穿场强很高,约为 $500\text{kV/m}$,而当其被高电压击穿后就只有几十伏的低压了。利用空气的这一特性人们设计出了早期的线路避雷器——并联在输电线与接地端的空气间隙,间隙距离决定了避雷器的击穿电压,击穿电压应略高于输电线的工作电压,这样当电路正常工作时,空气间隙相当于开路,不会影响线路的正常工作。当过电压侵入时,空气间隙被击穿,过电压被钳位到很低的水平,过电流也通过空气间隙泄放入地,实现了避雷器对线路的保护。

开放间隙有许多缺点,如击穿电压受环境影响大、空气放电会氧化电极、空气电弧形成后经过多个交流周期才能熄弧,这就可能造成避雷器故障或线路故障。随后科研人员研制出了气体放电管、管式避雷器等,在很大程度上克服了这些毛病,但它们仍然是建立在气体放电的原理上,难以从根本上克服气体放电型避雷器的固有缺点:冲击击穿电压高、放电时延较长(微秒级)、残压波形陡峭( $\mathrm{d}V/\mathrm{d}t$ 较大)。这些缺点决定了气体放电型避雷器对敏感电气设备的保护能力不强。半导体技术的发展为我们提供了防雷击新材料,比如稳压管,其伏-安特性是符合线路防雷击要求的,只是其通过雷电流的能力弱,使得普通的稳压二极管不能直接用作避雷器。早期的半导体避雷器是以碳化硅材料做成的阀式避雷器,它具有与稳压管相似的伏-安特性,但通过雷电流的能力很强。不过很快人们又发现了金属氧化物半导体变阻器(MOV),其伏-安特性更好,并具有响应时间快、通流容量大等许多优点。因此,目前普遍采用 MOV 线路避雷器。随着通信的发展,又产生了许多用于通信线路的避雷器,由于受通信线路传输参数的约束,这一类避雷器需要考虑电容和电感等影响传输参数的指标,但其防雷电脉冲的原理与 MOV 基本一致。

### 3. 直击雷防护方法

综合分析国内外各种直击雷防护系统的基本原理,可以概括为以下三种防雷击思路,即引雷、消雷和主动防雷。

1) 基于引雷思路的直击雷防护技术

基于引雷思路的雷电防护系统以富兰克林发明的传统避雷针为代表,是目前最成熟、应用最广泛的直击雷防护装置,其防雷击原理主要是尖端放电。高高耸立的避雷针改变了大气电场,使其附近局部电场大幅度提高,比周围的其他物体更容易激发上行先导而接闪雷电,保证一定范围的雷云总是向避雷针放电,起到保护其他物体免受直击雷破坏的作用。进一步研究表明,避雷针的接闪作用几乎与其外形关系不大,仅决定于其高度。因此,避雷针不一定是尖的。现在防雷技术领域统称这一类防雷击装置为接闪器,它"以定向放电方式"将雷击能量通过引下线、接地体泄放至大地,从而对建筑物、设备等起到保护作用。

避雷带、避雷网、避雷线是避雷针的变形,其接闪原理是一致的。对避雷针的接闪原理有一个认识、发展过程,现在的滚球法理论比较全面地解释了接闪器吸引雷电的各种现象,由此确定的接闪器保护范围被国内外标准所采纳。滚球法理论认为:半径为 $h_r$ 的球与接闪器和地面相切绕接闪器滚动一周所形成的阴影区域即为接闪器的保护范围,如图 1-7 所示。$h_r$ 取值与防雷击类别有关,与Ⅰ、Ⅱ、Ⅲ类防雷标准相对应,$h_r$ 取值分别选为 30m、45m 和 60m。当避雷装置的高度 $h$ 小于滚球半径 $h_r$ 时,避雷装置在距地面 $h_x$ 高度处的保护半径为

$$r_x = \sqrt{h(2h_r - h)} - \sqrt{h_x(2h_r - h_x)} \qquad (1-5)$$

值得注意的是:在保护范围内并不是没有雷击,只是雷击概率较低、能量较小,滚球半径 $h_r$ 越小,进入保护范围的雷击能量也越小,也就是说接闪器的防雷击效果越好。理论上任何良好接地的金属物体都可以作为接闪器,因此随着经济的发展,人们对接闪器的外形提出了更高的要求,希望能与漂亮的现代建筑相协调,出现了一些形状各异、五彩缤纷的接闪器,如图 1-8 所示,但其防雷击原理并没有改变。

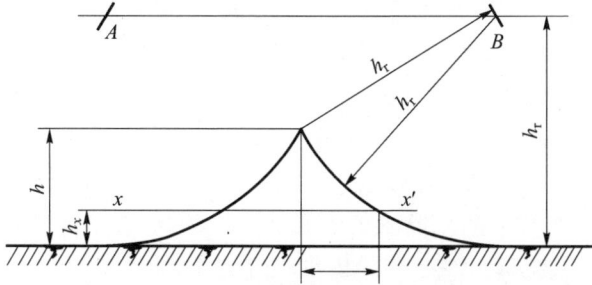

图 1 - 7　滚球法确定的直击雷保护范围

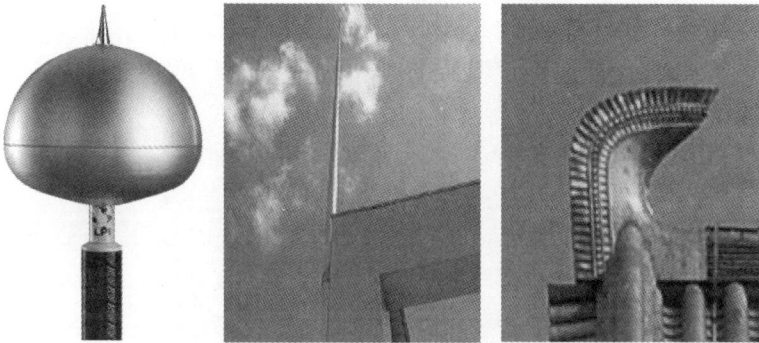

图 1 - 8　变形的接闪器

传统接闪器并没有消除雷击,而只是将雷电流引向自身。在其引流入地的过程中,会在接闪器和引下线上流过数十或数百千安的高频雷电流,由此大电流造成的地电位升高、跨步电压、侧击、雷电流电磁辐射等雷电二次效应几乎是不可避免的,这些二次效应对微电子设备和易燃易爆物质仍然是潜在的威胁。

2）基于消雷思路的直击雷防护技术

消雷器是在国内外有非常大影响的防雷击产品。它希望通过改变接闪器的材料和形状来产生电流中和雷云中的电荷,让雷云在消雷器的保护范围内无法建立起接闪所需的场强,以达到消除雷击的目的。由于消雷器所声称的效果完全满足了人们所希望的防雷击效果,因此一段时间内曾经风靡市场。

消雷的思想最早是由以 Carpenter 为首的美国消雷联合会于 20 世纪 60 年代提出来的,他们发明了多短针"消散阵列",试图以尖端电晕放电消除雷云静电,避免产生大电流放电。其结构与富兰克林避雷针基本一致,只是接闪器是由多达几百根的导体短针组成,试图产生多倍的尖端放电电流。当雷电下行先导发展到一定高度时,消散阵列系统的金属针就会发生电晕放电,在接闪器上方产生大量电晕电荷,与下行先导发生中和,以抑制回击的产生,使本该发生的雷电放电由尖端放电来代替。实践证明在高塔安装了"消散阵列"后,仍然不断发生雷击事故,这种消雷器不得不被拆除。

国内从20世纪六七十年代就有人研制类似的消雷器,其中最有影响的是原武汉水利电力大学推出的"少长针导体消雷器",其主导思想仍是利用"中和"理论抑制雷击的发生。该消雷器预期的放电电流为$1\sim2A$,放电时间为$2s$,对雷云可提供$2\sim4C$的中和电量,消除主放电电流$40\sim80kA$的潜在雷击放电。1978年后,他们又推出了经过改进的"半导体少长针消雷器(SLE)"并获得中国专利和美国专利,如图$1-9$所示。西昌卫星发射中心在20世纪80年代初,曾经安装有1座消雷器,试验其防雷性能,不久即被击坏;而原有的3座$128m$高的避雷针,保护90多米高的卫星发射塔,则非常安全,至今仍在使用。

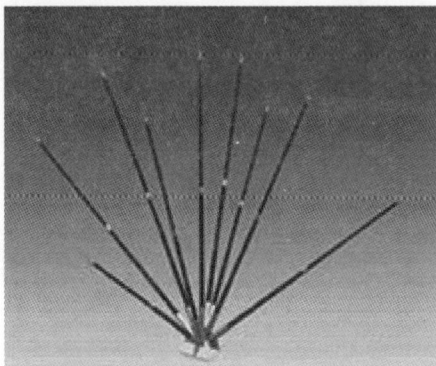

图$1-9$ 半导体少长针消雷器

其实当SLE刚一问世就引起许多争议,许多专家提出异议,认为消雷器的原理在技术上无法实现,并在理论上和实践上提出了大量例证,认为市售消雷器并不能真正消雷,仍然是引雷。由于两派学术观点都有国内知名防雷击专家支持,所以消雷器在国内防雷击学术界引起极大的争论,遗憾的是最后这些学术争论的发展超出了学术的范畴,谁也没能说服谁。使这场争论以行政命令推广消雷器开始,以行政命令禁用消雷器而告终。1983年底召开SLE实验报告会,结论是SLE是引雷而不是消雷。

事实上,关于消雷器的争论一直没有停息。问题的关键是"消雷器是否需要良好的接地?"在消雷器采取良好的防雷击接地后,与传统避雷针的防雷效果进行了对比研究。

模拟试验表明:目前大量使用的接闪器为一根针的避雷针,其引雷效果并非最佳。当接闪器的针数达到一定值时,其引雷效果明显改善。当图$1-10$所示伞状导体消雷器针数处于某一值时,其电晕电流最大,当然其消雷效果也应最好。这样就把具有良好接地性能的伞状导体消雷器与避雷针统一了起来,同时达到了最佳消雷器和最佳避雷针的性能。

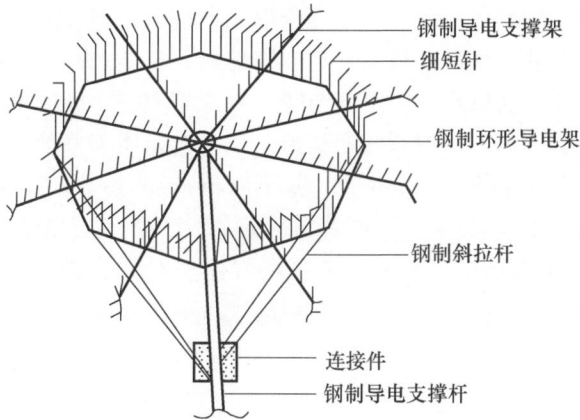

钢制导电支撑架

细短针

钢制环形导电架

钢制斜拉杆

连接件

钢制导电支撑杆

图 1 - 10　伞状导体消雷器

　　总之,消雷器单纯依靠电晕放电不足以消除雷云电荷,难以起到消雷的目的。但是,消雷器进行良好接地后,电晕电流能够加强,依据引雷的思路能够获得良好的防雷击效果。

　　3)基于主动防雷思路的直击雷防护技术

　　中国科学院庄洪春研究员基于主动防雷思路设计了大气等离子体避雷系统,如图 1 - 11 所示,这是一种躲避式防雷击装置,其原理是在雷电防护对象的外表面覆盖一层高电导率气层(大气等离子体气层),通过降低周围的电场强度,防止空气被击穿,达到雷电防护的目的。其优点就在于无须接地,可以消除避雷针引雷入地带来的负面影响。但是,由于构建大气等离子体存在很高的技

图 1 - 11　大气等离子体避雷系统

术难度,且大气等离子体气层在风力作用下难以维持,这一思想目前只停留于理论阶段,没有成功应用的先例。

南京信息工程大学的肖稳安、钟万强等人,针对目前使用的传统雷电防护技术存在的问题,通过分析雷击放电原理和雷电触发机制,在庄洪春研究员的启发下,提出了一种基于电场理论的阻塞与疏导相结合的主动防雷击系统的初步设想,并初步设计了主动防雷击系统的模型。该系统由阻塞系统、疏导系统和电源系统构成,综合运用躲避(Avoiding)、传导(Conducting)、分流(Dividing)、接地(Grounding)、屏蔽(Shielding)等防雷击原理,使保护对象免受直击雷的危害。其工作原理是利用高压电源激发的静电场将保护对象周围(上方和侧面)的空气适度电离而形成等离子体电荷层,使空间大气处于被激放电状态,并利用闪电将大气激活为自激放电状态,达到屏蔽被保护区域和在保护对象之外提供一个雷电流的泄流通道的目的。主动防雷击系统原理的核心机制是"引而不发",但并不是将强大的雷电流引向保护对象自身,关键在于实现保护对象所在空间大气的被激放电状态,并利用闪电先导,控制主放电,同时抑制地面连接先导和反击,使雷电放电改变路径。他们计算确定主动防雷击系统所需的电场强度 $E = 0.69 \mathrm{kV/m}$,但至今没有实验研究和工程应用的相关报道。

综上所述,国际上目前基本都不承认除避雷针以外的防雷击设施,包括以"中和"为纲、以"限流"为纲、以"屏蔽"为纲等,认为其实质仍然是"引雷"。

值得注意的是,野战条件下装备防雷具有很大的难度,固定式避雷针目标大、电磁反射特征明显,防雷击与目标伪装之间存在不可调和的矛盾。因此,在雷暴概率低的区域或季节,可不设置防直击雷装置,巧妙利用地形、地貌的作用,避免在装备所处区域形成尖端效应,也可以达到防直击雷的目的。或者采用机动防雷车在雷暴来临时快速布设避雷设施。

在丘陵地带,装备宜部署在相对低洼处、岩石等电阻较高的区域,但要避免电阻跃变区域——如山涧河流附近。不能采用高大的树木作为防雷装置,因其电阻高,遇雷击产生爆炸,对人员、装备易造成损伤、损毁。

### 4. 雷电感应与电磁脉冲防护

雷电电场强度高、放电电流强度大、放电持续时间长,上升沿比较陡,对孤立导体静电感应效应明显。接地和等电位连接是实现过电压保护的基本手段。通过连接导线或过电压保护器将处于防雷空间内的防雷装置、建筑物金属构架、金属装置、移动导电物、电气电子装置等连接起来,降低雷电及其放电过程中不同金属物体之间的电势差,消除它们之间产生静电放电的危险。同时,接地线、等电位连接线应具有足够的横截面积并尽量短,以降低其电阻和电感。装备之间距离较远时,装备应分别进行接地,避免孤立导体存在。

　　雷电电磁脉冲防护的重点是电源线和信号线,在电子设备的电源线、信号线入口处应安装浪涌保护器;电子设备内部电路应合理采用屏蔽、滤波、去耦、隔离、接地等经典技术,提高装备本身的电磁脉冲防护能力;同时,不断探索采用电磁防护新材料、新器件的可行性,提高电子设备的抗电磁脉冲损伤能力。

　　装备运用时,合理远离避雷针等大电流物体;根据需要,采用电磁屏蔽帐篷等简易防护措施。装备不能通过防雷装置引下线接地,只能共用接地体,以防止引雷过程中大电流反击产生的高电压对装备正常工作和操作人员安全造成影响。

# 1.3　人为电磁危害源及其特性

　　人为电磁危害源包括有意、无意电磁干扰源两大类:有意电磁干扰源包括电磁脉冲武器和电子对抗装备,它们的主要作用是干扰、损伤敌方的武器装备尤其是信息化装备,当然,此类装备若使用不当,也会造成己方装备被意外干扰或损伤;无意电磁干扰源主要包括探测、侦察、通信、导航等大功率用频装备,它们在完成作战功能的过程中,不仅发射给定频段内的有用信号,同时还要发射其谐波信号、杂散信号和噪声信号,这些无意发射的电磁信号,可能对其他信息化装备造成干扰或损伤。

## 1.3.1　电磁脉冲武器

　　最早的电磁脉冲武器当属核电磁脉冲武器,随着禁止核试验条约的签署,各军事强国都在不遗余力地发展非核电磁脉冲武器,主要包括高功率微波武器、超宽谱电磁脉冲武器和电磁干扰机。

### 1.　核电磁脉冲

　　核爆炸包括地下、地面和空中爆炸等不同形式,每种形式的核爆炸均可产生电磁脉冲辐射,但产生机理不尽相同。高空核爆炸产生大量的 $\gamma$ 射线,由于空气稀薄,这些高能 $\gamma$ 射线能够在大范围内与空气分子作用,使空气电离生成大量康普顿电子,在地磁场的作用下,康普顿电子做高速螺旋运动,对外辐射电磁波,形成核电磁脉冲(NEMP),如图 1 – 12 所示。

　　高空核爆产生的 NEMP 的主要特点及危害如下:

　　(1)从能量看,核爆炸产生的瞬发 $\gamma$ 射线的能量占爆炸能量的 0.3% 左右,其中以电磁脉冲形式释放的能量在高空核爆时约占这一部分能量的 1% 。尽管这些能量分布在非常大的面积上,但电子、电力系统的某些部分作为电磁能量的收集器从中耦合 1J 以上的能量是完全有可能的。这个能量足以导致高频

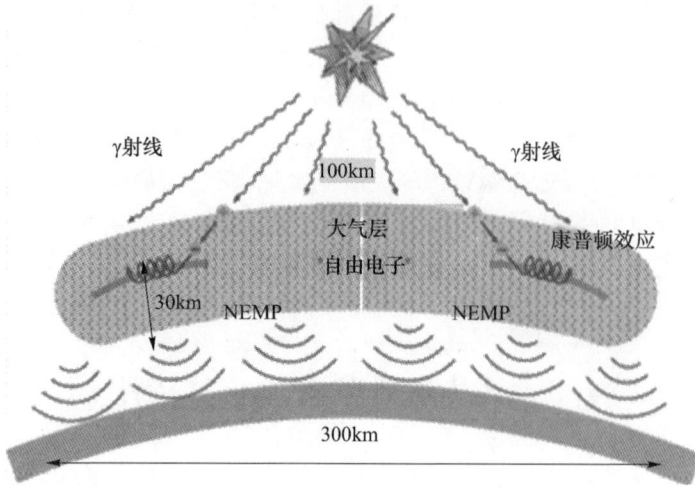

图 1 – 12　高空核爆电磁脉冲场产生过程

小功率晶体管、微波半导体二极管损坏，造成电子设备的临时故障或永久性损坏。

（2）从时频特性看，高空核爆电磁脉冲可近似用双指数波表示，如图 1 – 13 所示，最新国际标准规定其波前时间为 1.8 ~ 2.8ns，半峰值时间为 23ns，峰值场强为 50kV/m。实测峰值场强可达 $10^4$ ~ $10^5$ V/m，磁感应强度可达 10mT，上升时间可达 1ns 左右。对应到频域上，其频谱可覆盖超长波直至微波低端的整个频段，可以干扰无线电通信、导航等系统，对其安全运行构成严重威胁。

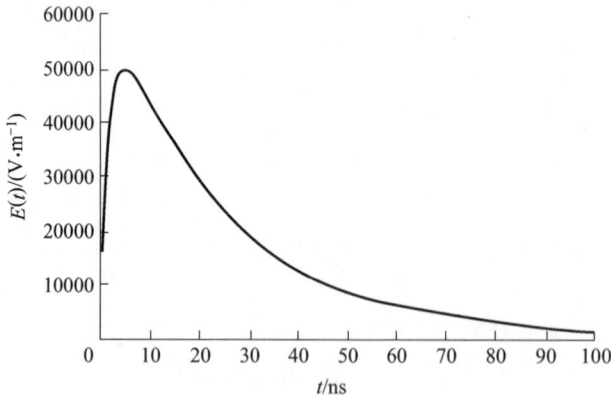

图 1 – 13　高空核爆电磁脉冲场标准波形

（3）从覆盖的地域看，NEMP 的覆盖区域包括源区和辐射区两部分。γ 射线辐射与空气分子的相互作用形成的电磁脉冲源区，大致呈中间厚、边缘薄的圆饼形,源区的大小是爆高和爆炸当量的函数。比如,$1 \times 10^6$t TNT 当量的核武器在 300km 爆高产生的电磁脉冲源区半径就可以超过 1300km,辐射区的覆盖范围则更加广泛。暴露在该环境中的长导体及其连接的电力、电子设备均可能遭受干扰或损坏。比如,1962 年 7 月 8 日,美国在约翰斯顿岛上空 400km 进行了 $1.4 \times 10^6$t TNT 当量的高空核试验,爆炸引起:距离 1300km 之外的夏威夷瓦胡岛 30 多条路灯同时发生故障;数百个报警器响成一片;檀香山与威克岛之间的短波通信也一时中断;通信和指挥控制系统失灵,警戒雷达故障丛生,荧光屏出现无数回波和亮点。

由此可见,核电磁脉冲对武器装备正常发挥作战效能具有重大影响。

**2. 高功率微波**

从辐射源的角度出发,高功率微波通常是指峰值功率超过 100MW、频率在 1~300GHz 之间、跨越厘米波和毫米波范围的窄带电磁脉冲辐射,主要参数如表 1-1 所列。目前,高功率微波武器通常有微波弹和干扰机两种形式。高功率微波武器可攻击的目标之多是其他高技术武器装备所不能比拟的,从卫星、导弹、飞机、坦克、舰船到雷达、通信、计算机以及 $C^4$ISR(指挥、控制、通信、计算机及监视与侦察)系统,它将电磁波能量集中在以某一高频段为主的窄带内,只要攻击目标处于强电磁辐射场覆盖范围内且没有采取严密的防护措施,都有可能受到攻击而丧失作战效能。所以,高功率微波武器被称为信息化战争的"撒手锏"。

表 1-1　高功率微波(HPM)的主要参数

| 参数 | 天线处峰值功率 | 脉冲半峰宽 | 上升时间 | 源输出能量 |
|---|---|---|---|---|
| 数值 | 100MW~20GW | 10ns~1μs | 10~20ns | 100J~20kJ |

| 参数 | 不同距离处功率密度 | 不同距离处峰值电场 | 重复率 | 照射面积 |
|---|---|---|---|---|
| 数值 | 100m:1W/m² ~200MW/m²<br>1km:10mW/m² ~2MW/m²<br>10km:0.1mW/m² ~200kW/m² | 100m:20~300kV/m<br>1km:2~30kV/m<br>10km:0.2~3kV/m | 单脉冲或<br>10~250 脉冲/s | 小于 1km² |

从场的角度出发,场强超过 100V/m、处于微波频段内的电磁辐射统称为高功率微波辐射,而不管其来源如何。由于高功率微波辐射一般是一系列的强电磁脉冲串,含有丰富的能量,对武器装备具有很强的毁伤效应。20 世纪 60 年代中期,美国海军舰载遥控反潜直升机,由于受到舰载对空搜索雷达的电磁干扰而损失了很多架以后,被迫退出现役。1967 年 7 月 29 日,美国"福莱斯特"号航空母舰上,为执行战斗任务而悬挂于飞机下方的一枚火箭弹,在受到雷达扫描波束照射时被意外引爆,由此引发了一系列爆炸,造成该舰 134 人丧生、27 架飞机被毁,如图 1-14 所示。该次爆炸的原因众说纷纭,电磁辐射仅是可能的原因之一。

图 1-14　微波辐射引发的爆炸事故

为试验高功率微波对生物的毁伤效应,俄罗斯使用微波峰值输出功率为 1GW 的样机,对距离为 1~10km 的羊进行过攻击试验。当距离在 1km 时,功率密度达 400W/$cm^2$ 时,对准羊做试验,结果瞬间即将羊杀死了。当距离 10km 时,功率密度为 4W/$cm^2$ 时,对准羊做辐射试验,结果羊瘫痪了。

**3. 超宽谱电磁脉冲**

超宽谱电磁脉冲辐射系统属于高功率微波的范畴,是一种采用短脉冲和成型线技术研制的高功率微波武器。与传统的高功率微波不同,超宽谱电磁脉冲不含载波,由单个快速瞬变的电磁脉冲或电磁脉冲串组成,脉冲宽度一般小于 10ns,脉冲前后沿小于 1ns,如图 1-15 所示。由于电磁脉冲信号高速变化,由傅里叶频谱分析可知,它一般能够覆盖较宽的频率范围。通常来说,超宽谱电磁辐射是指相对带宽大于 20% 或频带宽度达 $10^8 \sim 10^{12}$ Hz 的电磁辐射。超宽谱电磁辐射装备是近年发展起来的一种新型电磁脉冲武器,主要技术参数如表 1-2 所列。

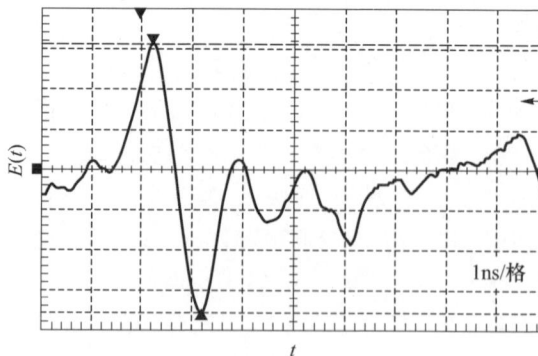

图 1-15　典型超宽谱电磁脉冲波形

表 1 - 2　超宽谱电磁辐射主要参数

| 参数 | 天线处峰值功率 | 脉冲半峰宽 | 上升时间 | 源输出能量 |
|------|------|------|------|------|
| 数值 | 数吉瓦 ~ 20GW | < 10ns | < 1ns | 5J ~ 500J |
| 参数 | 覆盖频带 | 重复率 | 作用距离 | 不同距离处峰值电场 |
| 数值 | 100MHz ~ 1GHz | 单次、10 ~ 1000 脉冲/s | < 100m | 4 ~ 200kV/m |

　　GW 级超宽谱电磁脉冲辐射系统一般由紧凑 Tesla 型初级脉冲功率源、高功率亚纳秒脉冲产生器和超宽谱高效辐射天线等三部分组成,Tesla 型初级脉冲功率源用于产生峰值电压、脉冲宽度可调的纳秒脉冲电压,亚纳秒脉冲产生器将纳秒电脉冲进行压缩和陡化,形成脉冲前沿、后沿时间均为亚纳秒的快沿电磁脉冲,高效辐射天线将亚纳秒脉冲产生器产生的高功率电磁脉冲辐射出去,形成在空间传播的超宽谱电磁脉冲场。

　　超宽谱电磁脉冲辐射系统的最大优点是可做得小型、紧凑和轻便,能够置于车辆、飞机、舰船甚至卫星上,用于干扰、破坏敌方的电子信息系统、接收机射频前端。由于其频谱很宽,可大范围覆盖目标系统的响应频率,使跳频防护变得毫无意义;由于其脉冲很窄,电磁脉冲防护器件来不及反应,几乎可以渡越到所有电子设备的内部,因此对电子设备具有很大的威胁。目前,该技术已用于多功能综合扫雷车中,利用超宽谱电磁脉冲辐射远距离引爆电子引信地雷,降低其他技术扫雷的难度和危险性。据报道,1999 年 3 月 24 日,北约在对南联盟科索沃的战争中,美国战斧式巡航导弹投放了电磁脉冲弹,使南联盟部分地区的通信设施瘫痪长达三个多小时;2003 年 3 月 26 日,在伊拉克战争中,美国在对伊拉克电视台的空袭中再次使用了电磁脉冲弹,中断了电视台的工作。当然,上述信息的真实性很难考证,但我们可以通过效应试验考核我军相关装备的强电磁脉冲防护能力,针对发现的问题进行防护加固,提高其战场电磁环境生存能力。

**4. 电磁干扰机**

　　各种车载、机载、舰载的电磁干扰机是战场上典型的有意电磁干扰源。与高功率微波、核电磁脉冲和超宽谱电磁脉冲武器不同,大部分电磁干扰机是根据特定装备的工作原理进行工作的,以信息式干扰方式对武器装备进行带内干扰,干扰效率很高。在信息化战争中,这些电磁干扰机的种类、分布、工作状态等直接决定着战场电磁环境的形态,是战场电磁环境的关键构成要素。

　　衡量电磁干扰机性能的指标一般有频率覆盖范围、干扰功率、干扰样式、响应时间等,其覆盖频率越宽、干扰功率越大、响应时间越快,干扰机的效能越高。

　　电磁干扰机的种类、型号很多,难以一一列举,应用最广的主要有引信干扰机、通信干扰机和雷达干扰机。美军 2009 年底正式投产的新一代电子攻击机

EA – 18G"咆哮者"是现代机载电磁干扰机的代表,作为 EA – 6B"徘徊者"电子攻击机的替代产品,拥有十分强大的电子攻击能力。凭借诺斯罗普·格鲁曼公司为其设计的 ALQ – 218V(2)战术接收机和新型 ALQ – 99 战术电子干扰吊舱,该机可高效地执行对地空导弹雷达系统的压制任务。与以往拦阻式干扰不同,EA – 18G 可以通过分析干扰对象的调频图谱自动跟踪其发射频率,并采用"长基线干涉测量法"对辐射源进行精确定位以实现"跟踪 – 瞄准式干扰",集中电磁干扰能量,实现电磁频谱领域的"精确打击"。

针对信息式电磁干扰机的干扰机理,对其进行防护的方法主要就是跳频和错时工作。两者抗干扰的机制均是采用躲避的方法,其中跳频是通过"随机地"改变载频使其不受干扰,而错时工作则是直接避开干扰时段进行工作,并未削弱电磁干扰机的作战功能。

### 1.3.2 无意电磁辐射干扰源

无意电磁干扰源和有意电磁干扰源都属于人为电磁辐射。所谓无意电磁干扰是指电子设备在工作时非期望地形成的电磁辐射,是无意且无任何目的性的,是人们所不需要的一种电磁辐射,它不仅无谓地消耗电子设备的发射功率,而且直接导致了电磁环境的恶化,由其导致的电磁干扰即为无意电磁干扰。无意电磁干扰源通常包括电子设备的谐波辐射发射、杂散辐射发射、噪声辐射发射和其他非天线辐射、工频交变电磁场、脉冲放电等,它们以电磁能量作为作用媒介,虽然辐射功率比强电磁脉冲武器小、频率重合度比电磁干扰机低,但由于其靠近己方装备,由此导致的电磁干扰往往不容忽视。尤其是随着信息化战争对电磁信息的依赖,各种无意电磁辐射越来越多,武器装备由于电磁兼容特性不良导致的无意干扰已经到了不得不认真对待的时候了。

载人航天器、卫星、战斗机、无人机、导弹、坦克、战车、潜艇等武器平台空间有限,内部空间相对较小,电子设备密集,综合化程度高,电磁环境恶劣,易产生相互干扰。

空中平台、大型舰船等综合类武器平台,为了追求其多任务性能,往往需要在平台内安装大量不同功能的分系统或设备,配备大量的大功率发射设备和高灵敏度无线电收发设备。它们工作频率彼此覆盖,时域高度重叠,电磁辐射强度高,空间隔离度有限,导致非线性器件激发的谐波、杂散、互调、交调等大量无用信号向空间辐射。同频段干扰或者由于强信号压制带来的带外互扰等问题比较突出,平台内多种分系统有时不能同时工作。例如,某装备数据链与敌我识别器在工作频谱上有重叠,导致系统互扰;雷达与自卫电子对抗设备,若电磁兼容措施不得当,雷达发射将影响电子对抗设备侦收,电子对抗设备实施压制或欺骗式干扰将影响雷达系统的准确探测;共址多链路通信系统,因频率管理不当或电磁兼容设计不合理,容易产生自激、啸叫、噪声等不能兼容工作的问题。

我军在军事训练过程中多次出现通信电台与雷达互扰、信息系统与武器系统电磁不兼容的问题,表 1 - 3 所列为某特种侦察大队无人机受电磁干扰飞行失败的情况。

表 1 - 3　某特种侦察大队无人机受电磁干扰飞行失败情况

| 时间 | 原因 | 活动半径/km | 航高/m |
|---|---|---|---|
| 1992.05 | 机场对空雷达 | 30 | 1500 |
| 1998.08 | 雷达干扰 | 60 | 300 |
| 1998.08 | 雷达干扰 | 5 | 240 |
| 1999.09 | 发射塔干扰 | 20 | 600 |
| 2000.07 | 雷达干扰 | 40 | 1200 |
| 2002.08 | 电子对抗干扰 | 10 | 200 |
| 2004.08 | 雷达干扰 | 20 | 940 |
| 2006.07 | GPS 分队干扰 | 10 | 150 |

我国自主研制的电子干扰飞机、预警机、武装直升机等特种飞机系统极其复杂,电子装备从原来不足 20% 到超过 60% ,工作频带宽、发射功率大、接收灵敏度高、机载天线数量多,同时工作的电子系统多,且全部装于一个飞行平台上,由此导致的电磁干扰问题使特种飞机面临前所未有的技术挑战,电磁防护问题从未像现在这样成为型号研制成败的决定性因素之一。

同样,大型舰船布置的无线电设备种类越来越多、数量大,涉及通信、情报、预警、导航、气象、武器控制、电子对抗等,使得舰船电磁信号密度大,大量电磁收发设备共存,电子设备的工作频谱之间、工作频谱与二、三次谐波之间存在严重的重叠问题,极易产生相互干扰。

即使是地面武器系统,为了以信息化带动机械化,实现我军机械化与信息化并进的双重任务,各种新研、信息化加改装的武器装备电子信息系统功能也越来越强大、构造越来越复杂,武器系统面临的电磁兼容性问题也越来越突出,暴露的电磁兼容问题越来越多,武器平台的发展迫切需要电磁干扰控制、电磁防护技术作支撑。

图 1 - 16 所示为典型用频装备发射的随机调幅辐射信号频谱,图 1 - 17 为典型用频装备发射的跳频辐射信号频谱,两者的共同特点是除了基频辐射信号

外,边带辐射强度提高,边带、基频辐射强度仅相差 40dB 左右,一旦其他用频装备的接收频率落在该发射设备的边带内,其接收性能将大幅下降。

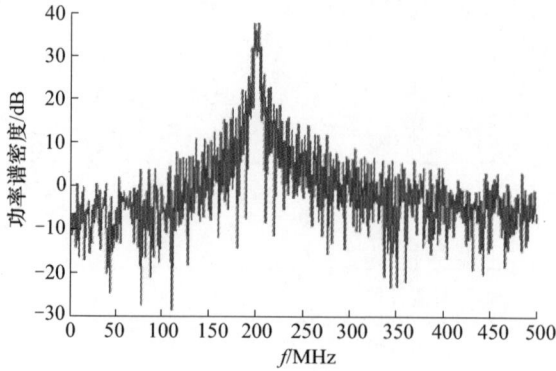

图 1 - 16　随机调幅辐射信号频谱

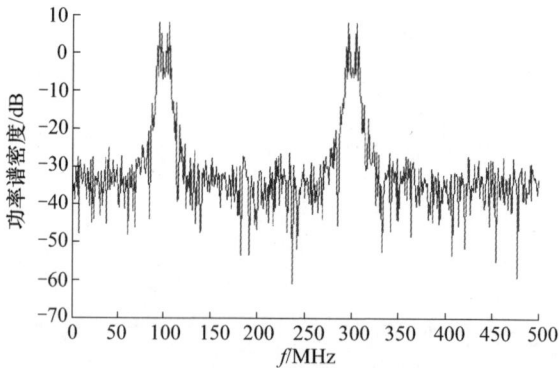

图 1 - 17　跳频辐射信号频谱

　　图 1 - 18 所示为典型用频装备发射的随机调相辐射信号频谱,主频辐射强度比边带辐射强度高 20~40dB;图 1 - 19 为某型用频装备的工作频谱,工作频带内的辐射强度比杂散辐射高 50dB 左右。

　　由此可见:各种大功率用频装备在发射有用电磁信号的同时,均不可避免地发射边带、谐波及杂散辐射信号,导致环境电磁辐射本底大幅提高。发射机为提高其工作性能,需要大幅度提高其发射功率,而接收机为提高其工作性能,需要不断提高接收灵敏度,一旦各种用频装备激发的环境电磁辐射电平高于某种接收机的接收灵敏度,必将影响接收机的工作性能。提高武器系统的电磁兼容性,必须统筹考虑发射机的发射功率、带外杂散辐射、谐波辐射和发射机的接收灵敏度,不能单独强调某一技术指标。

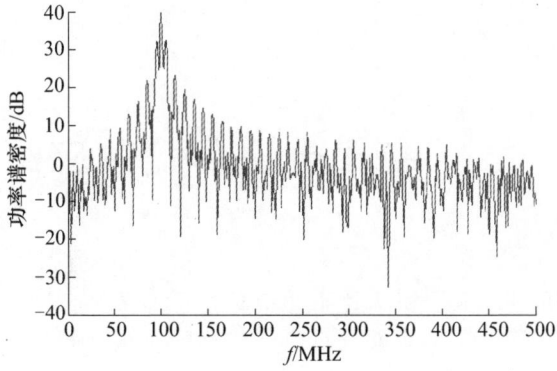

图 1 - 18　随机调相辐射信号频谱

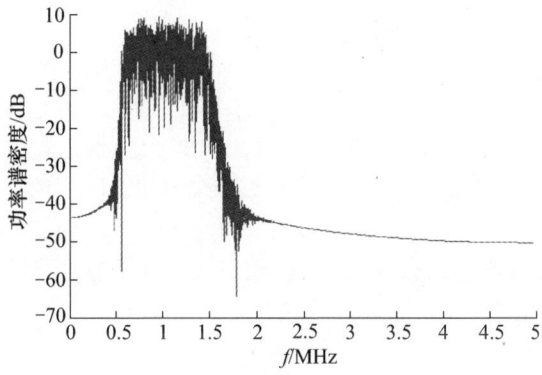

图 1 - 19　某型用频装备工作频谱

# 第2章 装备电磁环境效应概述

未来信息化战争以军事电子技术和信息技术为基础,是交战双方在信息领域的全面对抗。整个作战体系就是一个一体化的军事互联网络,使上至国防作战指控中心,下至基层作战分队或单位,都通过互联网络连成一体,使不同军兵种部队之间协同作战,实现信息化、网络化、数字化,从而使整体作战能力及武器装备的作战效能得到大幅度提升。然而,为实现上述目标,要求各种军用电磁辐射装备如预警侦察、探测识别、通信指挥、导航定位等电磁辐射源的功率越来越大,数量成倍增加,频谱也越来越宽,再加上高功率微波、超宽谱电磁脉冲等定向能武器和电磁脉冲弹、强电磁辐射干扰机的出现,使战场电磁环境更加复杂多样、严重恶化;而接收装备的灵敏度越来越高,受带内电磁辐射的影响越来越大,信息互联互通对电磁环境的依赖也成为制约武器装备作战效能发挥的薄弱环节,武器系统在电磁空间的安全性、可靠性受到严重威胁,装备的电磁环境适应性问题越来越突出。

## 2.1 电子信息装备面临的电磁环境威胁

未来信息化条件下的一体化联合作战,用频装备广泛应用,电磁空间日趋拥挤,加之敌方实施的有意电磁干扰,使战场电磁环境更加恶劣,"电磁威胁之矛"与"电磁防护之盾"之间的对抗将越来越激烈,电磁环境已成为战场情报侦察、目标探测识别、联合指挥控制、武器精确打击以及多军兵种协同作战的决定性因素,直接影响着信息化武器系统的作战效能,甚至影响到战争的成败。准确评价电子信息装备的电磁环境适应能力,提高武器装备的电磁防护技术水平,已成为充分发挥武器装备综合作战效能的核心和关键问题,迫在眉睫且具有重大的军事效益。

### 2.1.1 作战样式变化与战场电磁环境

随着信息化建设的深入,各国军队将把越来越多的电子信息装备投入战场,通过信息系统的无缝链接形成一体化的作战体系,其整体作战效能将得到快速增长。但是,这些电子信息装备在作战运用中又会或多或少地受到电磁环境的影响,对整体作战效能产生制约作用。因此,在信息化条件下,战争的胜负不仅取决于单一武器装备战技性能的好坏,更取决于作战体系整体战技性能的优劣和对洁净电磁环境的依赖程度。现代信息化战争是系统对系统、体系对体系的对抗,是全系统、全方位、陆海空天多军兵种协调的对抗,在数十千米乃至上百千米为半径的范围内将配备成千上万部雷达、通信、导航定位、电子对抗及其他用频装备,整个作战系统中不同用频装备配置于作战网络的各个节点上,一个节点上若干装备又往往密集配置于一个狭小的区域内,使得整个作战区域的电磁环境异常恶劣,加之新型电磁攻击武器以及自然电磁辐射源的影响,使武器系统的战场电磁环境适应性面临严峻挑战。

1)协同作战导致电磁环境恶化

在现代战争中,作战任务的实施通常需要多个军兵种的协同参与,由于各个军兵种武器装备完成作战任务均需要激发电磁辐射,把它们联合起来形成一个战斗群将导致电磁环境更加严峻。为保证作战任务的顺利实施,各个作战平台不仅要确保自身武器系统的电子防御能力、电子进攻能力以及系统的可操作性,而且战斗群还要减少自己的内部冲突,以确保战斗群作为一个整体的兼容性和协调性,充分发挥系统整体作战效能。由于协同作战导致空间电磁频谱分布动态变化、恶劣复杂,武器系统间的电磁环境适应性问题相当突出。

纵观国际海战和武器装备发展趋势,为确保国家核心利益不受损害,由近海防御向远海防卫转变是总体发展趋势。远海防卫将主要以航空母舰为核心,采用编队联合作战的形式展开。各种独立的作战武器系统根据各自作战时承担的职责和任务,在特定的作战海域内,展开大量的通信、侦察装备和信息化作战装备等用频设备,包括通信发射机、对空搜索雷达、对海监视雷达、对海导航雷达、对空监视雷达、武器制导雷达、电子战干扰机、敌我识别应答器、战术空中导航和自动归航无线电信标等。这些设备发射的电磁辐射信号不仅与友军及敌军部队的地面、海上、水下、空中大量军用电磁辐射信号相互混杂,而且还与来自地面、海上、空中的各种民用信号交织在一起。在海战场恶劣的气象和传播条件下甚至还要受到海杂波、雷电等自然因素的严重影响,武器系统能否适应这样的恶劣电磁环境,充分发挥应有的作战效能,遇到了前所未有的巨大挑战。

2)信息对抗的复杂化导致同频干扰严重

随着现代信息对抗能力的提高,要求电子对抗向宽频谱、大功率、多体制方向发展。雷达、通信、导航、电子对抗等设备工作频段基本覆盖了从甚低频至40GHz的范围。各种用频装备在工作时辐射出的电磁波,除其工作频率外,还含有其工作频率的谐波成分和工作频带外的杂散成分、噪声辐射,占用了大量频谱,造成不同装备收发同时工作非常困难,极易产生同频干扰。

随着弹药、导弹射程的增加,要求雷达和制导装备的作用距离提高,导致雷达发射功率增大,其谐波辐射、杂散辐射、噪声辐射非线性增长,使装备附近电磁环境急剧恶化,制约了接收机灵敏度提高对装备探测、制导能力提高带来的促进作用,导致装备自身及编队电子设备极易发生同频干扰。

为了极大地提高武器平台的综合作战效能,要求武器平台在干扰敌方武器装备的同时,能够保持己方武器装备的战技性能不降低。但是,由于同类电子信息装备的工作频段大同小异,发射机频谱纯度不高,尤其是大功率发射机谐波辐射、杂散辐射严重,而接收机工作频带内外灵敏度难以做到阶跃式突变,导致电子对抗装备在干扰敌方装备的同时也一定程度上影响着己方装备的正常工作,"干中通""干中侦"面临严重的挑战,同频干扰问题更加严重。

3）强电磁脉冲武器攻击对装备生存构成致命威胁

信息化装备作战效能的正常发挥强烈依赖于各类电磁信号,而电磁脉冲武器发展迅速,能以极高辐射场强干扰、破坏相关装备,从而使敌方指挥、通信、情报等用频装备瘫痪,达到"不战而屈人之兵"之目的,对装备战场生存构成了潜在的致命威胁,已成为武器装备或信息化平台的"头号杀手"。

目前,强电磁脉冲武器主要包括核电磁脉冲武器和非核电磁脉冲武器两大类。高空核爆电磁脉冲(HEMP)强度大,覆盖区域广。传统的百万吨级 TNT 当量的核武器在高空爆炸时,释放的电磁脉冲能量约为 $10^{15}$ J 数量级,其作用范围可以覆盖上千千米。美国在其国防授权法案中强调指出:使用高空核爆产生的核电磁脉冲,完全可以大面积地破坏或摧毁电子信息系统。虽然目前在军事行动中使用核武器的概率很小,但是随着核技术的发展,西方军事强国已研制出次临界的小型核武器,增强了其电磁脉冲效应,核电磁脉冲弹的威胁不容忽视。非核电磁脉冲辐射源主要有超宽谱(UWB)和高功率微波(HPM)等定向能电磁脉冲武器,这些新型的电磁脉冲武器利用快上升沿脉冲电流形成强电磁脉冲场,峰值辐射功率可达数十吉瓦以上,频谱分别覆盖数兆到数十兆赫、上百兆至数十吉赫,瞬时电磁脉冲峰值辐射场强可达数百千伏/米。当此类武器以强电磁脉冲场冲击目标时,能够通过敏感电子设备或系统的传感器、线缆、孔缝等途径耦合数十千伏的峰值电压或数千安的峰值电流进入敏感电子设备和系统内部,造成内部射频微波前端模块中半导体器件或电路的电击穿、热熔断、热应力破坏或干扰其正常工作,对武器平台敏感电子设备和系统构成了致命的威胁。

美国国防部在新武器发展计划中,将强电磁脉冲武器列为五大关键技术之一;美国陆、海、空三军分别制定了强电磁脉冲武器发展计划,进行了代号为"竖琴"的电磁脉冲武器实验研究,采用天线群向电离层发射电磁脉冲,阻断通信和摧毁来袭导弹。美、俄等国目前可采用常规运载工具将小型化的强电磁脉冲弹投掷到敌方,摧毁敌方的指挥控制系统。在科索沃战争中,北约动用了"徘徊者""罗盘呼叫"等电子干扰机,首次使用了强电磁脉冲弹。美国在其"战斧"式巡航导弹上已部分换装了强电磁脉冲弹头,并在伊拉克战争中进行了应用,以此空袭了伊拉克国家电视台和伊军指挥控制中心,造成转播信号中断,通信指挥系统完全瘫痪。

美国空军研究部门 2012 年已将小型化高功率微波辐射源集成到无人机作战平台上,在未来战场上更容易实现峰值功率达数十吉瓦、频谱覆盖达数十吉赫的强电磁脉冲定向辐射攻击系统。美国空军研究部门研制的超宽谱电磁脉冲辐射源形式多样,图 2 - 1 所示为其中的 2 种,其典型的电磁脉冲辐射场波形如图 2 - 2 所示,电磁脉冲瞬时峰值场强可达 $300kV/m$、上升时间小于 $250ps$、脉冲宽度在 $0.5 \sim 2ns$ 之间。

(a) Matrix　　　　　　　　　　　　　(b) H-2

图 2 - 1　美国空军研制的 2 种典型超宽谱电磁脉冲辐射源

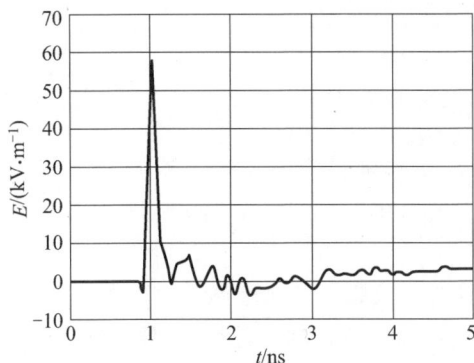

图 2 - 2　典型超宽谱电磁脉冲辐射场时域波形

　　苏联率先研制成功了 MW 级、GW 级的超宽谱电磁脉冲干扰机,俄罗斯继承了苏联的研究成果,俄罗斯电物所建立了名为"SEF303"的超宽谱实验装置,它由 Tesla 变压器、火花隙气体开关、脉冲成型线、匹配负载和控制系统组成,能够产生几百千伏、脉宽几纳秒的超宽谱电磁脉冲源,峰值功率高达数十吉瓦,利用横电磁波(TEM)天线和组合天线阵列使功率辐射效率达 70% 左右。

　　除美国和俄罗斯(苏联)外,英国、法国、德国、日本、韩国等国家也都在进行强电磁脉冲武器的研发工作,并陆续大量装备陆、海、空三军。

　　目前,强电磁脉冲武器的发展趋势是辐射源的小型化以及脉冲参数的可调化,脉冲源瞬时辐射功率、脉冲峰值场强、功率密度和杀伤范围越来越大,且机动性、灵活性更强。其辐射频谱则向窄带和超宽谱两个方面发展,而且目前窄带高功率微波武器已成功应用于导弹拦截试验。表 2 - 1 给出了国外典型高功率微波和超宽谱强电磁脉冲辐射源的参数,未来强电磁脉冲武器性能更强,对电子信息系统敏感电子设备和射频前端将更具破坏性和杀伤力,对电子信息装备生存将构成致命威胁。

表 2 - 1　国外典型高功率微波和超宽谱强电磁脉冲辐射源参数

| 类别 | 高功率微波 | 超宽谱电磁脉冲 |
|---|---|---|
| 峰值功率 | 0.1 ~ 30GW | 1 ~ 100GW |
| 脉冲宽度 | 10ns ~ 1μs | < 5ns |
| 上升时间 | 10 ~ 20ns | < 1ns |
| 脉冲能量 | 100J ~ 20kJ | 0.5 ~ 500J |
| 频谱范围 | 0.5 ~ 50GHz | 30MHz ~ 2GHz |
| 作用距离 | 几千米到几十千米 | 数百米 |
| 辐射方法 | 天线 | 天线或有规律爆炸 |

## 2.1.2　电磁环境效应对装备发展的影响

　　现代战争逐步从平台对抗向体系对抗发展,功能单一的武器装备将无法取得信息获取和信息攻防的优势,武器装备向功能综合化方向发展,受到电磁环境适应性的制约。

　　1) 武器平台信息化集成必须解决电磁兼容问题

　　发射和接收电磁信号是用频装备的固有任务属性。尤其是随着武器平台信息化集成水平的不断提高,要求电子设备向宽频谱、大功率、多体制方向发展,这在提高用频装备信息化程度的同时,也大大加剧了用频装备或系统对强电磁场防护的难度。其中,最突出的问题就是大功率用频装备辐射功率提升与高灵敏度接收设备在系统中广泛应用之间的矛盾,同时,有限频带内密集的工作频率、单位体积内较大的电磁辐射功率,以及高低电平器件或装备的混合使用,都是导致武器平台电磁兼容性能恶化的因素,如果武器装备对己方大功率辐射源的电磁防护问题解决不好,这种大功率辐射干扰必将使自己陷于"电磁陷阱"之中,不仅不能发挥武器装备应有的作战效能,而且还将削弱自身的战场生存能力。例如,预警机机载任务电子系统工作频段极宽,并同时包含大功率的发射设备及高灵敏度的接收设备,如果全机电磁感知与综合管理措施不到位,将无法自适应地控制雷达、通信的工作频点、工作时序,在复杂电磁环境下雷达、通信等任务电子系统将难以有效地保持应有的工作效能。

2) 一体化射频综合集成导致电磁互扰难以解决

武器装备向着综合化方向发展,通过采用高度综合化的传感器系统设计技术,实现了有源探测、无源探测、告警接收、电子干扰、通信、导航和敌我识别等各类射频传感器的接收和发射功能,从硬件角度已经难以区分通信、雷达、电子战等硬件设备。通过综合化,构成了多频谱、多手段的一体化电子设备,达到了信息资源和物理资源共享,最大限度地减少了天线数量和武器装备电磁辐射信号被截获的机会,在提高武器系统战技性能的同时解决了体积、重量、功耗等一系列的突出问题,提高了系统的可靠性和可维护性。但在进行复杂的天线集成和设备综合化设计时,出现了许多难以解决的电磁互扰问题,如射频综合系统各阵面或窗口边缘接壤处产生表面波耦合、射频综合系统多孔径板布置结构产生周期性效应、射频综合系统封闭式结构和多功能天线结构内部产生腔体谐振效应、射频综合系统内部线缆及波导之间产生串音干扰等问题。例如,在大型驱逐舰设计中采用射频集成思路,实现了多功能相控阵天线与上层建筑、桅杆的一体化设计,配置了多波段相控阵雷达、电子对抗设备等大量相控阵形式的射频集成设备,大功率用频设备尤其是射频集成阵面以及新研武器弹药大量装舰,导致电磁环境复杂,电子装备、武器弹药以及工作人员的电磁安全性设计问题突出;微波段相控阵形式射频集成天线的广泛使用且密集化布置,导致电磁干扰问题较为突出。

3) 航空母舰与舰载机界面电磁环境十分恶劣

航空母舰作为海上战斗群的中心和平台,为实现其警戒、探测、识别、指挥、控制、导航引导、电子对抗等功能,舰面上装有大量的大功率雷达、通信、导航和电子干扰装备,电磁环境十分恶劣。配备天线近百幅,覆盖频段从中波直到微波,最大发射功率达数百千瓦,其中短波频段最大发射功率达数千瓦,由于其波长与舰载机的机体长度相当,对飞机的影响也非常大。舰载机为实现其攻击作战、电子对抗、侦察等功能,机载无线电电子设备也非常复杂,频率从 150kHz 直到 40GHz,接收机最高灵敏度达 −100dBm。在起飞降落、舰面保障的过程中,直接会受到大功率用频装备的电磁波照射,而且在战舰编队航行时,其电磁环境更加恶化。根据粗略分析计算,仅相控阵警戒雷达,平均发射功率就达上百千瓦,在距天线 100m 处峰值场强仍可达 4kV/m,其主波束会直接照射起飞和着舰的飞机,对舰载机和舰载武器的威胁很大。反之,舰载机上的机载大功率发射设备也将对舰载电子设备产生影响。因此要使航空母舰发挥其突出的优势,避免舰载机在起飞和着舰过程中造成非战斗性损伤,在航空母舰研制过程中必须确保舰载机及其武器装备的电磁环境适应性。

## 2.2　装备电磁环境效应与防护对策

如前所述,装备电磁环境效应多种多样,原因各异。但是,任何问题都有其遵循的内在共性规律。通过装备电磁环境效应原因分析,有助于有针对性地采取应对策略和防护措施,提高相关装备的电磁环境适应性。

### 2.2.1　装备电磁环境效应共性问题

战场情报侦察、目标探测识别、联合指挥控制、武器精确打击以及多军兵种协同作战都离不开电子信息装备,这些装备能否在复杂、恶劣电磁环境中发挥应有的作战效能,目前还难以做到"心中有数"。为解决上述问题,我军连续几年开展了复杂电磁环境下的军事演练和靶场试验,发现了现役装备存在的一些电磁环境效应共性问题:

(1)同一批装备出现的电磁干扰与防护问题各不相同,故障难以复现,且偶发故障多,需要逐个排除。例如雷达因电磁干扰造成目标分辨不清、跟踪目标丢失。这一问题表明装备电磁兼容与防护总体设计不到位。要彻底解决此类问题,对现役装备只能通过系统的电磁环境效应试验研究,总结出现故障的规律,给出解决方法;对新研装备,要提出切实可行的电磁兼容与防护技术指标,并进行全面考核。

(2)新型电子信息系统联合运用时,电磁互扰问题严重;定型试验检验合格的系统,使用时却出现问题。例如同型号无人机之间的相互干扰,导致遥控失灵;无人机系统受不明用频装备的干扰。定频通信易受干扰;少数跳频通信电台同时工作,抗干扰能力强;但大量跳频通信电台同时工作,互扰现象严重。这一问题说明电磁兼容与防护性能试验方法不科学。要彻底解决此类问题,必须加强电磁环境效应试验方法与技术研究,努力营造装备试验所需的电磁环境,按研制技术指标要求,采用科学的试验方法进行装备鉴定试验,力争全面、客观评价装备的电磁兼容与防护性能。

(3)装备抗电磁毁伤能力不明。大多数武器装备没有经过抗电磁脉冲毁伤能力考核,在遭受强电磁脉冲武器攻击后的战场生存能力心中无数。例如雷达装备在实际工作中经常遭雷击而损坏;野战陆军装备、飞机、导弹等武器装备也存在遭雷击、电磁武器攻击损伤的潜在危险。

近年来,结合电磁武器靶场试验和科研工作,相继开展了一些现役装备抗电磁毁伤性能研究工作。发现电磁辐射并不像文献报道的那样能够对装备造成大面积毁伤,但不同装备抗电磁毁伤能力差别很大,亟待深入研究。

与此同时,在军内科研、装备预研基金等项目的支持下,相继研究了典型通信电台、无线电引信、雷达装备和无人机数据链的电磁辐射效应,分析了能量耦合规律,确定了干扰、损伤阈值,发现不同装备电磁辐射效应规律差别巨大。

## 2.2.2  装备电磁环境适应性试验方法评述

目前,装备电磁环境适应性试验方法主要包括三类:复杂电磁环境军事演练、靶场试验和装备电磁环境效应研究,不同的试验方法侧重点有所不同,优点和不足也各有千秋。

1)装备复杂电磁环境军事演练

我军进行的复杂电磁环境军事演练,大多利用各种干扰机营造复杂电磁环境。由于事先知道对方用频装备的工作频率、工作制式,电磁干扰作用明显放大。真正的战争,难以准确掌握相关情报,在复杂电磁环境中侦测敌方用频装备辐射的微弱电磁信号,难度加大,电磁干扰的作用相对消弱。换句话说,只要让敌方掌握了用频装备的相关信息,敌方就能够根据其工作原理发射相应的电磁干扰信号(电子对抗)控制该装备的正常工作。据说,正是由于伊朗阻塞了美军无人侦察机的定位信号,才能用更强的电磁信号控制无人机的正常操作,使其迫降到伊朗境内。

除此之外,军事演练时用频装备使用密度、频度远低于真正的战争,用频装备激发的谐波辐射、杂散辐射相对于真正的战场要降低很多,军事演练因此难以准确掌握己方用频装备激发的无意电磁发射对接收设备战技性能降级的影响。

2)复杂电磁环境靶场试验

复杂电磁环境靶场试验以现役用频装备、电子对抗装备为主,营造试验所需的电磁环境,对受试武器装备的复杂电磁环境适应性进行试验考核和评估,这类试验考核方法能够准确检验受试装备与配试装备间的电磁兼容性能。由于配试装备的辐射频率不能根据需要任意变化、辐射强度也难以连续调节,因此,这类试验方法不能确定电磁辐射对受试装备的作用规律和敏感频段,难以全面反映装备的复杂电磁环境适应性。装备之间在受试装备组合下能够兼容工作,不能确定在其他的装备组合下仍能兼容工作,反之亦然。

飞机、舰船武器装备组合相对固定,靶场试验能够准确反映其自扰、互扰特性,技术难点是发现的问题如何解决?陆军武器装备品种多、型号杂,作战使用时组合形式变化多样,靶场试验难以穷尽——由于发现问题不全面,解决问题就难以确定突破口。部队复杂电磁环境军事训练,虽然能够解决装备运用组合形式少的问题,但对出现的电磁自扰、互扰现象,原因难以查找,往往不了了之。

3)装备电磁环境效应研究

为准确评价装备的电磁防护性能,国内外相继建立了大型的电磁脉冲试验场、高功率微波试验系统和连续波电磁辐射试验系统,发展了整体辐射法、局部分区辐射法和注入法,能够准确评价装备的电磁脉冲防护能力和连续波电磁辐射作用规律,给出单一宽谱或窄带电磁辐导致装备干扰、损伤的临界场强,能够全面反映其电磁防护能力。但是,真实环境中普遍存在多个窄带电磁辐射源和宽带噪声辐射源、强电磁脉冲源,由于电磁辐射频率、场强能够任意组合,通过试验确定它们对装备的干扰、损伤临界场强没有可操作性。研究基于装备窄带电磁辐射临界场强变化规律、战场电磁环境分布特性的装备复杂电磁环境适应性评估方法,具有重大的军事需求和实用价值。

## 2.2.3　电磁兼容与防护技术的作用

电磁兼容与防护是指系统、分系统、设备及人员等在复杂电磁环境中能够完成各自功能、消除电磁危害、保证电磁安全性的一种能力,属于系统工程技术范畴,是基于信息系统体系作战的重要使能技术,是提升武器装备在复杂电磁环境下的生存能力、作战能力的核心技术之一。

从战场运用角度看,电磁兼容与防护技术支撑在一体化作战中提出复杂电磁环境下装备作战和统筹运用技术意见,并用于防护战场敌方强电磁攻击、消除我军体系化作战装备互扰、解决我军信息化装备自扰。

从装备建设角度看,电磁兼容与防护技术支撑在武器装备论证研制中提供实战状态下战技性能的论证、预测、设计、检测、考核的理论方法,建设软硬件手段和标准规范,保证装备在实战环境下性能不下降、作战能力不丧失。

从长远发展角度看,电磁兼容与防护技术在作战规模增大、环境复杂、模式多样和装备信息化、综合化、无人化、隐身化发展趋势中,需超前攻克长期存在且制约武器装备发展的基础问题,实现从"跟踪""模仿"向"超越""引领"的技术跨越,为装备长远发展奠定坚实的理论和技术基础。

　　提升武器系统的复杂电磁环境适应性离不开电磁兼容与防护技术的发展：在研制论证阶段，必须深入研究装备运用面临的电磁环境，根据装备的工作原理和技术特点，提出切实可行的电磁兼容及防护技术指标，避免研制目标的盲目性，是装备"优生"的基础。在设计生产阶段，结合武器装备功能设计进行电磁兼容性设计、仿真；健全过程控制和质量监督管理和技术体系，指导设计调整，使装备电磁兼容与防护技术指标能够落地，做到"优孕"；在试验定型阶段，准确评价武器系统的电磁环境效应，保证试验方法的科学性，同时针对发现的问题进行电磁兼容与防护加固改造，解决"优生"问题；装备进入部队后，必须适应军兵种联合作战和装备体系对抗的客观需要，通过装备合成演练和电磁环境效应研究，摸清电磁环境效应机理和作用规律，提前掌握武器系统可能存在的电磁兼容及防护隐患，提出作战运用应对策略，解决"优育"问题。只有利用系统工程的观点、方法，才能彻底解决装备的电磁兼容及防护问题，提高其战场复杂电磁环境实战能力，所以电磁兼容与防护是型号和作战运用的牵引技术。

# 第3章 电磁辐射效应试验方法

未来信息化战争,电子信息装备和新型电磁武器广泛应用,战场电磁环境日趋恶劣,交战双方的军事优势强烈地依赖于装备的电磁防护性能,而装备的电磁防护性能必须通过有效的电磁辐射效应试验来验证。

受试装备线度不同、电磁辐射敏感度不同,对试验条件的要求也不同。为了全面研究不同装备的电磁辐射效应,发展了电磁环境模拟方法和效应试验方法。

## 3.1 电磁辐射效应试验方法研究现状

西方军事强国十分重视武器装备的电磁兼容及电磁防护能力试验验证工作,为完成武器装备电磁辐射效应试验与评估工作,对试验内容和方法、试验环境及开阔场地、电波暗室、混响室、GTEM 室等电磁兼容测试场所及其对测试结果的影响进行了深入研究,建立了比较科学完整的试验标准体系。美军的系统级电磁兼容标准 MIL – STD – 464,设备级电磁兼容标准 MIL – STD – 461、MIL – STD – 462 等对国际军用装备电磁干扰控制和测试方法具有普遍的指导意义。英国国防部的 STAN – 59 – 411 系列标准从电磁兼容管理、电磁环境、设备级 EMC 测试、系统级 EMC 测试、军用装备的 EMC 设计等五个方面进行了较为全面的概括。

### 3.1.1 电磁环境模拟设施分类

电磁环境模拟一般有外场全实物环境模拟、实验室(电波暗室、TEM 室、GTEM 室、平行板传输线(PPTC)模拟系统、开阔场等)环境模拟、全数字化计算机仿真等几种方式。全实物环境模拟效应试验方法是用真实的目标与环境来考察装备的电磁兼容与防护性能,是逼真度和置信度最高的试验方法,也是目前装备试验、训练应用最广的方法。但是,受电磁辐射装备技术性能的限制,试验的全面性和重复性难以保证。

实验室电磁辐射效应研究通常在电波暗室等模拟环境中进行,主要针对受试对象在电磁脉冲作用下的瞬态响应、作用机理及损伤规律、连续波作用规律及能量耦合通道等方面开展研究工作,通常是在电路板级、分系统(设备)级和系统级三个层次开展试验研究。对于电路板级和分系统级,主要参考 GJB151B—2013、MIL‒STD‒461F、IEC61000‒4‒25 等国内外电磁兼容标准,采用均匀电磁场直接辐射的方式进行实验研究,这种测试方法反映了电磁场与受试设备之间的能量耦合过程,技术较为成熟,已被大家广泛接受。但在考核大型设备或系统级的电磁辐射效应时,若仍采用上述设备和分系统电磁发射与敏感度测量方法进行试验,其结果将不再可靠。因为单个设备或分系统的电磁发射和敏感度与由分系统通过线缆互连构成的系统之间的差异是巨大的,受设备接口状态变更、分系统试验时未连接互联互通线缆或线缆束线路敷设和装配工艺的差异等因素的影响,往往会导致某些受试设备电磁干扰、损伤阈值发生较大变化。很多诸如舰船、飞机平台的受试系统体积庞大,测试时无法保证其被均匀辐照,这就导致测试结果因人而异,重复性变差。电波暗室、GTEM 室等试验环境的应用范围受到了试验对象体积的限制。为解决上述技术难题,发展了等效注入的试验方法。

全数字化装备电磁环境效应计算机仿真的准确度强烈依赖于电磁发射建模、电磁接收建模及电磁场数值计算方法的准确度,在装备电磁辐射发射预测方面准确度相对较高,而对装备电磁辐射敏感度预测的准确度不高,不确定度在 10dB 以上,难以满足装备电磁防护性能评估的技术需求。目前主要用于装备电磁兼容预设计,针对设备与分系统的电磁环境适应性技术指标,结合功能设计进行实验与仿真预测,针对发现的问题进行设计调整和防护加固,使设备或分系统处于良好的电磁兼容状态,避免研制过程的较大反复。

### 3.1.2 整体辐射与局部分区辐射试验方法

整体辐射法是在大范围空间内模拟出均匀电磁场测试环境对受试设备进行整体辐射的效应试验方法。这种效应试验方法测试结果重复性好,能够考核分系统间干扰信号的相互作用。其缺点是占地空间大,造价昂贵。局部分区辐射法采用辐射式电磁场模拟装置或实战装备(以下简称实装)对整个系统进行分块、分区局部辐射。一种方式是在大型电波暗室等电磁场模拟设备内产生高功率射频辐射场或脉冲场电磁环境,对受试系统开展分区局部辐射进行效应试验。另一种方式是采用实装上的高功率、低占空比的电磁发射器进行现场分区照射,开展电磁环境效应试验,以检验系统的电磁安全性。这种方法也有其致命的缺点:第一,分区辐射试验难以准确考核分系统干扰响应信号之间的相互影响;第二,对于同一个系统来讲,试验的结果往往与分区辐射区域划分、辐射方向、先后顺序、辐射距离和辐射斑点的大小等多种试验条件密切相关,因而,试验结果的重复性较差。为解决上述问题,美国海军航空兵作战中心 E3 试验场建立了如

图 3 - 1 所示的大型水平极化核电磁脉冲场模拟系统,用于对武器装备整体进行电磁脉冲辐射效应试验。对大型装备或武器系统进行整体连续波电磁辐射效应试验的设施鲜见报道,大多采用分区辐射的方法进行研究。图 3 - 2 所示为英国 QinetiQ 公司在开阔场利用对数周期天线辐射连续电磁波,分区照射战斗机进行电磁辐射效应试验的情况。

(a) 陆军战车电磁脉冲辐射效应试验      (b) E-6A飞机电磁脉冲辐射效应试验

图 3 - 1   水平极化核电磁脉冲场模拟系统

图 3 - 2   飞机连续波分区辐射效应试验

如果受试装备线度较大,无论是采用整体辐射方法还是分区辐射方法,在高场强外部电磁辐射效应试验时都需要很大的功率源,特别是在低频时天线增益较低,实现高场强辐射照射有相当的难度,甚至无法实现,用传统方法进行系统电磁辐射试验有时很难满足要求。

### 3.1.3   电流注入试验方法

注入法是将电流直接注入设备的壳体或线缆上来代替辐射场照射进行效应试验的方法,其实质是把高场强辐射敏感度试验采用电流传导敏感度试验来替代,其优势是不需要高功率放大器等设备。在同样的输入功率下,直接注入法比辐射法可以提高几十倍的试验强度,但其相对自由场辐射的有效性及等效关系还有待进一步研究。

电流注入技术主要分为大电流注入(BCI)和直接电流注入(DCI)两种方法。大电流注入技术主要用于辐射敏感度测试,尤其是线缆耦合对辐射场的敏感度,原理如图 3-3 所示,先将电流施加到注入探头,而后受试线缆受探头周围电磁场的作用感应出电流从而完成注入电流的过程,是一种间接注入的方式。研究表明:当 BCI 技术应用频率超过 100MHz 时,实际注入的电流值与理论值相差较大,导致受试设备的敏感度测试值与实际值相差甚至高达 30dB。BCI 方法适用的频率上限一般定为 400MHz,原因主要来自两方面:一是由于更高频率的电流注入时,其波长将小于受试线缆的长度,因而会在线缆上产生驻波,从而影响测量的可重复性;二是电流注入探头的频带有限。随着频率的上升,注入探头内部铁氧体磁环的相对磁导率迅速下降,由于磁滞现象及涡流的存在,磁芯的损耗会显著上升,在高频段,谐振现象限制了探头的传输功能,有效注入频段只能到几百兆赫。

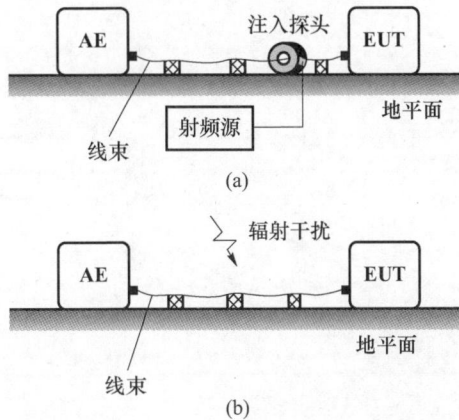

图 3-3　大电流注入试验原理示意图

直接电流注入(DCI)作为模拟高强度辐射场的方法,将电流直接注入受试设备上来检验其电磁辐射敏感度,可以极大地提高电磁辐射试验电平及 EMC 测试范围。直接电流注入方式主要包括完全回路导体装置直接电流注入和接地平板直接电流注入。完全回路导体装置的 DCI 技术是通过一个同轴线回路导体装置来实现的,如图 3-4 所示,将受试设备完全置于导体装置中作为同轴线的中心导体,在设备上直接注入电流会使设备和外导体之间形成 TEM 波,与辐射法相关性较好,而且由于外导体是封闭的,所以能量耦合率高且对外界无辐射污染。但在注入时受试设备不能工作,且试验装置结构复杂,造价昂贵。而接地平板 DCI 技术采用的方法是在受试设备的下面使用一个导电接地平板,注入时馈电同轴线的中心导体与受试设备相连,同轴线的屏蔽层与接地平板相连,如图 3 - 5 所示。该方法结构简单造价低,但与辐射法的相关性相对较低,能量耦合效率也较低,辐射污染大。

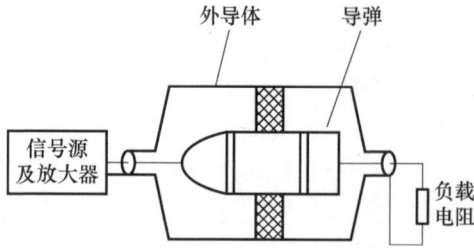

图 3 - 4 完全回路导体装置 DCI 技术原理图

图 3 - 5 接地平板 DCI 技术原理图

"长线注入法"是解决线缆电磁能量耦合的典型试验方法,与 BCI 技术原理相近,只是用长线代替专用注入探头进行电流注入,主要应用于屏蔽线缆耦合通道的电磁能量注入,其测试原理如图 3 - 6 所示,适用频率上限为 400MHz。测量装置分为内、外两个回路,外回路由信号源、馈线、注入线和被测线缆的屏蔽层等构成,其中馈线为两根同轴屏蔽线缆,注入线为未屏蔽的导线或铜制扁平编织带;内回路由受试线缆的屏蔽层、线缆内导体和等效负载等构成,被测线缆的匹配与连接(与负载、接收机等的连接)在两个屏蔽盒内完成。

这种注入方法可以在互联设备正常工作的条件下在外回路注入干扰信号,通过屏蔽线缆的转移阻抗,将电磁能量耦合到线缆内部(内回路)、进入受试敏感系统,从而影响设备的正常工作,真实地反映了敏感系统通过线缆通道耦合能量的受扰过程。但是,如何确定注入信号强度与辐射电场强度之间的等效关系,未见详细报道。

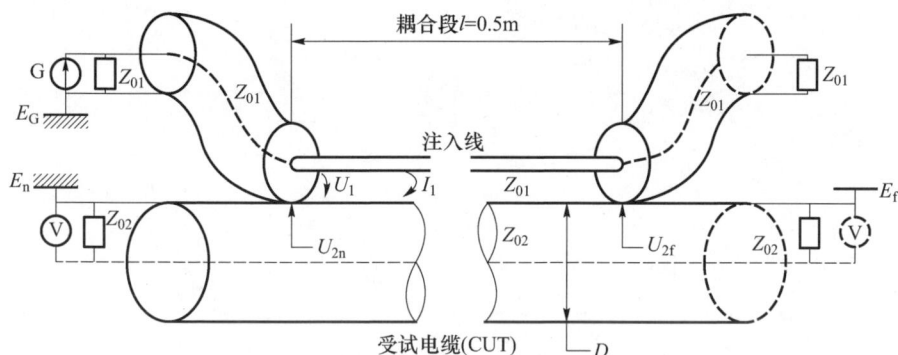

图 3-6　长线注入法测试原理图

值得说明的是:无论是大电流注入还是长线注入,都是通过屏蔽线缆皮电流的变化模拟共模干扰,只能适用于线缆作为电磁辐射耦合主通道的情况。对用频装备,天线作为电磁辐射耦合的主通道,上述电流注入试验方法不适用。直接电流注入虽然能够激发电磁场,由于场的极化方向难以调节,也不能准确评价天线作为电磁辐射耦合主通道时的装备电磁辐射效应。

## 3.1.4　差模注入-线性外推等效试验方法

从严格意义上来说,注入和辐射过程不能完全等效,因为辐射过程相当于诸多分布源作用于受试系统,而注入过程相当于集总源的作用。但是,对于一些干扰耦合通道十分明确的受试系统,如互联系统、天馈系统等,电磁干扰主要以传导形式经线缆(包括电源线)、天线端口作用于受试系统的内部电路,由于试验考核的是线缆两端所连接设备的电磁敏感性,因此,在此情况下可以采用注入的方法来等效替代辐射效应试验。

对于互联系统,注入与辐射试验严格等效的依据是两者对受试系统的响应相同,工程上等效的依据是两者产生的效应相同。基于这一考虑,若能够保证作用于设备线缆、天线端口的正向传输功率或注入电流信号相同就可以保证两种试验方法的等效性,而不必关心线缆上的电流分布是否相同。针对现行电流试验方法存在的问题,作者以受试设备端口的正向传输功率(电压信号)相等作为注入和辐射法等效的依据,提出了差模注入－线性外推电磁辐射效应等效试验方法,目的是拓展电流注入法的上限适用频率,等效替代高强度辐射场电磁辐射效应试验。

根据上述分析,确定强电磁场条件下信号注入等效替代电磁辐射效应试验的基本思路如图3－7所示。

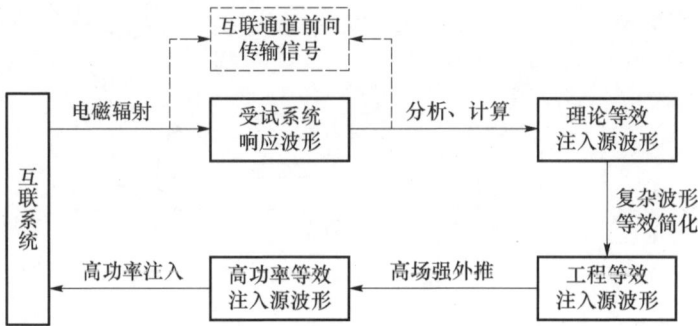

图3－7　注入替代辐射流程图

（1）对互联系统整体进行电磁辐射效应试验（预先试验）,在保证系统响应处于线性区的条件下,监测受试系统的端口响应波形或互联通道前向传输信号波形等参量,并以此作为注入波形等效的依据。

（2）根据两种试验方法受试系统的响应相等或效应相同这一等效原则,结合低场强辐射试验监测的响应结果,分析、计算、推导得出直接加在受试系统端口的等效注入功率（电压）波形。

（3）对于强电磁脉冲辐射效应试验,由于互联系统接收电磁能量时存在选频特性,其理论上等效的注入功率（电压）波形可能是一个无规则波形,难以实现直接注入。为此,必须通过对不同波形注入的等效性研究,提取受试装备的效应特征参数,获取具有工程应用价值的标准电压注入波形。

（4）为达到高场强辐射效应试验评估的目的,需要对低场强辐射（预先试验）等效的注入信号波形进行外推,得到强场条件下等效注入信号强度,进而对互联系统进行高功率等效注入效应试验,实现强场条件下的电磁信号注入替代电磁辐射效应试验的等效性。

根据上述分析,考虑到超宽谱、核电磁脉冲和高功率微波等强电磁脉冲的频率特性,以及现有大电流注入技术和直接电流注入技术的局限性,提出了基于电磁注入辅助试验装置的"耦合模块注入法"实现方案。

"耦合模块注入法"可以对线缆端口、天线端口以及其他敏感端口（节点）等进行电磁脉冲直接注入试验,其核心是研制出具有六端口的注入耦合模块（电磁注入等效替代辐射效应试验的辅助设备),其典型连接方式如图 3-8 所示,在 A、B 构成的系统正常工作的前提下,通过模块的注入端口 4 对受试系统 B 开展电磁注入试验。

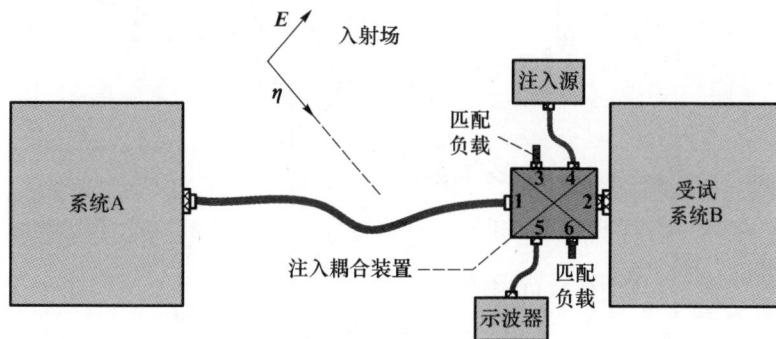

图 3-8　注入耦合模块的连接方式示意图

为满足注入替代辐射效应试验的需求,耦合模块应包含有以下功能端口,具体功能及技术要求如下:

(1) 模块应包含直通端口(端口 1、2),用于互联设备之间工作信号的传输。要求模块直通端口之间插入损耗小,即模块的接入应不影响设备 A、B 之间正常工作信号的传输。

(2) 模块应具有电磁信号的注入端口(端口 4),从而能够对受试系统 B 进行电磁注入试验,同时要求有一定的工作带宽,可以完成电磁脉冲效应试验。在注入信号的同时,该端口应不向外耦合太多的能量,避免对 A、B 之间正常传输信号产生影响和对接入的电磁注入信号源产生影响。

(3) 模块应包含互联系统主通道通过信号的监测端口(端口 5),要求在外界电磁辐射或通过注入端口注入电磁能量时,能够对进入 B 系统端口的主通道前向信号进行监测。为满足宽带电磁脉冲效应的试验需求,该端口对于瞬态脉冲信号的监测不应失真。

为完成上述功能,可采用定向耦合器级联方案进行设计,如图 3-9 所示。为保证宽带电磁脉冲信号不失真,要求直通端口与相关监测、注入端口保持同相或反相状态。端口 6 接匹配负载,降低端口反射对测试的影响,由于该端口消耗功率不高,匹配负载可内置。端口 3 接匹配负载,用于吸收注入端口向受试系统耦合的剩余能量。对不同的受试设备,其电磁敏感度相差很大,所需的电磁注入功率变化范围也很大,需要端口 3 匹配负载吸收的功率动态范围很大,匹配负载外置以适应不同试验需求。

上述六端口注入耦合模块可看作互易、无耗网络,其对应散射矩阵 $S$ 应满足

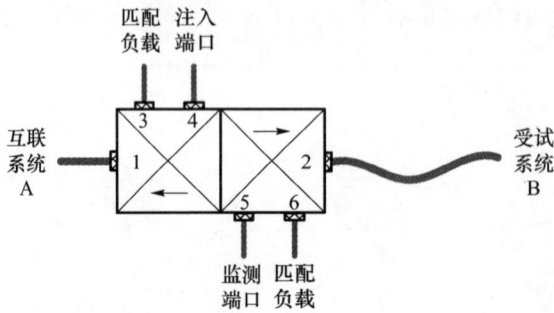

图 3-9 注入耦合模块 6 端口结构示意图

对称性及一元性,并且各端口均应匹配,即

$$S_{kl} = S_{lk}(k,l=1,2,3,4,5,6)$$

$$\begin{cases} \sum_{k=1}^{6} S_{kl}S_{kl}^{*} = \sum_{k=1}^{6} |S_{kl}|^2 = 1 \\ \sum_{k=1}^{6} S_{ks}S_{kr}^{*} = 0, \quad s \neq r \end{cases}$$

$$S_{kk} = 0 \quad (k=1,2,3,4,5,6)$$

综合考虑定向耦合器所要完成的功能,设计指标为:主通道的插入损耗不大于 0.5dB,端口 3 和端口 4 的耦合度为 10dB,端口 5 和端口 6 的耦合度为 20dB。结合上述指标,并由定向耦合器的传输特性,计算得到注入装置的散射矩阵为

$$S = \begin{bmatrix} 0 & 0.944 & -0.316 & 0 & 0.095 & 0 \\ 0.944 & 0 & 0 & 0.315 & 0 & -0.1 \\ -0.316 & 0 & 0 & 0.949 & 0 & 0 \\ 0 & 0.315 & 0.949 & 0 & 0.032 & 0 \\ 0.095 & 0 & 0.032 & 0 & 0 & 0.995 \\ 0 & -0.1 & 0 & 0 & 0.995 & 0 \end{bmatrix}$$

由于场线耦合、天线接收与电磁辐射场强均保持线性关系,驻波是终端负载反射形成的,非线性响应源于负载阻抗随电压的变化和电路响应特性的非线性,天线、线缆接收的电磁辐射前向电压信号能够始终与电磁辐射场强保持线性关系,采用"耦合模块注入法"后,解决了采用注入法对非线性响应设备进行电磁辐射效应试验时的场强线性外推问题。

利用电磁注入辅助试验装置的信号监测与注入功能,实现了差模注入 - 线

性外推电磁辐射效应等效试验方法,试验步骤如下:

（1）选择合适的辐射电场强度 $E_1$,在保证系统响应处于线性区的条件下,对互联系统进行整体低场强辐射试验,通过注入耦合装置的端口 5 监测互联传输线的前向电压 $u_R^+$（微波段改为前向功率）。

（2）根据 $E_1$ 辐射试验得到的前向电压波形,选择合适的注入电压波形,通过注入耦合装置端口 4 对受试系统进行注入试验,监测注入试验条件下互联传输线上的前向电压 $u_1^+$。调整注入源输出功率,当 $u_1^+ = u_R^+$ 时,记录注入源的输出电压值 $U_{SI}$,$U_{SI}$ 即为低场强试验的等效注入电压值。

对于强电磁脉冲辐射效应试验,由于互联系统接收电磁能量时存在选频特性,步骤（1）通过注入耦合装置端口 5 监测到的前向电压信号可能是一个无规则波形。步骤（2）中应以保证效应特征参量相同为依据,选取具有工程应用价值的标准电磁信号注入波形进行注入试验,并获取等效注入电压值 $U_{SI}$;对于单频或窄带连续波辐射效应试验,由于等效的注入源波形仍为单频或窄带连续波,因此无须考虑注入电压波形等效简化的问题。

（3）若受试系统拟考核的辐射电场强度为 $E_2$,则相比低场强预先试验,辐射电场强度放大倍数为 $k(k = E_2/E_1)$,根据注入替代辐射等效及注入激励源外推理论,此时替代高场强辐射试验的等效注入源应在 $U_{SI}$ 的基础上提高 $k$ 倍,$V_{SI} = kU_{SI}$,$V_{SI}$ 即为线性外推得到的高场强试验等效注入电压。

（4）在不改变受试互联系统放置状态的情况下,使注入源输出 $V_{SI}$ 的激励,通过电磁注入耦合装置端口 4,对受试系统进行注入效应试验,等效替代目前实验室条件下无法完成的高场强辐射效应试验,实现对互联系统进行强场电磁辐射敏感度和安全裕度的试验考核。

（5）改变注入源输出激励电压 $V_{SI}$,确定受试系统在该放置状态下的临界干扰阈值或损伤阈值。

（6）改变辐射源参数、受试互联系统放置状态,重复试验步骤（1）~（5）,确定受试互联系统的电磁辐射作用规律和最敏感状态。

为验证试验方法的准确性,以接收天线、互联同轴线缆及射频前端组件等构成的非线性系统为例进行了试验验证。射频前端组件包括:限幅滤波器、定向耦合器、低噪声放大器、灵敏度控制组件、限幅放大器等,将其集成在一个机箱内作为一个整体。假定接收天线为设备 A,射频前端组件箱为设备 B,试验考核设备 B 辐射、注入效应的相关性。

在受试设备的工作频段 2 ~ 8GHz 范围内,选取 3.3GHz、4.6GHz 和 7.2GHz 三个频点进行试验,作出不同频点受试设备 B 输出响应与辐射电场强度之间的变化关系如图 3 - 10 所示。

(a) $f$=3.3GHz

(b) $f$=4.6GHz

(c) $f$=7.2GHz

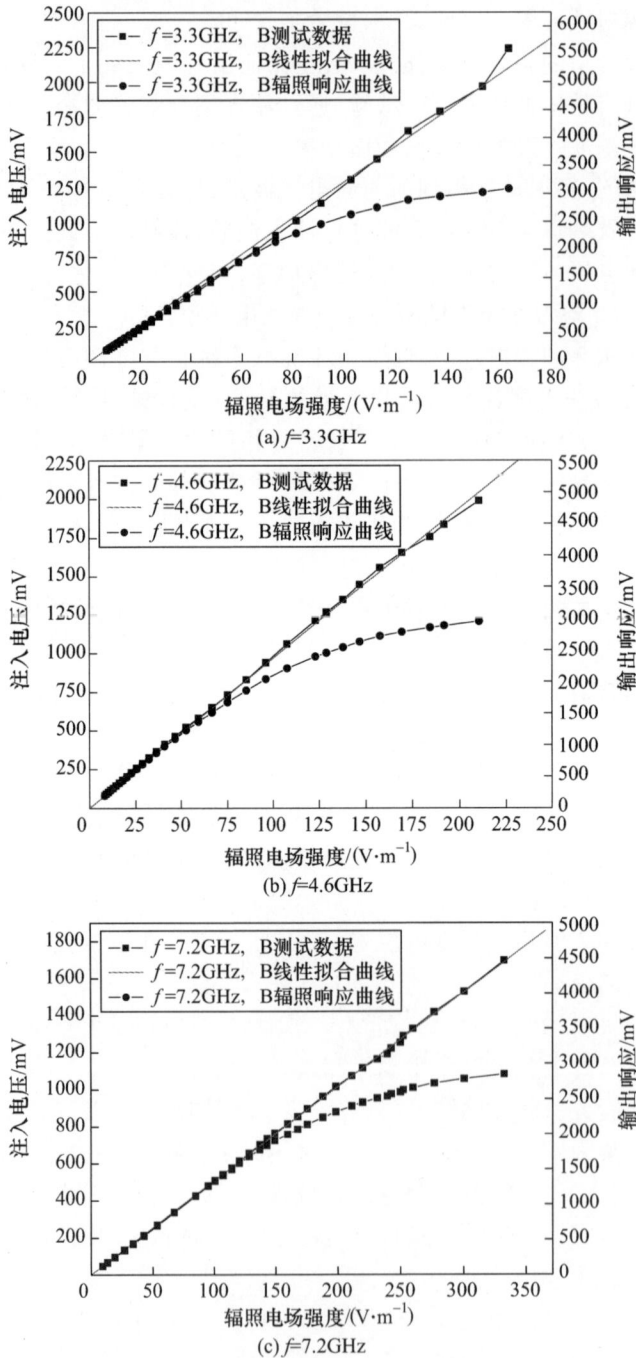

图 3-10 受试设备 B 输出响应、等效注入电压随辐射场强的变化关系

从图 3 - 10 可以看出:当辐射电场强度较低时,受试设备 B 的输出响应与辐射场强呈线性变化关系;随着辐射电场强度的增大,设备 B 的响应开始出现明显的非线性;若辐射电场强度继续增大,则设备 B 的输出响应进入饱和区直至损坏。受试设备 B 通过注入耦合模块进行注入试验时,调整注入源的输出功率值,使相同频率条件下,设备 B 的输出响应分别与辐射试验时相同(便于确定辐射场强与等效注入电压之间的关系),在图 3 - 10 中做出等效注入电压随辐射场强的变化曲线。由此看出,在受试设备出现严重非线性的条件下,等效注入电压与辐射场强呈线性变化关系,为等效试验线性外推奠定了试验基础。为进一步验证线性外推的准确性,通过对典型非线性系统分别开展以天线或互联线缆为电磁能量耦合通道的辐射效应、等效注入效应验证试验,得出注入与辐射试验条件下受试系统输出响应的最大相对误差小于 4% ,误差主要来源于受试射频前端组件自身性能的波动、组件内部有源器件的噪声以及测试仪器设备和读数的误差等,属于随机误差,不存在由于试验方法上的缺陷而造成系统误差的问题。试验研究表明:采用基于注入耦合模块的差模注入 - 线性外推注入试验方法来替代高场强下的辐射效应试验理论上是正确的,工程上是可行的。

## 3.2 连续波电磁辐射效应试验方法

战场电磁环境复杂多变,难以准确模拟。即使采用实战电磁环境进行效应考核,也难以确定其作用规律。但是,战场窄带电磁辐射信号主要是各种调制方式的连续波,为准确试验评估武器装备的连续波电磁辐射效应,一般抽取连续波电磁信号的基本特征,分别采用单频(等幅或脉冲调制)、调幅、扫频连续波电磁辐射营造所需的试验环境,通过改变辐射频率研究连续波电磁辐射对武器装备的作用规律,进而分析确定效应机理,为防护加固奠定技术基础。

### 3.2.1 连续波电磁辐射效应试验系统

连续波电磁辐射效应试验系统构成如图 3 - 11 所示。根据试验频点设置的需要,利用射频或微波信号发生器产生所需的连续波信号,根据试验研究需求,经相应信号调制和宽带功率放大器进行功率放大后经双定向耦合器给辐射天线馈电。双通道功率计经双定向耦合器准确测量宽带功率放大器的前向输出功率和后向反射功率,监视试验系统的工作状态。一般情况下,前向输出功率应比后向反射功率高 3dB 以上,否则应检查辐射天线工作频段是否满足要求、连接是否良好、功率放大器工作是否正常? 排除故障后才能继续进行实验。

受试装备置于辐射天线正前方,试验区域的辐射场强由光纤场强计测量或

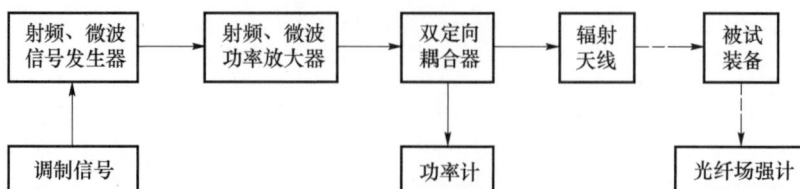

图3-11 连续波电磁辐射效应试验系统构成

监视。通过调节信号发生器的输出电平、功率放大器的增益或受试装备与辐射天线之间的距离,可以任意调节试验环境的辐射场强,以测试受试装备的电磁辐射敏感度。一般来说,若功率放大器输出功率能够满足试验需求,应尽量增大受试装备与辐射天线之间的距离,使受试装备所在区域的场均匀性优于3dB。若不能满足3dB的场均匀性要求,应采用局部分区辐射试验方法或等效注入等试验方法进行效应试验。采用局部分区辐射试验方法进行试验时,应尽量保证分别对辐射天线、线缆及其端口和腔体孔缝的均匀辐射。

通过改变辐射天线的极化方向、受试装备的摆放姿态进行辐射效应研究,能够探索连续波电磁辐射对受试装备的作用规律,确定电磁场对受试装备的最强耦合方向,是效应机理分析的试验基础。根据试验目的,通过信号发生器内部或外部调制信号对其输出信号进行调制,能够方便地实现脉冲调制、调幅、扫频等信号调制功能,以研究不同信号调制方式的电磁辐射场对受试装备的作用规律。

值得注意的是,不同的信号发生器、功率放大器、双定向耦合器、功率计探头、辐射天线和光纤场强计探头的工作频率各不相同,频率覆盖范围宽窄不一,试验过程中应保证它们均处于选定的试验频率范围内。否则就会出现功率输出、辐射场强难以满足试验要求,场强、功率测量不准等问题,严重情况下甚至导致设备损坏等严重问题的发生。

对用频装备而言,带内、带外辐射敏感度差别巨大,试验过程中应注意区分是带外强辐射导致的装备效应还是试验设备噪声辐射落在受试装备工作频带内造成的压制干扰。一般而言,额定输出功率高的功率放大器噪声辐射相对较高,比较容易出现杂散辐射影响受试装备正常工作的情况。为防止试验结果的误判,试验过程中应选择使用合适的功率放大器,既要避免大马拉小车导致的辐射信噪比降低,又要避免功率放大器超负荷工作导致的辐射谐波分量增加。

### 3.2.2 电磁辐射效应试验的一般要求

1) 按受试装备实际工作状态进行前期准备

受试用频装备按实际工作状态或尽量接近实际工作状态进行布置,需要外接负载的设备,若连接实际负载确有困难的,应当采用阻抗特性一致的假负载代替真实负载,且连接线缆和接口应与实际工作状态保持一致;受试设备间的连接线缆距地面高度不低于实际工作时的距地面高度或测试频率对应的半波长,避免线缆离地面太近导致电磁辐射耦合显著降低;受试设备互联线缆应与实际工作时长度基本一致,如果线缆长度较长且妨碍测试时,线缆可盘绕放置,其有效展开长度不应小于测试频率对应波长的二分之一。

2）根据受试系统性能与测试场强选择合适的试验方法

根据试验目的确定测试场强,当电磁辐射效应试验系统能够激发满足受试装备电磁辐射效应测试所要求的环境场强时,应采用直接辐射法进行测试。当场强不均匀性小于 3dB 的辐射区域可以覆盖整个受试装备(或系统)时,宜采用整体直接辐射法进行测试,测试设备配置如图 3 - 12 所示;当场强不均匀性小于 3dB 的辐射区域不能覆盖整个受试装备但能够覆盖受试装备电磁辐射耦合敏感区域时,可采用分区直接辐射法使每个分区内场强不均匀性小于 3dB,重点以辐射天线、孔缝、线缆、接口等易发生电磁能量耦合的位置为中心进行分区测试,直至测试区域覆盖整个受试设备,测试设备配置如图 3 - 13 所示;若电磁辐射效应试验系统激发的最高辐射场强不能满足装备电磁辐射效应测试的要求,应探讨采用电流注入试验方法、差模注入 - 线性外推电磁辐射效应等效试验方法进行效应试验的可行性,并分析等效试验带来的试验误差。差模注入 - 线性外推测试方法设备配置如图 3 - 14 所示,适用于天线耦合、同轴线缆耦合和双线耦合为电磁辐射耦合主要通道的受试设备或系统,适用频率范围取决于差模注入耦合模块,原则上无限制;线缆束注入法设备配置如图 3 - 15 所示,适用于以线缆束作为电磁辐射耦合主要通道的受试设备或系统,适用频率上限宜控制在 100MHz 以下,最高不能超过 400MHz。

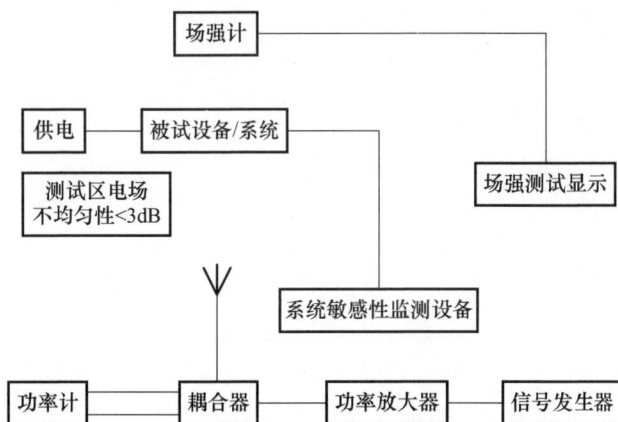

图 3 - 12　整体直接辐射法测试设备配置

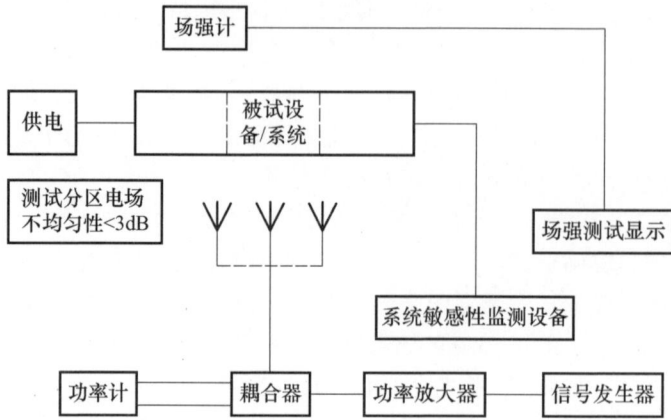

图 3 - 13　分区直接辐射法测试设备配置

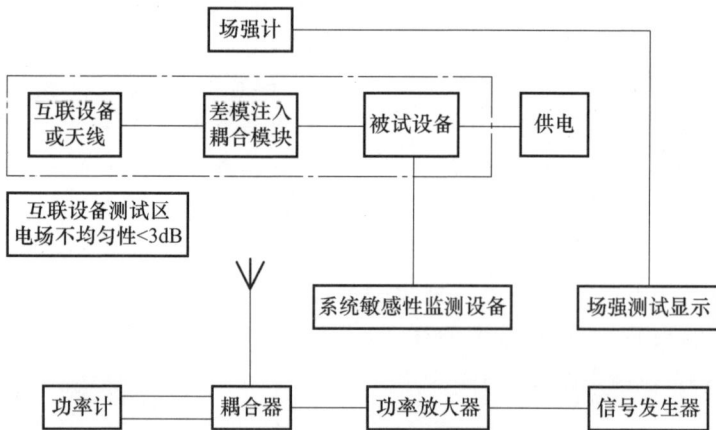

图 3 - 14　差模注入 - 线性外推法测试设备配置

3) 保证试验过程的安全性

为保证测试过程中人员安全及测试数据准确,测试区内应没有无关的人员、设备或其他金属物体等。必须使用的测试设备应置于屏蔽设施内(如屏蔽室、屏蔽方舱等);应选择合适的电磁波辐射方向,严禁对住宅、办公楼以及人员活动较多的区域进行高场强辐射;应采取安全防护措施、设施以防止测试人员暴露在射频危害电磁环境中;在电磁辐射效应试验系统、受试设备连线方向上一定距离设置吸波墙,降低电磁辐射对周围环境和人员的影响;室外测试时,当强电磁辐射信号可能与频谱管理机构批准的指配频率相互干扰时,应得到频谱管理部门批准再进行测试。

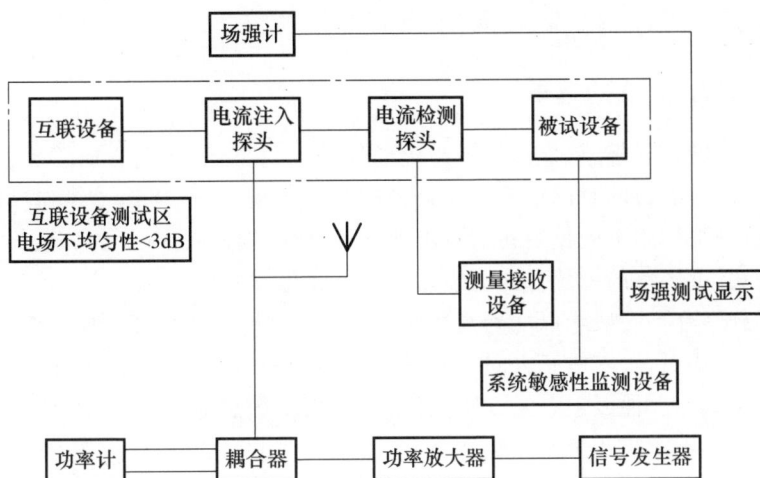

图 3 – 15　线缆束注入方法测试设备配置

### 3.2.3　测试环境准备与测量

根据效应试验的一般要求进行测试系统配置,发射天线距测试配置边界的距离应尽可能满足远场条件,且发射天线距测试配置边界的距离不应小于 1m。将信号源置于无调制输出状态,利用场强计测量受试系统放置前测试区域的场均匀性,调节辐射天线与受试系统之间的距离,保证受试系统(或分区)所在区域的场均匀性优于 3dB。

根据效应试验目的,设置信号源的调制方式。一般采用 1kHz、占空比 50% 的脉冲调制方式,也可采用调幅、扫频等调制方式。

测试过程中,为保证场强测量的准确性,当测试场强高于 5V/m 时,直接利用场强计测量测试区域内的电场强度。

当测试场强低于 5V/m 时,采用线性外推方法测量。首先测量与 10V/m 辐射场强对应的辐射功率 $P_0$,在不改变测试系统与受试对象相对位置的情况下,调节测试系统辐射功率 $P$,测试场强 $E$ 与系统辐射功率 $P$ 的对应关系为

$$E = 10 \sqrt{\frac{P}{P_0}} \tag{3 – 1}$$

式中　$E$——测试场强(V/m);

　　　　$P$——测试系统的辐射功率(W);

　　　　$P_0$——10V/m 辐射场强对应的系统辐射功率(W)。

若 $P$、$P_0$ 以 dBm 为单位,则

$$E = 10 \times 10^{(P - P_0)/20} \tag{3-2}$$

### 3.2.4　照射位置的选取

装备电磁辐射敏感、损伤场强与电磁场的照射方向、极化方向等因素有关,电磁辐射效应的目的是确定装备在最敏感状态下的干扰、损伤场强临界值或在特定辐射场强作用下受试装备能否出现某种干扰、损伤效应。因此,试验过程中应尽量使受试装备的敏感方向与辐射电场的极化方向相一致。

效应试验前,一般难以准确判断受试装备的电磁辐射敏感方向。事实上,对任一特定装备而言,其敏感方向并非是固定不变的,而是与其工作状态、效应类型、辐射频率等多种因素有关,确定受试装备的最敏感方向是一项复杂、艰难的工作,需要丰富的实践工作经验。

进行装备电磁辐射敏感度测试时,一般通过改变电磁场照射方向和电场极化方向,根据辐射效应出现时对应的最低辐射场强确定受试装备的电磁辐射敏感方向。对特定场强下的效应通过性试验,电磁场照射位置的选取应尽可能使受试装备被全方位照射。如此进行效应试验,尽管试验工作量巨大,不同试验者确定的效应试验误差也不相同且难以准确评估。

为最大程度降低试验工作量,又不会产生不可接受的试验误差,确定电磁场照射方向应遵循如下规则:

照射位置宜选取受试装备的前面、后面和侧面,至少四个方位,如图 3 - 16 所示;当某一方位测试配置边界难以被均匀照射时,应按 3.2.2 节给出的方法,在该照射方位选取多个照射位置进行照射,照射位置数 $N$ 由测试配置边界两个边缘距离除以均匀照射线度并向上取整数来确定。

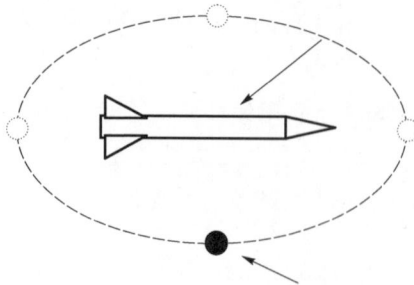

图 3 - 16　照射位置示意图

受地面材料的影响,水平极化电场在地面附近将严重畸变。若受试装备的电磁辐射敏感方向与地面平行,即使采用水平极化电场辐射,也难以准确反映受试装备的电磁辐射敏感性。图 3 - 17 所示为水平放置的同轴线缆在水平极化电场照射下的终端负载归一化(单位电场照射)响应电压,由图可见:场线耦合响应电压随线缆离地高度单调变化,线缆距地高度小于照射电磁波波长($\lambda$)的0.2倍时,归一化响应很低;距地高度大于$0.5\lambda$时,逐步达到稳定值;距地高度在$0.2\lambda \sim 0.5\lambda$之间时,归一化响应随线缆离地高度增加而迅速增大。因此,若受试装备离地高度小于$0.5\lambda$,受试线缆水平放置、电场水平极化照射与受试线缆垂直放置、电场垂直极化照射的效果差别很大。

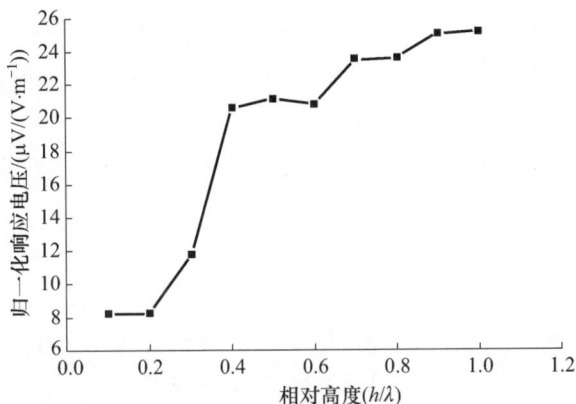

图 3 - 17　同轴线缆电磁辐射响应与离地高度的关系

基于上述原因,若受试装备仅在地面、水面乃至水下工作,而测试频段在30MHz以下时,受试装备处于工作状态放置,采用垂直极化电场照射进行效应试验即可。否则,受试装备应在水平及垂直放置状态下360°圆周内分别至少选取前面、后面和每一侧面对其进行照射,如图 3 - 18 所示;当某一方位测试配置边界难以被均匀照射时,应按3.2.2节给出的方法采取多点照射进行测试。

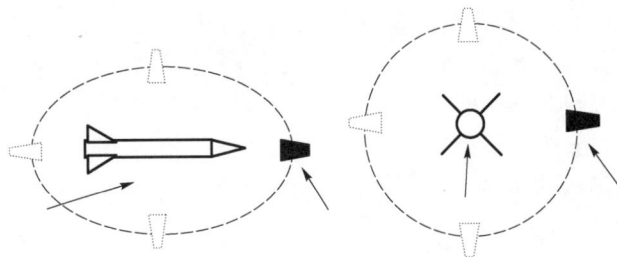

图 3 - 18　HF频段空中装备及更高频段照射位置示意图

若受试装备安装在武器平台上进行效应试验,考虑到金属材料对电磁波的遮挡效应,对受试装备不用采取360°的照射方式,但在受试装备水平及垂直放置180°圆弧内应至少选取前面、后面和侧面对其进行照射,如图 3 - 19 所示,对

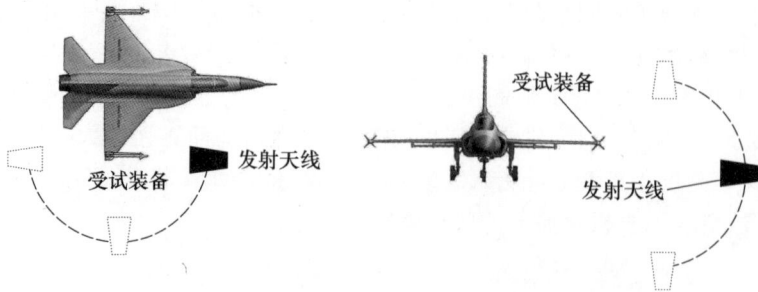

图 3-19　武器平台上装备电磁辐射效应试验照射位置示意图

受试装备进行整体均匀照射或分区均匀照射。尤其是对受试装备屏蔽体不连续处、暴露在外或缺少屏蔽的线缆等屏蔽薄弱位置,应选择合适的照射位置,使发射天线对准其进行直接照射。

为提高试验效率和测试准确度并保证人员安全,试验中应注意以下问题:

(1)在确定受试装备辐射部位前,应对受试对象的结构、设备安装位置、线缆布局等进行分析,找到受试对象上待考核系统的最薄弱的辐射耦合位置。

(2)根据效应试验系统辐射天线的 3dB 波束覆盖范围确定辐射天线距受试装备的距离,应保证辐射天线的 3dB 主波束宽度覆盖考核部位及半个波长的互联线缆,并应进行水平、垂直极化测试;如果辐射天线瞬时 3dB 主波束宽度无法覆盖辐射部位时,应该采用扫描或者增加天线辐射位置的方法使主波束覆盖全部辐射部位。

(3)若存在辅助测试设备,受试装备与辅助测试设备的连线应尽量与效应试验系统电磁波极化方向、辐射方向分别垂直,最大程度避免电磁波的直接辐射,以免由于辅助测试设备的引入导致受试装备电磁辐射敏感度的变化。若条件允许,应尽量采用光纤传输测试设备。

(4)如果有人员暴露在辐射区域,在选择辐射部位时应考虑人员的微波辐射危害电平限值和暴露时间限制。

(5)若通过分析能够确定受试装备的电磁辐射敏感部位,试验过程中受试装备电磁敏感部位应面向效应试验系统的发射天线,其他照射方向测试可以从简。

(6)若试验过程中需要对受试设备出现的异常现象进行监视,监视设备应斜向聚焦受试装备的需监视部位,避免监视设备阻挡电磁波传播而影响试验效果。

可通过以下方式实现对受试装备的照射:

(1)当发射天线可自由移动时,通过移动发射天线改变照射位置实现对受试装备的整体照射或分区照射。

（2）当发射天线难以移动时，通过移动受试装备或其武器平台改变照射位置实现对受试装备的整体照射或分区照射。

### 3.2.5　测试程序

电磁辐射效应试验分三种类型：通过性试验、敏感度阈值测试和损伤阈值测试。通过性试验以检验受试装备抗扰度水平能否满足给定的技术指标为目的，不要求确定受试装备的敏感度阈值，只需给出特定电磁环境中受试装备能否正常工作的结论；敏感度阈值测试需要测定不同频率、不同调制方式下受试装备的临界干扰或损伤场强值，以确定受试装备的电磁辐射效应规律和敏感频点，是确定受试装备电磁辐射效应机理的基础性试验工作；损伤阈值测试用于确定受试装备的电磁防护能力，一般在典型敏感频点进行测试。

1）通过性试验程序

根据受试装备几何线度和需要测试的环境场强，合理确定电磁辐射效应试验系统发射天线与受试装备之间的距离：若电磁辐射效应试验系统能够激发试验所需的环境场强，应优先调整测试距离对受试装备进行全电平整体均匀照射；若电磁辐射效应试验系统激发的电磁场不能对受试装备进行全电平整体均匀照射，但对受试装备局部能够进行全电平均匀照射，应调整测试距离按 3.2.2 节要求对受试装备进行分区均匀照射，照射区域应覆盖整个受试装备；若电磁辐射效应试验系统激发的电磁场不能对受试装备进行全电平照射，应按照 3.1 节的方法进行等效试验，具体方法不再赘述。

根据受试装备电磁防护或电磁环境适应性技术指标要求，分频段调整电磁辐射效应试验系统的输出功率，使受试装备置入前被照射面的电场强度达到技术指标所要求的电场强度（受试装备置入后电场发生畸变，场强测试应在其照射面两侧至少距受试装备 $0.2\lambda$ 以外，距离太远时应采用受试装备置入前测试中心的电场强度值与受试装备置入后测试点场强值的相关性进行线性校正），通过扫频方式对受试装备进行全电平整体均匀照射或分区均匀照射。扫频应覆盖整个测试频率范围，扫描步长用信号发生器调谐频率（$f_0$）的倍数表示，$25\,\mathrm{Hz} \sim 1\,\mathrm{MHz}$ 频段最大步长不应超过 $0.05f_0$，$1 \sim 30\,\mathrm{MHz}$ 频段最大步长不应超过 $0.01f_0$，$30\,\mathrm{MHz} \sim 1\,\mathrm{GHz}$ 频段最大步长不应超过 $0.005f_0$，$1 \sim 40\,\mathrm{GHz}$ 频段最大步长不应超过 $0.0025f_0$；在每一调谐频点上，输出至少持续 $3\,\mathrm{s}$，为可靠观察到受试装备的响应，必要时应降低扫描步长、加大驻留时间。试验过程中，应详细记录受试装备出现的效应（干扰、损伤）及其对应频点或频段。

除非特别注明，电磁辐射效应试验系统的发射信号应采用 $1\,\mathrm{kHz}$、50% 占空比的信号进行脉冲调制,功率放大器的输出开关比不应小于40dB。

按3.2.4节要求改变照射位置,完成全部测试工作。

2)敏感度阈值测试

一般采用全电平整体均匀照射法进行敏感度阈值测试,其他等效试验方法可参照下列程序进行测试。

调整电磁辐射效应试验系统发射天线与受试装备之间的距离,使受试装备所在区域(置入前)的电场均匀度优于3dB;按图3-20所示的变步长升降法效应试验程序进行干扰效应敏感度阈值测试。

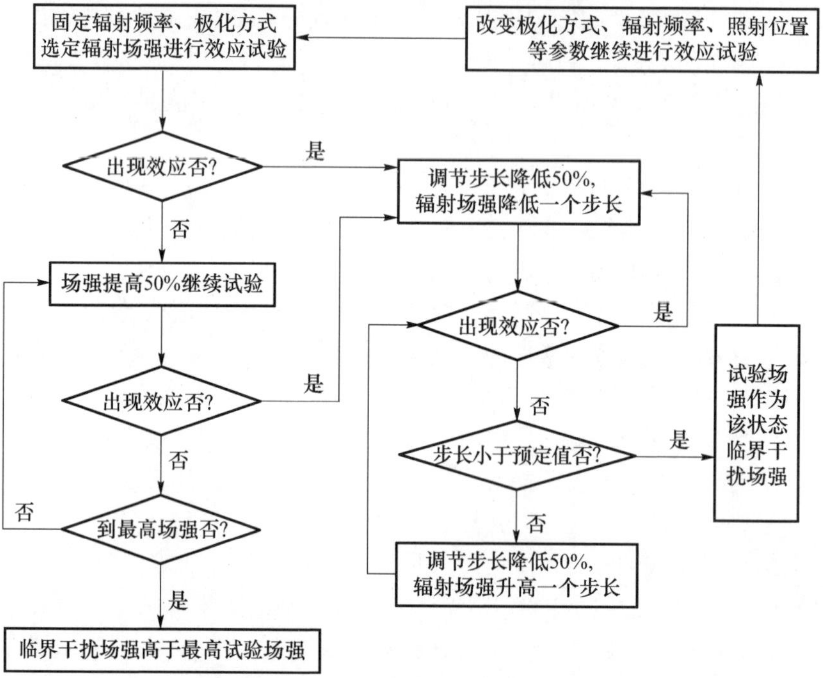

图3-20 变步长升降法效应试验程序

首先,在测试频段内选择一个特定测试频点,固定效应试验系统的极化方式和照射位置,根据预先评估选定某一辐射场强进行效应试验,若不出现效应则辐射场强提高50%左右继续试验,直至效应试验系统达到最高输出功率,给出该状态下受试装备临界干扰场强高于效应试验系统最高辐射场强的结果;测试过程中只要出现某种干扰效应,随后每次测试电场强度调节步长均降低50%左右,出现效应后辐射场强降低一个步长,否则辐射场强升高一个步长,直至场强调节步长与测试场强的相对值小于预定的测试误差 $X(\%)$,以最后不出现效应的试验场强作为受试装备在该状态下的临界干扰场强值。依次改变极化方式

（水平、垂直）、辐射频率、照射位置等参数继续进行效应试验，直至完成全部测试工作。以同一频点、不同极化方式、不同照射位置确定的临界干扰场强值的最小值作为受试装备在该频点的干扰场强阈值。

　　用频设备电磁辐射敏感度阈值测试工作量极大，带内耦合、带外耦合干扰机理、干扰场强阈值具有很大的差异。为充分反映此差异，在试验频点选择时必须充分考虑此特点，在受试装备工作频率附近以及辐射效应明显的频段内选取较小的频率变化步长，保证相邻试验频点的临界干扰场强不出现急剧变化；在其他频段适当加大试验频点间隔，以降低试验工作量。试验频点的具体选择，以保证能够准确描述受试装备临界干扰场强随辐射频率的变化规律为准。为提高效应试验效率，建议按如下方法选择测试频点。

　　带内测试频点选择：以受试装备工作频率为中心，首先在 2 倍的工作带宽频率范围内等距选取 21 个测试频点进行敏感度阈值测试，如果相邻测试频点的临界干扰场强相差超过了预定的测试误差 $X$，再采用中间内插的方式增加测试频点。由于用频装备带内、带外电磁辐射敏感度差别巨大，其带内、带外过渡段的临界干扰场强可能相差多个数量级，内插频点时可不受测试误差 $X$ 的限制，只要能够准确刻画临界干扰场强随辐射频率的变化规律即可，如图 3 - 21 所示，受试装备工作带宽约 40kHz，首先选择辐射频差为 $\pm 4n\text{kHz}(n = 0,1,2,\cdots,10)$ 的频点进行测试，然后根据测试结果增加了辐射频差为 - 18kHz、- 17kHz、10kHz、14kHz、15kHz、17 ~ 19kHz 和 22kHz 的测试频点，虽然辐射频差从 - 20 ~ - 28kHz 临界干扰场强变化较大，但辐射敏感度曲线比较平滑，可不增加测试频点。

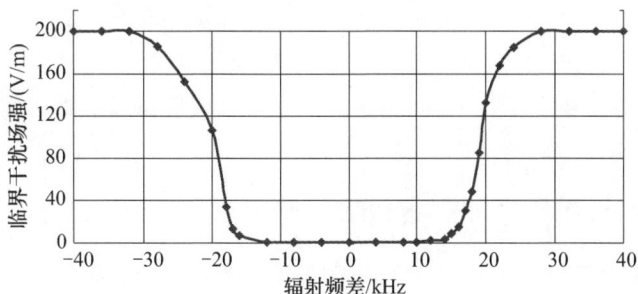

图 3 - 21　带内临界干扰场强测试频点选择示例

　　带外测试频点选择：用频装备带外电磁辐射临界干扰场强随辐射频率的变化一般不太激烈，可以在 10 倍频程范围内按 1、2、5 规则选择测试频点进行测试，若相邻测试频点的临界干扰场强相差超过了预定的测试误差 $X$，再采用中间内插的方式增加测试频点，直至描绘出比较平滑的敏感度变化曲线。

3）损伤效应阈值测试

用频装备损伤效应测试一般分带内、带外耦合两种情况,一般在完成敏感度门限测试后进行。考虑到敏感度阈值测试、损伤效应阈值测试均与受试装备电磁场耦合强弱紧密相关。一般根据敏感度阈值测试结果,选择受试装备的敏感照射位置、敏感极化方向和敏感测试频点进行损伤效应测试,带内、带外各选一个频点即可,测试结果分别给出。

损伤效应阈值测试时采用变步长升降法消耗试验样本量太大,宜采用"逐步升压法"进行效应测试:

选择敏感度阈值测试时确定的敏感照射位置、敏感极化方向、敏感测试频率,布置电磁辐射效应试验系统,从该频点干扰场强阈值开始逐步提高辐射场强,相对步长不宜大于6dB,直至受试装备出现硬损伤。

更换或修理受试装备后,降低电磁辐射效应试验系统辐射场强6dB,以5%～10%(可根据测试误差要求调整)的相对步长逐步提高辐射场强直至受试装备损伤现象重复出现,此时未出现损伤的最大辐射场强确定为损伤效应门限值。

## 3.3　电磁脉冲场模拟与辐射效应试验方法

除了窄带高功率微波以外,其他瞬态电磁脉冲场频谱宽、强度高,但每秒最多只能产生上千个脉冲,进入用频装备工作频带内的电磁辐射能量有限,一般只能产生离散性的瞬态干扰,只要受试用频装备能够工作,一般不会严重影响其工作性能。因此电磁脉冲辐射效应试验应重点关注硬损伤和死机、重启、显示异常等影响用频装备连续工作的效应与作用规律;对脉冲重复率较高的电磁脉冲辐射,也应适当关注压制干扰问题;窄带高功率微波效应试验方法可参照3.2节相关内容,本节主要阐述瞬态电磁脉冲辐射效应试验方法。

### 3.3.1　超宽谱电磁脉冲辐射效应试验方法

超宽谱电磁脉冲主要产生于高功率微波武器,它与通常所讲的高功率微波的根本区别在于频谱宽、波长相对较大。高功率微波具有载波,电磁能量主要集中于单一频率附近,一般以毫米波或厘米波为主。而超宽谱电磁脉冲是一种瞬态电磁脉冲,不含载波,脉冲前、后沿时间小于1ns,脉宽一般小于10ns。由于脉冲持续时间短,保护电路来不及响应,因此能够渡越目标系统的保护电路;由于脉宽很窄,所含频谱分量极其丰富,能够覆盖电子系统的敏感频段,对其正常工作具有更大的威胁。

1）超宽谱电磁脉冲试验系统的组成

超宽谱电磁脉冲试验系统一般由三部分组成：紧凑 Tesla 型初级脉冲功率源，Peaking – Chopping 型高功率超宽带亚纳秒脉冲产生器和超宽带微波辐射天线。它们的作用分别是：紧凑 Tesla 型初级脉冲功率源用于产生峰值电压、脉冲宽度可调的纳秒级电脉冲；高功率超宽带亚纳秒脉冲产生器将纳秒级电脉冲进行压缩和陡化，形成脉冲前沿、后沿为亚纳秒量级的电脉冲；超宽带微波辐射天线将高功率超宽带亚纳秒脉冲产生器产生的超宽带电磁脉冲辐射出去，形成在空间传播的超宽谱电磁脉冲场。系统结构如图 3 – 22 所示，超宽谱微波辐射天线一般采用 TEM 馈源抛物面反射天线或 TEM 喇叭天线。为降低天线的几何尺寸，辐射天线一般采用微分天线。

图 3 – 22　超宽谱电磁脉冲试验系统结构示意图

超宽谱电磁脉冲试验系统可产生（典型值）脉冲宽度 0.5 ~ 4.5ns 连续可调、脉冲前沿 320ps，脉冲后沿 230ps 的超宽带电磁脉冲，辐射场强可达 150kV/m 以上，辐射产生的主要电磁脉冲能量分布于 50MHz ~ 1GHz 的频谱范围内。一般既可以辐射出单次电磁脉冲，也可辐射出重复率达 100 脉冲/s 的超宽谱电磁脉冲串。超宽谱辐射电场既可以采用超宽带电场测试系统（3dB 通频带下限频率小于 1MHz，上限频率大于 1GHz）进行测量，也可以采用 TEM 接收天线在选定的试验点进行测量。典型超宽谱电磁脉冲辐射场波形如图 3 – 23 所示。

2）试验配置

进行超宽谱电磁脉冲辐射效应试验时，超宽谱电磁脉冲辐射系统置于开阔空间，受试装备置于其辐射天线正前方主波束内进行效应试验。由于超宽谱电磁脉冲辐射系统输出功率难以调节，一般通过改变辐射天线与受试装备之间的距离调节辐射场强。为了试验过程中的人员安全和测试数据的可靠性，将试验所用测试设备放置到屏蔽方舱内，利用传感器、光端机将需要测量的信号转换为光信号远距离传输至屏蔽方舱内的光电转换装置，将光信号还原为电信号，利用示波器或其他设备监测相关信号的变化情况。若不具备相应的光纤传输测试设备，应采用双屏蔽同轴线缆等具有抗干扰能力的信号传输方式组成测试系统，通过检验测试系统在最高试验场强环境下的短路、开路电磁耦合响应，评估测试系

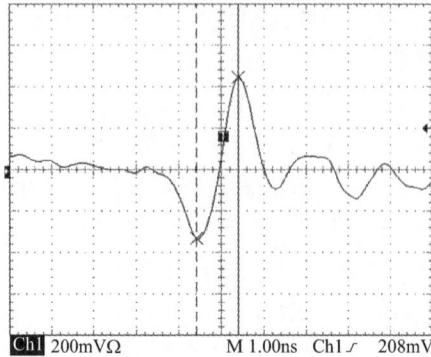

图 3 - 23　典型超宽谱电磁脉冲辐射场波形

统自身电磁感应对测试结果的影响情况。对一些需要目视观察的试验现象,如死机、重启、乱码(显示错误)等,建议借助光纤传输电视监视系统进行观察,以监视受试设备工作状态是否正常。此时,根据研究需要,受试装备显示面板、电源线等分别朝向超宽谱电磁脉冲辐射系统,摄像头应斜向聚焦于受试设备的被监视部位,不应阻挡超宽谱电磁脉冲辐射对受试装备的直接照射。屏蔽方舱与超宽谱电磁脉冲辐射系统之间布置吸波墙,降低电磁波反射对试验结果的影响。通过改变受试装备的天线极化方向、摆放姿态进行辐射效应研究,探索超宽谱电磁脉冲场对受试装备的作用规律与能量耦合机理。

　　一般而言,用频装备处于发射状态的抗干扰能力均不低于其处于接收状态的抗干扰能力。因此,若受试用频装备具有收、发两种功能,建议受试装备处于接收状态、辅助试验装备处于发射状态,通过降低辅助试验装备的发射功率或加装功率衰减器模拟远距离"通信",降低试验难度和工作量。为降低电磁辐射对辅助试验装备的直接影响,辅助试验装备应远离受试装备(一般以 50～100m 为宜),辅助试验装备与受试装备的连线与超宽谱电磁脉冲场的辐射方向基本垂直。

　　3)辐射场强的确定

　　辐射场强是决定受试装备能否出现干扰、损伤的关键因素,场强测试的准确度对确定装备电磁辐射作用规律影响很大。现行国家军用标准 GJB151B—1993、GJB1389A—2005 等虽然允许采用电场传感器实时监测法测试辐射场强,但由于金属物体置入电磁场将导致电场发生严重畸变,受试装备不同部位的电场强度、极化方向相差甚远,难以准确描述空间电场强度。为此,建议采用位置替代法测试选定试验点的超宽谱电磁脉冲辐射场强,即辐射场强的测量与受试装备的辐射效应测试分两步进行,首先将电磁脉冲测试天线置于试验点,测量该

66

位置的场强,之后移开测试天线,将受试装备放置于选定的试验点,在不改变辐射系统状态的条件下再进行电磁脉冲辐射效应试验。

为提高试验效率,可事先测定空间辐射场强随辐射距离(辐射天线到试验点)的变化关系,试验时直接测量辐射天线到试验点的距离,计算得出辐射场强。

试验所用的超宽谱电磁脉冲辐射系统集成为一个整体,采用 TEM 馈源抛物面发射天线,在辐射主波束内距天线馈源前端不同距离处的电场强度实测值如表 3－1 所列(为便于比较,表中同时给出了对应距离处的拟合计算场强值)。由于抛物面反射的聚焦作用,距馈源前端 3m 内的区域电场强度基本不变,远场电场强度与距馈源的距离基本成反比,中间区域场强变化速率低于距离的变化速率。

表 3－1　超宽带电磁脉冲辐射场强随距离的变化关系　(单位:kV/m)

| 距离/m | 2 | 3 | 4 | 5 | 6 | 7 | 8 | 9 | 10 |
|---|---|---|---|---|---|---|---|---|---|
| 实测场强 | 157 | 157 | 149 | 130 | 118 | 107 | 94 | 88 | 82 |
| 拟合计算场强 | 176.1 | 165.9 | 149.1 | 132.8 | 118.7 | 106.8 | 96.9 | 88.6 | 81.6 |
| 距离/m | 11 | 12 | 13 | 14 | 15 | 16 | 17 | 18 | 20 |
| 实测场强 | 75 | 70 | 64 | 60 | 58 | 55 | 52 | 51 | 44 |
| 拟合计算场强 | 75.5 | 70.3 | 65.8 | 61.8 | 58.3 | 55.1 | 52.3 | 49.8 | 45.3 |

实测天线馈源经抛物面反射到馈源前端的距离为 2.5m,根据实测数据拟合的距馈源前端 4m 以外的辐射电场强度随距离的变化关系为

$$E = \frac{A}{x+2.5}(1 - e^{-0.75x}) \tag{3-3}$$

式中　$E$——超宽谱电磁脉冲辐射系统辐射主波束内距馈源前端 $x$ 处的电场强度(kV/m);

　　　　$A$——电场强度修正系数,由辐射系统峰值输出功率决定,表 5－1 中拟合时 $A = 1020$kV;

　　　　$x$——场点距馈源前端的距离(m)。

超宽谱电磁脉冲辐射系统工作状态重新调试后,通过测试距馈源前端 4m 处的电场强度,将修正系数 $A$ 代入式(3－3)即可得到不同距离处的场强。图 3－24所示为试验用超宽谱电磁脉冲辐射系统辐射场强随距离的变化关系,图中同时给出了实测数据和依据拟合公式做出的曲线,由此可以看出,距馈源前端 4m 之外实测值与拟合值符合得很好,试验时可利用式(3－3)计算辐射场强。

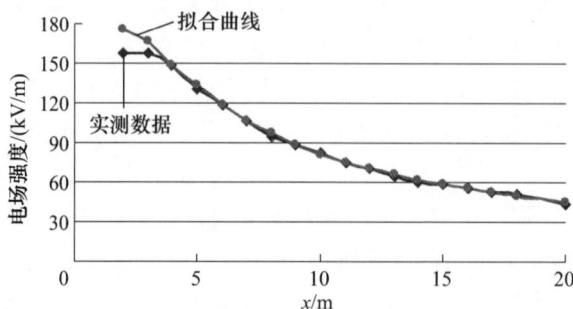

图 3 - 24　超宽谱电磁脉冲辐射场强随距离的变化关系

4）试验步骤

将超宽谱电磁脉冲辐射系统置于开阔场内,调整、检验其工作状态参数,使其正常工作。按前述要求配置试验设备、受试装备和辅助试验装备。根据预估的辐射场强,将受试装备置于辐射主波束内合适的位置。为消除地面反射对辐射场的影响,受试装备距离地面 0.8m 以上。将受试用频装备与辅助试验装备调整至正常工作状态,开启超宽谱电磁脉冲辐射系统,每次辐射时间为 10s。逐步增大受试装备处场强,通过摄像头观察受试装备工作状态、显示面板是否异常,通过光纤传输测试设备将被检信号转化为光信号连接到屏蔽方舱内的接收设备,观察测试信号是否异常。记录受试装备出现某种异常现象的最小电磁脉冲辐射场强值作为该试验状态下的干扰门限场强值。

通过改变受试用频装备天线极化方向、摆放姿态、照射位置、工作频率和辅助试验装备的发射功率、超宽谱电磁辐射系统前沿时间、后沿时间、脉冲宽度、脉冲重复率等相关因素,测试不同条件下受试装备的干扰场强阈值,研究超宽谱电磁脉冲辐射对受试用频装备的作用规律。

### 3.3.2　雷电电磁环境模拟方法

如前所属,雷电是一种常见的自然现象,辐射频率低、强度高,对电子设备尤其是依靠市电供电的装备全天候正常工作将产生重要影响。研究装备雷电电磁脉冲效应,强烈依赖于试验条件。下面简要阐述雷电电磁环境模拟的相关问题,重点阐述有界波雷电电磁脉冲场的模拟方法。

1）雷电效应与模拟设备

雷电是雷暴云在能量释放过程中产生的一种超强、超长静电放电现象,具有发生频率高、破坏能力强、危害范围广、防护难度大等特点。雷电效应包括直接效应、间接效应。雷电直接效应是指雷电电弧附着受试装备时伴随产生的高温、高压冲击波和电磁力对受试装备造成的损毁、燃烧、熔蚀、爆炸、结构畸变和强度降低等危害，一般采用冲击电压发生器或冲击电流发生器进行效应试验。图 3 - 25 所示为冲击电压发生器与飞机雷电放电附着点试验的照片，图 3 - 26 所示为冲击电流发生器与飞机空速管雷电放电电流直接效应试验的照片。如前所述，一般通过避雷针引雷、保护受试装备躲避雷电直击而防止雷电直接效应造成的危害，因此，大部分装备并没有雷电直接效应的技术指标要求。对空中飞行体等不能采用避雷针防止直击雷危害的装备，为保持其全天候工作能力，规定了通用的雷电防护要求和鉴定试验方法、试验标准波形，详见国家军用标准 GJB3567—99《军用飞机雷电防护鉴定试验方法》，在此不再赘述。雷电间接效应是指雷电放电时伴随产生的强电磁脉冲感应引起的过电压、过电流对电气电子设备造成的损伤或干扰。为考核受试装备的雷电间接效应，需要营造雷电电磁脉冲环境。人工引雷激发的电磁场最接近实际雷击，缺点是引雷成功率低、成本高、重复性差，不适于进行装备效应研究；高压冲击电流发生器对地放电，由于放电通道太短，激发的电磁脉冲场时空分布与实际雷击相差甚远，且成本高、重复性较差，也难以用于装备雷电间接效应定量研究。为此，发展了采用有界波模拟系统进行雷电电磁脉冲场模拟的方法。

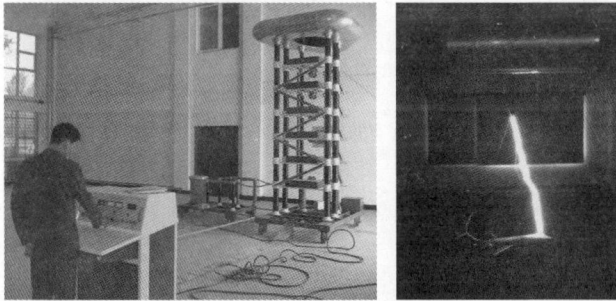

图 3 - 25　冲击电压发生器与飞机雷电放电附着点试验

图 3 - 26　冲击电流发生器与飞机空速管雷电流直接效应试验

2）雷电电磁脉冲场的基本特征

为解决雷电电磁脉冲场模拟技术难题,在研究雷电形成机理和回击通道底部电流模型的基础上,从麦克斯韦方程组出发,建立了雷电电磁脉冲场理论模型。计算确定了雷电电磁脉冲场的时空分布规律,图 3 – 27 和图 3 – 28 所示分别为距离雷电放电通道 1 ~ 200km 区间典型距离处的雷电电场、磁场时域波形,由于不同距离处的电场、磁场幅度相差悬殊,为在一个坐标下显示不同距离处雷电电场、磁场的相对大小和时域特征,图中显示的场强值对距离进行了归一化处理——按场强值与距离成反比的关系,把不同距离处的电场、磁场换算为单位距离处的标准值进行显示。由图中可以看出:无论距离放电通道远近,雷电电场、磁场均具有类似的时域特征,在放电初期首先出现一个上升时间、持续时间较短的尖脉冲(高频脉冲),紧随其后是一个上升时间、持续时间均较长的宽脉冲(低频脉冲),且两者出现的时间重叠,使雷电电磁场脉冲出现双峰特征。所不同的是:距离放电通道越远,第二个脉冲的上升时间、持续时间越短,同时,第一个脉

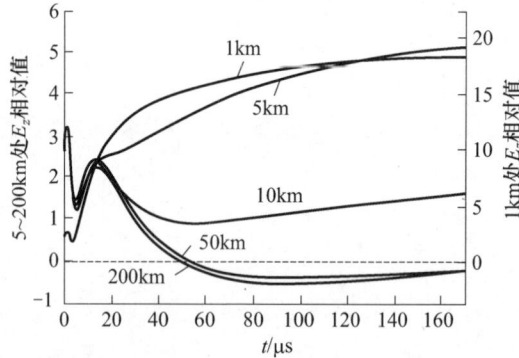

图 3 – 27　雷电放电归一化电场时空分布

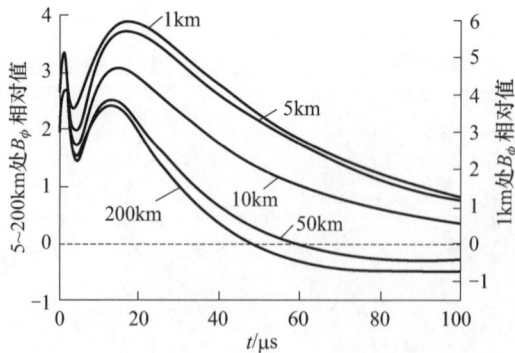

图 3 – 28　雷电放电归一化磁场时空分布

冲波形也越尖——高频成分越多。也就是说,距离雷电放电通道越远,雷电电磁场的频谱高频分量越丰富,低频分量占比下降,这符合电磁场理论的预测结果。

　　由于雷电电场、磁场波形具有双峰特征,且距离放电通道不同距离处的电场、磁场波形也不同,如果机械照搬雷电电场、磁场波形进行实验室模拟,将产生很大的技术难度。考虑到电磁脉冲效应试验的目的是客观揭示电磁场对受试设备的效应机理和作用规律,为电磁防护奠定技术基础。为此,可以通过提取雷电电场、磁场波形的技术特征,用上升时间、持续时间可以独立调节的双指数波形脉冲电场、脉冲磁场来模拟,分别研究上升时间、持续时间对受试装备的作用规律。

　　3) Marx 高压发生器的工作原理

　　雷电电磁脉冲场强度高、持续时间长,频率低,采用天线辐射模拟技术难度大、成本高,最适合采用有界波传输的方式进行模拟。为在较大的试验空间内激发高强度电磁脉冲场,要求有界波模拟系统高度 $h$ 足够大、电磁脉冲源的输出电压峰值要高于模拟空间的电场强度 $E$ 与模拟系统高度 $h$ 的乘积。若模拟系统高度取 6m,模拟空间的电场强度最高达到 150kV/m,电磁脉冲源的输出电压峰值要高于 900kV。为避免电晕放电导致电磁脉冲源工作不稳定,电磁脉冲源一般采用 Marx 高压发生器作为激励源,通过电容器的并联充电、串联放电,大幅度降低电磁脉冲源的稳态工作电压,仅在放电瞬间产生极高的电压,在介质击穿、电晕放电尚未开始的时刻,脉冲放电已经结束,以此来提高其工作稳定性。

　　图 3-29 所示为 8 只电容器组成的双极性充电电容储能型 Marx 高压发生器的工作原理图,主要由升压变压器 T,整流硅堆 $D_1$、$D_2$,储能电容器 $C_{1-8}$,限流隔离电阻 R,主动控制球隙放电开关 S 和其他 3 个被动球隙放电开关组成。升压变压器 T 接通市电后,220V 交流市电经升压后(有效值 $U$)通过整流硅堆 $D_1$、$D_2$ 给储能电容器 $C_{1-8}$ 充电,此时 8 只电容器两两串联再四组并联,限流隔离电阻 R 发挥限制充电电流的作用。充电达到平衡时,8 只电容器相对大地的电压分别为 ±1.4U 左右。此时,通过外界电触发或迅速缩小主动控制球隙放电开关 S 的金属球间隙直至发生电击穿,后续球隙开关两端电压成倍增加,几乎同时发

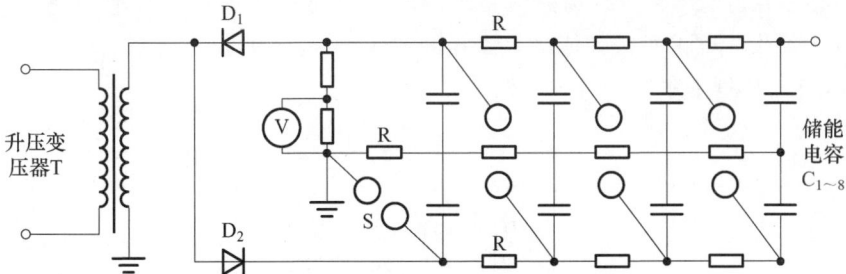

图 3-29　Marx 高压发生器工作原理图

生电击穿。8 只电容器由两两串联再四组并联瞬时转换为 8 只电容器的串联，输出端的对地电压几乎升高到单只电容器电压的 8 倍。限流隔离电阻 R 并联在两只串联电容器的两端，发挥并联 – 串联变换过程中不同电容器之间的隔离作用、电荷泄放作用，直接决定着 Marx 高压发生器的电压转换效率，阻值太小将导致转换效率低、电压维持时间短，阻值太高则导致电容器充电平衡时间拉长，断续工作效率降低。Marx 高压发生器储能电容器容量 $C_{1\sim8}$、限流隔离电阻 R 的取值与其终端负载电容量 C、电阻值 $R_0$ 有关，为兼顾电压转换效率和断续工作效率，对 $n$ 级倍压的 Marx 高压发生器，一般取 $C_{1\sim8} = (5\sim10)nC$、$R = (5\sim10)R_0$。

4）有界波雷电电磁脉冲场模拟方法

采用 Marx 高压发生器作为脉冲激励源的雷电电磁脉冲场模拟系统构成如图 3 – 30 所示，主要由 Marx 高压发生器、自击穿开关 S、波头参数控制元件（$R_1$、$C_2$）、波尾控制元件（Marx 高压发生器的等效电容 $C_1$、负载电阻 $R_2$）和场形成装置组成。场形成装置的作用是把 Marx 高压发生器输出的高压脉冲以信号传输的形式转化为 TEM 电磁波，可用装置包括带过渡段的 PPTC、TEM 室、吉赫横电磁波室（GTEM 室）等，由于雷电电磁脉冲频率低，为廉价获得较大的试验空间，建议采用 PPTC 作为场形成装置。此时，电磁波主要限制在平行板传输线的内部，对外电磁泄漏较低，对环境的影响可以忽略；波长很大，传输线终端反射对波形的影响很小，模拟雷电电磁环境时有界波模拟系统终端一般不采用匹配负载。

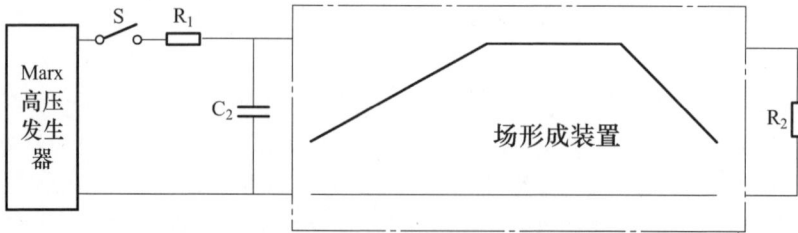

图 3 – 30　有界波雷电电磁脉冲场模拟系统构成示意图

有界波雷电电磁脉冲场模拟系统的等效电路如图 3 – 31 所示，图中 $C_1$ 为 Marx 高压发生器的等效储能电容器容量，忽略了与之串联的球隙放电开关的火花隙电阻，根据基尔霍夫定律可得

$$U_1 = U_2 - R_1 C_1 \frac{\mathrm{d}U_1}{\mathrm{d}t} \tag{3-4}$$

$$C_2 \frac{\mathrm{d}U_2}{\mathrm{d}t} = -C_1 \frac{\mathrm{d}U_1}{\mathrm{d}t} - \frac{U_2}{R_2} \tag{3-5}$$

整理得

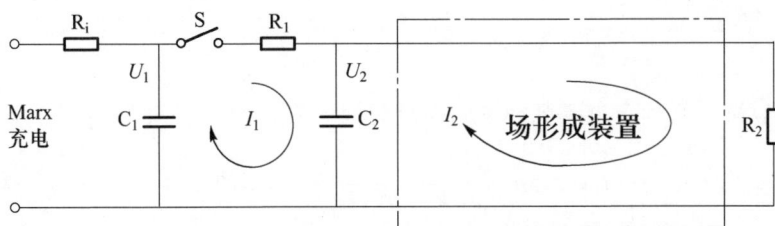

图 3 - 31　雷电电磁脉冲场模拟系统等效电路

$$U_2 = U_1 + R_1 C_1 \frac{\mathrm{d}U_1}{\mathrm{d}t} \tag{3-6}$$

$$R_2 C_2 \frac{\mathrm{d}U_2}{\mathrm{d}t} + R_2 C_1 \frac{\mathrm{d}U_1}{\mathrm{d}t} + U_2 = 0 \tag{3-7}$$

将式(3 - 6)代入式(3 - 7)整理得

$$R_1 R_2 C_1 C_2 \frac{\mathrm{d}^2 U_1}{dt^2} + (R_1 C_1 + R_2 C_2 + R_2 C_1) \frac{\mathrm{d}U_1}{\mathrm{d}t} + U_1 = 0 \tag{3-8}$$

利用初始条件: $t = 0$ 时, $U_1 = U_0$、$U_2 = 0$, 联立求解方程组(3 - 8)、(3 - 6)得

$$U_2 = A(\mathrm{e}^{-\alpha t} - \mathrm{e}^{-\beta t}) \tag{3-9}$$

其中: $\alpha = \chi - \delta$, $\beta = \chi + \delta$, $A = U_0 / (2R_1 C_2 \delta)$, 且

$$\chi = \frac{R_1 C_1 + R_2 C_2 + R_2 C_1}{2R_1 R_2 C_1 C_2} \tag{3-10}$$

$$\delta = \frac{\sqrt{(R_1 C_1 + R_2 C_2 + R_2 C_1)^2 - 4R_1 R_2 C_1 C_2}}{2R_1 R_2 C_1 C_2} \tag{3-11}$$

从式(3 - 9)可以看出: 电容器 $C_2$ 两端的电压 $U_2$ 按双指数规律变化。由于平行板传输线、TEM 室、GTEM 室等场形成装置内部的电场强度在高次模出现前与激励电压成正比, 因此, 采用图 3 - 30 所示的模拟系统结构, 能够激发双指数规律变化的雷电电磁脉冲场。

$U_2$ 的峰值与 $U_0$ 之比, 反映了放电回路的传输效率 $\eta$, 在相同的激励源输出电压条件下, 提高放电回路的传输效率, 能够在场形成装置内部测试区域获得更强的电场。一般要求 $C_1 \gg C_2$、$R_1 \ll R_2$, 在此近似条件下, 有

$$\alpha \simeq 1 / (R_1 + R_2)(C_1 + C_2) \tag{3-12}$$

$$\beta \simeq \frac{(R_1 + R_2)(C_1 + C_2)}{R_1 R_2 C_1 C_2} \tag{3-13}$$

$$\eta \simeq \frac{R_2}{R_1 + R_2} \times \frac{C_1}{C_1 + C_2} \qquad (3-14)$$

可以进一步确定电磁脉冲场的前沿时间 $t_r$ 和半峰值时间 $T$，有

$$t_r \simeq 2.33 \frac{R_1 R_2}{R_1 + R_2} \cdot \frac{C_1 C_2}{C_1 + C_2} \simeq 2.33 R_1 C_2 \qquad (3-15)$$

$$T \simeq 0.72(R_1 + R_2)(C_1 + C_2) \simeq 0.72 R_2 C_1 \qquad (3-16)$$

Marx 高压发生器的电容器更换比较麻烦，根据式（3-15）、式（3-16）可知：通过调节电阻值 $R_1$ 或电容量 $C_2$，即可调整电磁脉冲场的前沿时间 $t_r$，因此电阻 $R_1$ 也称为波头电阻；通过调节电阻值 $R_2$，即可调整电磁脉冲场的半峰值时间 $T$，因此电阻 $R_2$ 也称为波尾电阻。如此看来，通过调节波头电阻 $R_1$ 和波尾电阻 $R_2$ 的取值，可以单独改变雷电电磁脉冲场的前沿时间 $t_r$ 和半峰值时间 $T$，为装备雷电电磁脉冲场效应规律研究提供了便利条件。

5）雷电电磁脉冲场模拟实例

图 3-32 所示为基于上述原理研制的雷电电磁脉冲场模拟系统，采用 6 级双极性充电电容储能型 Marx 高压发生器作为激励源（图 3-29 为 4 级）。单一储能电容器的容量为 0.36μF，等效储能电容器容量为 30nF；充电升压变压器变压比为 220V/80kV，Marx 高压发生器的最高输出电压可高达 1MV；采用直流电阻分压器测量电容器的充电电压，分压器耐压 120kV、分压比为 300MΩ/3kΩ；Marx 高压发生器的输出电压采用电容分压器与数字存储示波器配合测量，分压比分别为 10000∶1 和 20000∶1，分压器的电容量 600pF 作为波前电容，在模拟较长前沿时间的电磁脉冲时可并联电容器。

图 3-32　雷电电磁脉冲场模拟系统

场形成装置采用线板结构的平行板传输线，特性阻抗 180Ω，前过渡段线板夹角取 10°，既保证与平行段转换时的特性阻抗连续性，也提高了前过渡段的场均匀性，对小型受试设备可在此区域合适位置进行测试，以提高最高受试场强。平行段长宽高分别为 10m、6m 和 6m，适于大型设备进行试验。终端负载采用不

少于 4 只的高压电阻器并联连接,既便于调节阻值,也保证了传输线终端电流的空间连续性,避免高频反射导致的电磁场波形不光滑。

调节波头、波尾参数,在有界波传输线内模拟 1.2/50μs 电场波形,利用宽带光纤场强计测量传输线内的垂直电场,如图 3－33 所示,图中分别给出了波头和全波测量结果,波形符合双指数变化规律。

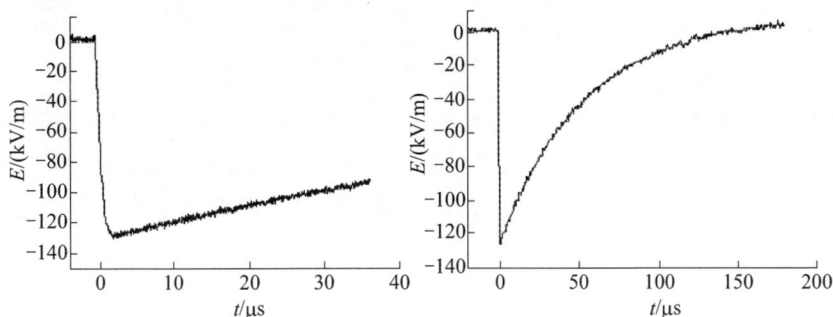

图 3－33　雷电电磁脉冲场模拟系统实测波形

### 3.3.3　高空核爆电磁脉冲场模拟方法

高空核爆电磁脉冲场波形与雷电电磁脉冲场波形类似,均为双指数波形,可用类似的方法进行模拟。但脉冲前沿时间、半峰值时间则大不相同。雷电电磁脉冲场脉冲前沿时间大约在 0.2～20μs 之间,半峰值时间在 4～1000μs 之间。早期资料报道,高空核爆电磁脉冲场前沿时间大约在 3～10ns 之间,持续时间在 200～1000ns 之间,而现行标准规定核电磁脉冲前沿时间为 1.8～2.8ns,半峰值时间在(23±5)ns 之间。由此可见,核电磁脉冲场主要能量集中的频谱比雷电电磁脉冲场高 3 个数量级左右,已高于 Marx 高压发生器能够产生的脉冲频率(频谱成分),Marx 高压发生器的分布电感、电容器分布电感、传输线分布电感均已成为阻碍其脉冲陡化的主要影响因素。为此,为模拟核电磁脉冲场环境,在图 3－30所示有界波雷电电磁脉冲场模拟系统构成原理的基础上,构建核电磁脉冲场模拟系统,需要进行如图 3－34 所示的改进。

Marx 高压发生器采用油浸结构,减小电容器、电阻器、高压开关等元器件的体积,使 Marx 高压发生器结构更加紧凑,以降低 Marx 电路内部分布电感,提高 Marx 高压发生器输出脉冲的前沿陡度。

去除波头电阻 $R_1$;波头电容器 $C_2$ 采用峰化电容器(分布电感极小的电容器),进一步陡化 Marx 高压发生器输出的电脉冲,进一步降低后续放电回路的分布电感;自击穿开关 S 移到峰化电容器与场形成装置的连接位置,调节自击穿

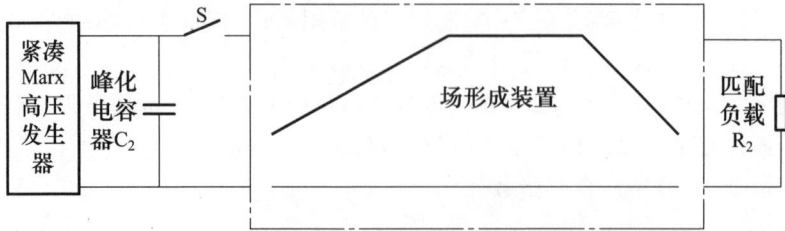

图 3-34 核电电磁脉冲场模拟系统构成

开关 S 的放电间隙,当峰化电容器充电接近峰值时自击穿开关 S 导通,通过场形成装置对终端负载 R₂ 放电,在场形成装置中激发核电磁脉冲场模拟环境;为避免终端负载反射影响波形质量,模拟核电磁脉冲时场形成装置终端必须连接匹配负载。

1)等效电路分析

核电磁脉冲场模拟系统等效电路如图 3-35 所示,其中 $L_i$ 为 Marx 高压发生器与峰化电容器充电回路的总分布电感,$L_o$ 为峰化电容器与场形成装置等放电回路的总分布电感,图中忽略了球隙放电开关 S 的火花隙电阻。

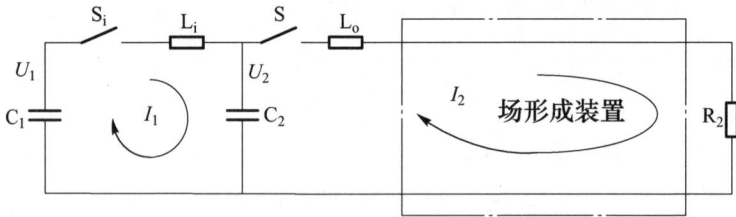

图 3-35 核电磁脉冲场模拟系统等效电路

由图 3-35 可知:充电电路由 $C_1$、$C_2$ 和 $L_i$ 组成串联谐振回路,在 $C_2$ 两端电压接近峰值以前,自击穿开关 S 尚未导通。此时,根据基尔霍夫定律可得

$$U_1 = U_2 + L_i \frac{\mathrm{d}I_1}{\mathrm{d}t} \qquad (3-17)$$

$$I_1 = -C_1 \frac{\mathrm{d}U_1}{\mathrm{d}t} = C_2 \frac{\mathrm{d}U_2}{\mathrm{d}t} \qquad (3-18)$$

整理可得

$$L_i \frac{\mathrm{d}^2 I_1}{\mathrm{d}t^2} + \frac{C_1 + C_2}{C_1 C_2} I_1 = 0 \qquad (3-19)$$

利用初始条件,$t=0$ 时 $L_i \mathrm{d}I_1/\mathrm{d}t = U_0$、$I_1 = 0$ 求解可得

$$I_1 = \frac{U_0}{\omega L_i} \sin\omega t \qquad\qquad (3-20)$$

$$U_2 = \frac{U_0}{\omega^2 L_i C_2}(1 - \cos\omega t) \qquad\qquad (3-21)$$

式中

$$\omega = \sqrt{\frac{C_1 + C_2}{C_1 C_2 L_i}} \simeq \sqrt{\frac{1}{C_2 L_i}}, \ C_1 \gg C_2$$

故

$$U_2 = \frac{C_1 U_0}{C_1 + C_2}(1 - \cos\omega t) \qquad\qquad (3-22)$$

若自击穿开关 S 在 $t = \pi/2\omega$ 时刻导通,根据基尔霍夫定律可得

$$U_1 = L_i \frac{dI_1}{dt} + L_o \frac{dI_2}{dt} + I_2 R_2 \qquad\qquad (3-23)$$

$$U_2 = L_o \frac{dI_2}{dt} + I_2 R_2 \qquad\qquad (3-24)$$

$$C_2 \frac{dU_2}{dt} = I_1 - I_2 \qquad\qquad (3-25)$$

$$I_1 = -C_1 \frac{dU_1}{dt} \qquad\qquad (3-26)$$

联立方程(3-23)~方程(3-26),整理得到关于电流 $I_2$ 的一元微分方程:

$$L_i L_o C_1 C_2 \frac{d^4 I_2}{dt^4} + L_i C_1 C_2 R_2 \frac{d^3 I_2}{dt^3} + (L_o C_1 + L_o C_2 + L_i C_1)\frac{d^2 I_2}{dt^2} +$$

$$R_2(C_1 + C_2)\frac{dI_2}{dt} + I_2 = 0 \qquad\qquad (3-27)$$

其通解是时间常数不同的四个指数衰减函数的线性组合,解析解比较复杂,在此不再赘述。下面结合核电磁脉冲场模拟的具体情况作简化处理。

自击穿开关 S 在 $t = \pi/2\omega$ 时刻导通后,由于 $C_2 \ll C_1$,相当于初始电压为 $U_0$ 的两个电压源 $C_1$、$C_2$ 同时通过场形成装置及其终端负载放电:电容器 $C_1$ 放电时回路电感为 $(L_i + L_o)$,电容器 $C_2$ 放电时回路电感为 $L_o$,仿照式(3-23)、式(3-26)联立求解,考虑到过阻尼情况下阻容时间常数远大于电感电容时间常数,并利用初始条件可以求得:$C_1$、$C_2$ 通过场形成装置及其终端负载放电时流过负载电阻 $R_2$ 的电流分别为:$\frac{U_0}{R_2}[e^{-t/(R_2 C_1)} - e^{-R_2 t/(L_i + L_o)}]$ 和 $\frac{U_0}{R_2}[e^{-t/(R_2 C_2)} -$

$\mathrm{e}^{-R_2 t/L_0}]$，终端负载电阻 $R_2$ 两端的电压 $U$ 可近似表示为

$$U \simeq U_0 \left[ \mathrm{e}^{-t/(R_2 C_1)} - \mathrm{e}^{-R_2 t/(L_1 + L_0)} + \mathrm{e}^{-t/(R_2 C_2)} - \mathrm{e}^{-R_2 t/L_0} \right] \qquad (3-28)$$

考虑到 $C_1 \gg C_2$，得到场形成装置终端负载电阻两端电压脉冲，即场形成装置内部电场脉冲的前沿时间 $t_r$ 由放电回路总电感 $L_0$ 和负载电阻值 $R_2$ 共同决定；波形的半峰值时间 $T$ 由 Marx 高压发生器的等效储能电容 $C_1$ 和负载电阻值 $R_2$ 共同决定，即

$$t_r = 2.2 L_0 / R_2 \qquad (3-29)$$

$$T = 0.72 R_2 C_1 \qquad (3-30)$$

因此，为模拟较快的脉冲前沿，通常选择无感高压电容器作为锐化电容器和 Marx 高压发生器的储能电容器，以降低整个放电回路的分布电感 $L_1$ 和 $L_0$；通过调整 Marx 高压发生器的等效储能电容值 $C_1$ 和负载电阻值 $R_2$ 对放电脉冲的衰落时间进行控制，得到合适的波尾波形。由于核电磁脉冲持续时间较短，环境模拟时场形成装置终端必须接匹配负载，以避免终端反射导致电磁脉冲场波形失真；而 Marx 高压发生器的等效储能电容更换十分不便，一般一台 Marx 高压发生器仅能模拟一种电磁脉冲波形。

2) PPTC 场形成装置优化设计

激励源的前沿陡化和场形成装置的结构优化是制约快沿电磁脉冲场模拟的关键技术问题，直接决定了装备电磁脉冲效应的研究水平。为此，对 PPTC 有界波模拟系统进行了结构优化仿真设计。研究发现：单纯的传输线终端负载阻抗匹配不能解决快沿电磁脉冲场的终端反射问题。如图 3-36 所示，横坐标时间采用光米（lm，光速与时间的乘积）为单位，对宽高比为 1:1 的 PPTC，特性阻抗约为 180Ω，传输线终端连接一支 180Ω 的纯阻负载时，在双指数高压电脉冲的激励下，传输线平行段内部电场波形出现正极性反射脉冲叠加，似乎是传输线终端负载阻值偏高造成的；将传输线终端负载阻值调整为 120Ω，不但原有的正极性

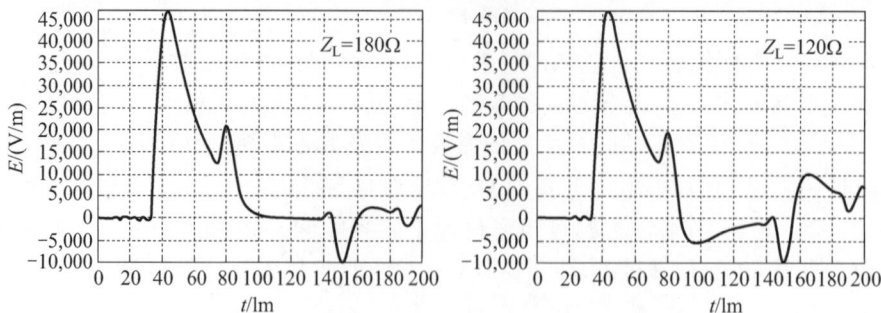

图 3-36 单只终端负载电阻导致的电磁波反射

反射脉冲仍然存在,而且紧接着出现了非常明显的负极性反射脉冲;分析正、负极性反射脉冲的特征发现:正极性反射脉冲是由瞬时反射引起的,与波尾关系不大,而负极性反射脉冲则是全波反射导致的。也就是说,产生负极性反射脉冲的原因是传输线终端负载失配引起的,通过调整终端负载阻值可以改善或消除;而产生正极性反射脉冲的原因是局部阻抗的不连续,与终端负载阻值匹配与否关系不大,很有可能是传输线的分布电阻与终端负载集总电阻转换导致的。在保持终端负载阻值不变的情况下,通过增加终端负载并联电阻的根数,能否消除电场波形中出现的瞬时正极性反射脉冲呢?

　　为定量研究传输线终端负载根数对电场瞬时反射的影响规律(图 3 - 37),引入过冲系数 $\delta$,定义为与反射峰对应的场强变化值与没有反射时该时刻原有场强的比值,即

$$\delta = \frac{E - E'}{E'} = \frac{\Delta E}{E'} \tag{3-31}$$

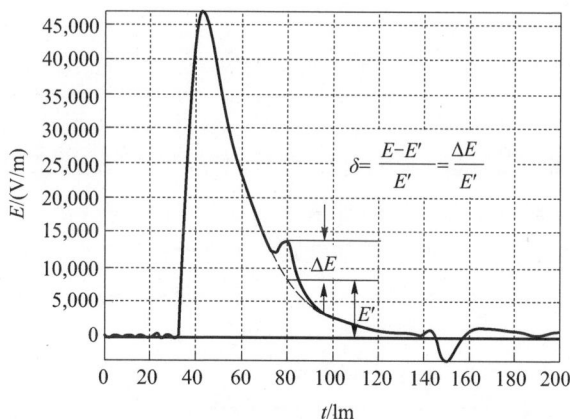

图 3 - 37　过冲系数的定义

　　反复优化传输线终端负载电阻值,使负载电阻值与传输线特性阻抗尽量匹配。当终端负载电阻取值 190Ω 时,终端负载并联电阻(均匀分布)根数对电场瞬时反射的影响如表 3 - 2 所列。在终端负载阻值匹配的情况下,并联电阻根数越多,电场反射越低;但电阻根数越多,每增加 1 根并联电阻对电场反射的改善程度越低;当并联电阻根数达到 5 以上时,终端反射对电场波形的影响基本可以忽略。

表 3 - 2　传输线终端负载电阻根数对电场反射的影响

| 并联根数 | 1 | 2 | 3 | 4 | 5 | 6 | 7 | 11 | 17 | 21 |
|---|---|---|---|---|---|---|---|---|---|---|
| 过冲系数 | 1.69 | 0.90 | 0.57 | 0.44 | 0.29 | 0.26 | 0.24 | 0.11 | 0.03 | 0 |

传输线前过渡段锥角 $\alpha$ 对图 3 - 32 所示传输线工作区（平行段）脉冲电场波形的影响仿真结果如表 3 - 3 所列，此时激励源的前沿时间、半峰宽度分别为 1ns/23ns，$E_z/E_x$ 为电场垂直分量与水平分量的比值。由此可见，传输线前过渡段锥角越小，工作区电场水平分量越小，越接近于 TEM 波；前过渡段锥角过大、过小，都不利于降低工作区脉冲电场的前沿时间，前过渡段锥角 $\alpha = 15°$ 左右时，工作区脉冲电场前沿最陡，纵向分量可忽略。

表 3 - 3　传输线前过渡段锥角对工作区脉冲电场波形的影响

| $\alpha/(°)$ | 前沿时间/ns | 半峰宽度/ns | $E_z/E_x$ |
|---|---|---|---|
| 75 | 10.98 | 24.41 | 10.23 |
| 60 | 7.27 | 24.39 | 14.00 |
| 45 | 7.20 | 24.66 | 19.00 |
| 30 | 6.16 | 24.41 | 34.46 |
| 15 | 5.68 | 23.64 | 80.67 |
| 10 | 5.72 | 23.39 | 85.61 |
| 5 | 5.73 | 23.34 | 94.40 |

同样采用前沿时间、半峰宽度分别为 1ns/23ns 的双指数波形脉冲源作为 PPTC 的激励源，研究传输线后锥角对图 3 - 32 所示传输线工作区（平行段）脉冲电场波形的影响情况，仿真结果如表 3 - 4 所列，传输线后锥角对工作区脉冲电场前沿时间几乎没有影响；但传输线后锥角越大，工作区脉冲电场纵向分量越大。综合考虑模拟系统的技术性能和经济成本，传输线后过渡段锥角取 $\beta = 45°$ 左右比较合适。

表 3 - 4　传输线后过渡段锥角对工作区脉冲电场的影响

| $\beta/(°)$ | 前沿时间/ns | $E_z/E_x$ | 过冲系数 |
|---|---|---|---|
| 75 | 5.74 | 18.27 | 0.052 |
| 60 | 5.73 | 23.89 | 0.047 |
| 45 | 5.73 | 34.15 | 0.024 |
| 30 | 5.72 | 61.40 | 0.014 |
| 20 | 5.72 | 83.79 | 0.006 |
| 15 | 5.72 | 85.61 | 0.006 |
| 10 | 5.72 | 90.04 | 0.006 |

根据上述优化设计结果，取 PPTC 前过渡段锥角 $\alpha = 15°$、后过渡段锥角 $\beta = 45°$，平行段长宽高为 $10m \times 6m \times 6m$，用不同前沿时间、半峰宽度的双指数波形

高压脉冲作为激励源,仿真分析了工作区中心处的电场参数,如表 3-5 所列。由此可以看出:无论脉冲激励源的前沿时间、半峰宽度是微秒还是纳秒数量级,经过传输线传播一定距离到达工作区时,脉冲场的前沿时间、半峰宽度均比激励源的前沿时间、半峰宽度有所加长;所不同的是,激励源前沿越陡,场与其差别越大,且渐近最小值。由于无论是传输线的焦耳热损耗,还是电磁波的辐射损耗,随传播距离的增加均导致宽带电磁脉冲的高频分量相对损耗大于低频分量相对损耗,必然导致脉冲场的前沿时间、半峰宽度有所增加。

表 3-5 传输线对脉冲场上升沿的影响

| 序号 | 双指数激励源 | | 工作区场波形 | | 传输系数 |
|---|---|---|---|---|---|
| | 前沿时间 | 半峰宽度 | 前沿时间 | 半峰宽度 | |
| 1 | 2.88μs | 67.93μs | 2.89μs | 68.04μs | 1.00 |
| 2 | 1.08μs | 50.63μs | 1.18μs | 50.75μs | 1.09 |
| 3 | 0.52μs | 25.42μs | 0.61μs | 25.71μs | 1.17 |
| 4 | 19.21ns | 137.1ns | 27.86ns | 139.9ns | 1.45 |
| 5 | 10.93ns | 66.66ns | 16.50ns | 72.86ns | 1.51 |
| 6 | 4.34ns | 183.8ns | 12.07ns | 186.41ns | 2.78 |
| 7 | 2.03ns | 21.46ns | 7.24ns | 30.55ns | 3.57 |
| 8 | 1.63ns | 20.60ns | 6.73ns | 30.44ns | 4.13 |
| 9 | 1.17ns | 19.94ns | 6.36ns | 29.74ns | 5.60 |
| 10 | 0.82ns | 19.15ns | 6.16ns | 29.08ns | 7.88 |

把工作区脉冲场前沿时间与激励源前沿时间的比值称为脉冲前沿传输系数,从表 3-5 可以看出:激励源前沿时间在微秒数量级时,脉冲场前沿时间与激励源前沿时间大体相当;激励源前沿时间在纳秒数量级时,脉冲场前沿时间明显大于激励源的前沿时间,激励源前沿时间小于 2ns 后,脉冲场前沿时间几乎不再随激励源前沿时间的减小而减小。也就是说,有界波模拟系统结构尺寸确定后,激励源前沿越陡,场与其差别越大,且渐近最小值;单纯提高激励源的前沿陡度,不能无限制地降低脉冲场前沿时间。模拟系统线度越小,能够模拟的脉冲电场前沿越陡。为在大的空间范围内激发快沿电磁脉冲场,必须探索辐射式的模拟方法。

3)高空核爆电磁脉冲场模拟实例

图 3-38 为电磁环境效应重点实验室研制的核电磁脉冲场模拟系统(脉冲源部分)及其实测波形,与前述雷电电磁脉冲场模拟系统共用 PPTC 场形成装置,但传输线终端必须接匹配负载,平行段高度达 6m,脉冲场前沿时间在 8ns 左右。

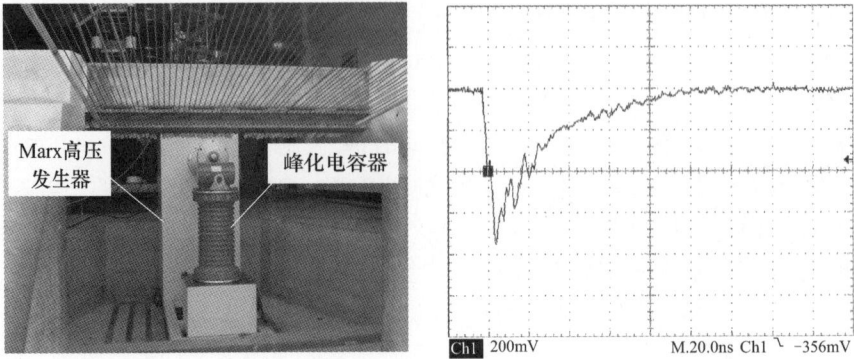

图 3 - 38　大型核电磁脉冲场模拟系统(脉冲源部分)及其实测波形

　　为进一步陡化脉冲场前沿,提出了双环电极同轴锐化方法并用于快沿电磁脉冲源设计,研制了脉冲前沿小于 2ns 的可移动式有界波传输线快沿电磁脉冲场模拟系统,如图 3 - 39 所示,测试空间相对降低,传输线最大高度为 2m。脉冲源输出电压为 60 ~ 200kV 时,电磁脉冲场波形前沿为 1.68 ~ 1.84ns 之间。

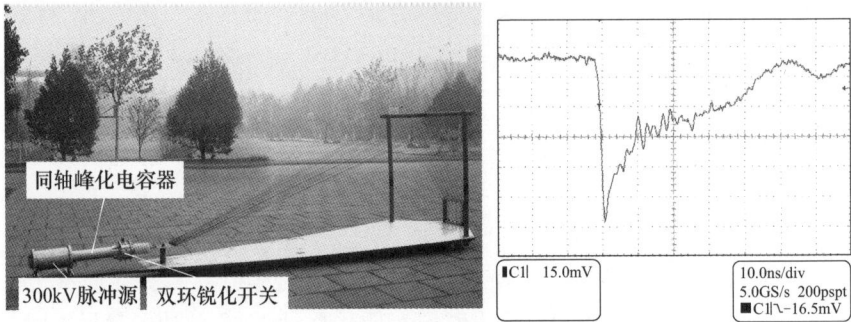

图 3 - 39　快沿电磁脉冲场模拟系统及其实测波形

### 3.3.4　雷电与核电磁脉冲辐射效应试验方法

　　雷电电磁脉冲场、高空核爆产生的电磁脉冲场也属于宽带电磁脉冲场,若采用辐射式电磁脉冲场模拟系统进行装备效应试验,可参照 3.3.1 节相关方法执行,若辐射源输出强度在一定范围内可调,可以通过改变辐射天线与受试装备之间的距离、辐射源输出强度分别调节对受试装备的辐射场强。下面主要阐述采用有界波模拟系统进行环境模拟与效应试验的相关问题。

　　1)试验前分析

　　试验前应对受试系统的电磁脉冲易损性进行初步分析,找出最有可能受到损伤或干扰的关键设备,并在试验时对它们进行监测。通过试验前分析,确定受试设备在模拟系统工作空间的位置、布放方式、工作状态和检测内容。

受试设备在电磁脉冲模拟系统工作空间的布放位置由模拟系统场分布测量结果确定,布放方式应使电磁波能直接辐射含有端口的电磁屏障表面,至少选择两种正交的布放方式,以保证受试设备的敏感方向与电磁场的极化方向接近。如果设备有多种工作状态,由于每种工作状态下设备的功能和损伤、干扰阈值都有可能不同,则每种工作状态都要进行试验。对于数字接口电路,应在高电平和低电平两种状态下进行试验;若受试设备同时具有收发功能,由于发射状态的抗电磁干扰、损伤能力一般不小于接收状态,可仅在接收状态下进行效应试验。

2) 受试设备的放置位置

为在有界波电磁脉冲模拟系统(或其他模拟系统)内营造与受试设备实际运用状态相类似的电磁环境,并给出定量的效应测试结果,要求测试区域电场强度尽量均匀。目前,有界波电磁脉冲模拟系统普遍采用 PPTC、TEM 室或 GTEM 室作为场形成装置,测试空间位于大地与上传输线或芯板之间,一般形成垂直极化电场,在受试设备加载前,测试区域电场分布比较均匀,电场强度波动一般小于 3dB,均适宜对不需接地的设备进行效应测试。图 3 - 40 所示为 GTEM 室横截面内电场分布均匀性"微笑"图,其中三条曲线内部区域各处电场强度值与中心点的电场强度最大偏差分别为 ±1dB、±2dB 和 ±3dB。其中 ±3dB 区域称为测试区,±1dB 区为高均匀区,测试区通常用于电磁环境效应测量,高均匀区通常用于传感器的校准。为提高效应测试的准确度,对不需接地的设备进行效应测试时,受试设备最好置于测试区中心位置附近并用电磁场透明材料作支撑;若受试设备需要接地工作或需要市电供电,地电位的引入必将导致电场发生严重畸变,此时受试设备必须靠近接地极板放置且与接地极板电隔离,以保持测试区域的场均匀性并防止地电位波动直接影响受试设备。考虑到受试设备引入后的电场畸变,为保持试验结果的准确性,利用有界波电磁脉冲模拟系统进行效应试验时,一般要求受试设备的高度不大于模拟系统工作空间高度的三分之一,最大

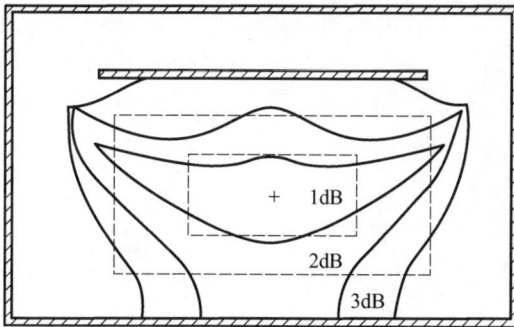

图 3 - 40　GTEM 室测试空间电场分布均匀性"微笑"图

不超过三分之二。

若采用水平极化的电磁脉冲模拟系统进行效应试验,必须考虑地面对电磁场分布的影响。由于高空核爆电磁脉冲本身属于水平极化电场,在地表附近受地面影响产生垂直极化分量是电磁场的本质属性,若受试设备本身为地面装备或水上装备,直接在地面放置进行试验即可;如受试设备为空中或空间装备,试验时受试设备距地面的最小距离不能小于电磁脉冲场主要能量频谱下限对应的半波长,否则试验结果不具代表性,如图 3-41 所示。

图 3-41　水平极化电场效应试验时受试设备放置方式

3）场强测量

场强测试的准确度直接决定着受试设备临界干扰、损伤场强值的测试准确度。利用宽带天线直接感测电场信号,不仅天线的幅频响应曲线不平坦导致测试电场波形失真,而且金属导体的引入,尤其是接地线缆的引入必将导致电场畸变,干扰被测空间电场的分布导致测试失真;基于电光效应原理,利用电光晶体将电场信号转换为激光调制信号,经光纤传输后解调出被测电场信号,不会对被测空间电场产生大的扰动,是先进的宽带脉冲电场测试方法,但目前可用的电光晶体电光系数小,测试灵敏度低,动态范围难以满足测试要求;即使通过加长激光在晶体中传播路径的方法提高其测试灵敏度,由于光通过晶体存在渡越时间,晶体的电光效应仅与光通过瞬间的电场强度有关,也不能解决快沿短脉冲的电磁脉冲场准确测试问题,但可用于高频连续波电场的准确测试。

为解决宽带脉冲电场的准确测试技术难题,如图 3-42 所示,电磁环境效应重点实验室采用天线与电光调制相融合的一体化设计方法,利用异形偶极子传感器的外壳实现电场传感和屏蔽功能,利用电场高阻耦合、直接电光转换原理实现信号降噪,研制了一种截面积约 $1cm^2$、长度 6cm,能够直接将几十千赫至 1GHz 的脉冲电场信号转换为强度调制激光波输出的微型有源宽带脉冲电场传感器,对调制激光波由光纤实现远距离传输,避免传输线对被测电场的影响,通过解调激光波重新还原出被测电场信号,研制了测试灵敏度可调的微型探头宽带脉冲电场测试系统,解决了宽带脉冲电场微扰测试的技术难题。

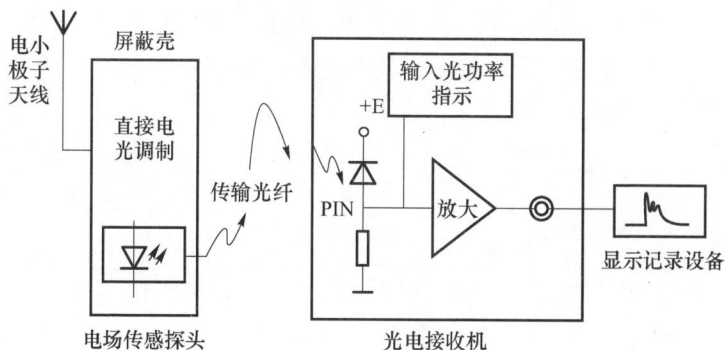

图 3 - 42　光纤传输宽带脉冲电场测试原理

4）试验步骤

对通过性试验,为降低试验风险,受试设备在进行预定考核的威胁级辐射前,应至少进行 2 个低水平的辐射试验。辐射电场强度可依次取为预定辐射电场强度的 40% 、70% 和 100% ,每一辐射水平,对同一观测点需要重复试验 3 ~ 5 次,若出现干扰或损伤现象,则停止试验;否则,继续试验直至完成所有观测点的响应测量,直至通过威胁级辐射考核。

对电磁脉冲辐射敏感度试验,应首先预估受试设备的抗电磁脉冲干扰能力、损伤能力,确定起始辐射电场强度;按试验需求配置参数测量与数据采集设备,并确保其在检定有效期内。首先,参数测量与数据采集设备不与受试设备检测端连接,测试其在输入端接 50W 屏蔽负载、开路、短路 3 种状态下,使电磁脉冲模拟系统达到试验所需最高输出时的感应信号,检测其抗电磁干扰能力,如需要,采取相应措施消除干扰。其次,测量受试设备置入前所处位置的入射电场幅度、前沿时间、半峰宽度及空间场均匀性等技术指标,并根据试验需要予以调整;然后,受试设备置入电磁脉冲模拟系统工作空间预定位置,并处于第一种布放方式,如需要,可连接相关的附属设备。接通电源,使受试设备执行真实或模拟的任务,确认技术状态完好,然后关断电源。最后,按试验要求布放测量传感器及功能监测设备,并使受试设备处于所需的工作状态;从确定的起始辐射电场强度开始,逐步提高辐射电场强度进行效应试验,试验步长不应大于预定的试验误差;对每一辐射强度、工作状态,断续试验 3 ~ 5 次,若不出现任何效应则提高辐射强度 1 个步长,若出现某种效应则停止试验,并以上一个台阶的辐射电场强度作为受试设备在该工作状态下特定效应的临界干扰或损伤电场强度(不同效应对应的临界干扰或损伤电场强度可能不同);改变受试设备的布放方式、工作状态,重复进行上述试验,直至完成全部试验任务。

　　综合分析试验数据,确定受试设备的电磁辐射敏感工作状态,给出受试设备在敏感工作状态下出现不同效应的临界电场强度,进一步评估受试装备的抗电磁脉冲辐射能力,确定受试装备的电磁脉冲辐射效应规律和电磁防护薄弱环节,为电磁防护加固提供技术支撑。

# 第4章　连续波电磁辐射效应规律

信息化战争将采用诸军兵种联合作战的作战模式,要求各种武器装备互联、互通构成陆、海、空、天、电一体化的作战体系,战场复杂电磁环境对武器装备正常发挥作战效能将产生严重影响。传统的依靠错时工作降低装备互扰的方法将大大降低武器系统的作战效能,难以满足信息化战争的需要。因此,亟待通过电磁辐射效应研究,确定电磁辐射对受试装备的效应规律和作用机理,根据具体装备的工作特性,提出切实可行的电磁防护方法或应对策略。

通信装备是战场指挥的依托,是 $C^4ISR$ 系统的神经中枢,更是保证战场信息通畅的纽带,对整个战争进程和结局起着至关重要的作用,必将成为电磁武器攻击的重点。通信装备如果没有足够的抗电磁毁伤与抗电磁干扰能力,就难以或无法进行有效的信息传输。

弹药是毁伤目标、打击敌方的末端装备,处于战争"生与死"对抗的最前沿,无线电引信作为弹药完成毁伤功能的大脑,发挥着终端效能倍增器的作用。无线电引信集目标探测、目标识别、起爆控制等多种功能于一体,容易受到电磁干扰,若在战场电磁环境中生存能力大幅度降低,必将严重影响武器系统的作战效能,甚至关系到战争的胜负。

在战场电磁环境中,虽然电磁信号强度、频谱随机变化,但单频、调幅、扫频电磁辐射是其基本形式。为此,本章以典型通信装备、无线电引信作为受试对象,系统阐述连续波电磁辐射效应规律,比较电磁辐射调制方式对受试装备效应的影响,分析给出不同受试装备电磁辐射效应规律的差异,为装备电磁防护加固设计提供技术支撑。

## 4.1　装备电磁辐射效应试验相关问题

试验方法的科学性是提高效应试验准确性的基础,第 3 章 3.2 节、3.3 节已经系统阐述了连续波电磁辐射效应试验和电磁脉冲辐射效应试验的通用方法,相关内容本节不再赘述。下面仅补充与受试设备技术特点、性能检测相关的内容,以保证试验结果的准确性。

### 4.1.1 通信电台连续波电磁辐射效应试验

为准确试验评估通信电台的电磁辐射效应,在开阔场或有界波模拟器内营造试验所需的环境,通过改变辐射频率、调制方式,采用全电平整体辐射法研究连续波电磁辐射对受试通信电台的作用规律。

1）最大试验场强与受试电台工作状态

关于辐射场强,GJB151B—2013 规定:所有陆军地面电子设备在 2MHz ~ 1GHz 的频率范围内经受电场强度不大于 50V/m 的电磁辐射场照射时,不应出现任何故障、性能降级或偏离规定的技术指标值,只有机载及舰载设备将要求的电磁辐射场强值提升至 200V/m。考虑到未来战场电磁环境日趋复杂、恶化,功率密度日益增大,电磁辐射效应试验研究时应尽可能地增大辐射场强。连续波电磁辐射效应试验时,在 100MHz 以下和 1 ~ 18GHz 频段最大电场强度提高至 200V/m,在 100MHz ~ 1GHz 频段最大电场强度提高至 400V/m。

短波、超短波电台的可靠通信距离一般在数千米到数十千米之间。受试验场地的限制,考虑到试验结果的重复性和可靠性,其电磁辐射效应试验工作难以在真实通信距离条件下进行。为保证试验结果的可比性,电磁辐射效应试验时电台的通信距离统一取为 50m,选择开阔场地进行试验。

大量试验表明:在高楼林立的实际环境中,对带内电磁辐射,作为接收机的电台即使置于远离辐射试验装置数百米之外,也远比位于辐射天线主波束几米之内作为发射机工作的电台容易受干扰(效应试验系统和发射电台工作状态不变,接收电台在不能正常通信后、沿着与效应试验系统辐射方向正交的方向进一步远离效应试验系统,能够恢复正常通信功能,说明作为受试电台的发射机未受影响)。因此,为客观评价通信电台的连续波辐射效应,在进行电磁辐射效应试验研究时,受试电台作为接收机工作、辅助电台作为发射机工作。

2）语音干扰效应评价方法

语音质量主要包括三方面的内容:清晰度、可懂度和自然度。清晰度是指语音中字、词的清晰程度;可懂度是指语音中单音的可识别程度;自然度是衡量语音保真性的标准。语音通信效果评估与很多因素有关,与语言学、心理学、生理学以及信号处理等都有一定关联,因此,语音通信干扰效应评估是一个十分复杂的问题。语音通信干扰效应评估分为主观评价和客观评价两种方式。

干扰等级主观评价方法:主观评价是通过专家进行人工试听,对干扰作用下的音质变化程度进行评价。这种方法的优点是:可以直接反映收听者的观点,对各种性能的降级因素可做类似评价,灵活性强,容易实现。关于干扰等级的划分,GJB 4405A—2006 有明确的等级划分标准,主要分为工作破坏级和信息损伤

1~5 级,干扰损伤效应依次降低。

　　工作破坏级表现为通信电台的工作状态在干扰信号的作用下遭到了破坏,失去了接收功能,无法通信。既包括通信电台出现的硬件损伤,也包括死机、重启等软故障。

　　信息损伤 1 级表现为通信电台干扰很强,字音完全不清晰,通信完全不可懂,实际上已经失去了信息传递功能。

　　信息损伤 2 级表现为通信电台干扰较强,多数字音不清晰,大部分通信内容不可懂,只能传递只言片语。

　　信息损伤 3 级表现为通信电台干扰较弱,个别字音不清晰,通信内容基本可懂,属于受干扰与否的临界状态。

　　信息损伤 4 级表现为通信电台干扰微弱,字音较清晰,通信内容可懂,可界定为基本不受干扰。

　　信息损伤 5 级表现为通信电台无干扰,字音清晰,通信内容完全可懂。

　　在通信电台电磁辐射效应试验时,信息损伤 4 级与 5 级、1 级与 2 级一般难以区分。

　　干扰等级客观评价方法:通常用误码率来衡量语音干扰的程度。误码率主要反映收听者对输出语音内容的识别程度,具体方法是发射电台发射一组语音数据信号,评测人员抄收听到的语音数字,通过比较接收到的报文与发送的标准数据之间的差异,计算语音的误码率,即

$$p = \frac{M}{N} \times 100\% \qquad\qquad (4-1)$$

式中　$p$——误码率;

　　　$M$——接收到的数码报文误码数;

　　　$N$——发送的数码报文总数。

　　对电磁辐射效应试验而言,干扰程度与辐射场强紧密相关。理论上:辐射场强低于临界干扰场强时,误码率为零;辐射场强高于临界干扰场强后,误码率迅速提升,这种方法与主观评估方法相似,也难以对受试电台的电磁辐射效应进行详细分级,主观、客观评估方法的评价结果基本一致。因此,根据受试电台的工作制式、功能特点,分别采用不同的方法进行效应评价。

　　对数字式通信电台,由于其自身能够在干扰环境中检测误码率,经试验发现,随着电磁干扰源辐射强度增大,受试电台的误码率也随之提高,其变化速率先增大后趋于平缓,当误码率在 10% 左右时误码率变化最快,为最大程度区分受试电台的临界干扰场强,宜选择误码率 10% 作为数字通信电台受电磁干扰的判据。为减小试验误差,5 次测量结果取平均值。

对模拟式通信电台,检测误码率需要配置专用设备,不易进行现场测试。因此,宜采用"干扰等级主观评价方法"对模拟式通信电台的通信质量进行评价。为了统一收听者在试验过程中对干扰效应的判断标准,降低试验结果的不确定性,用不同频点下电磁干扰达到信息损伤1级或工作破坏级时的临界电场强度,表征该频点下受试通信电台的电磁辐射敏感度。为进一步减小试验误差,5次测量结果取平均值。

3)模拟式电台语音信号效应检测方法

从保证试验过程中的人员安全及试验数据准确性两方面考虑,试验人员都不能在接收机附近检测通话质量。为此,对模拟式通信电台,必须解决数据测量手段问题,不仅要保证测量信号数据准确,而且要尽可能降低对受试设备和电磁场分布的影响。根据连续波电磁辐射效应试验特点及通信电台自身特性,我们尝试了以下三种方案:

(1)录音设备录音:该方法是将屏蔽铜网包裹的复读机置于受试电台话筒附近,确保其在最高试验场强电磁波辐射下能够正常工作。试验时复读机置于受试通信电台话筒附近并处于录音状态,试验人员远离辐射场区,试验完毕后将复读机录制的语音信号取出重放,检测通话质量。结果表明:该方法语音信号失真较大,难以客观评价通信电台的语音质量,也不能实时监测语音信号,试验效率低。

(2)屏蔽线缆传输:将受试通信电台话筒取下,用一相同的负载代替话筒,将屏蔽线缆连接负载及示波器进行辐射试验。为了测试屏蔽线缆方法的可靠性,将屏蔽线缆按试验要求放置,一端通过40dB衰减器与示波器连接,另一端置于连续波电磁辐射场中分别处于开路、短路状态进行辐射试验,测得200V/m场强作用下示波器测量的峰值电压均为1mV左右,考虑到该信号有40dB的衰减,实际电压峰–峰值约为0.1V,该信号可通过语音端口进入电台内部工作电路,可能对电台工作造成影响,导致效应试验结果不准确。

(3)光端机测试:该方法是用光端机将电台输出的语音信号转化为光信号,由光纤传输到远方,再用光电转换装置将光信号还原成语音信号。电光转换装置置于一个屏蔽良好的金属壳体内,输入端连接电台语音信号,输出端连接光纤。为尽可能地降低测试设备引入的干扰,将电台语音信号输出经射频线缆连接到光端机,屏蔽层与电台壳体、光端机外壳良好连接。现代光电转换技术已经相当成熟,利用该方法传输造成的语音信号失真较小,从受试电台语音信号输出端口引入的干扰小,且能实时对受试电台进行监测,试验效率高。

通过对比以上测试方案,说明光端机测试具有明显优势,故选用光端机作为通信电台电磁辐射效应试验的语音信号测量设备。

4）效应试验配置

综上所述,为保证试验过程中的人员安全及效应试验结果的准确性,试验时将测试设备置于屏蔽方舱内,通过光纤与外界相连接,具体试验配置如图 4 - 1 所示。屏蔽方舱远离效应试验系统,屏蔽方舱与受试通信装备连线与效应试验系统的电磁波辐射方向基本垂直,面向辐射天线方向布置吸波墙,进一步降低对辐射场的影响。

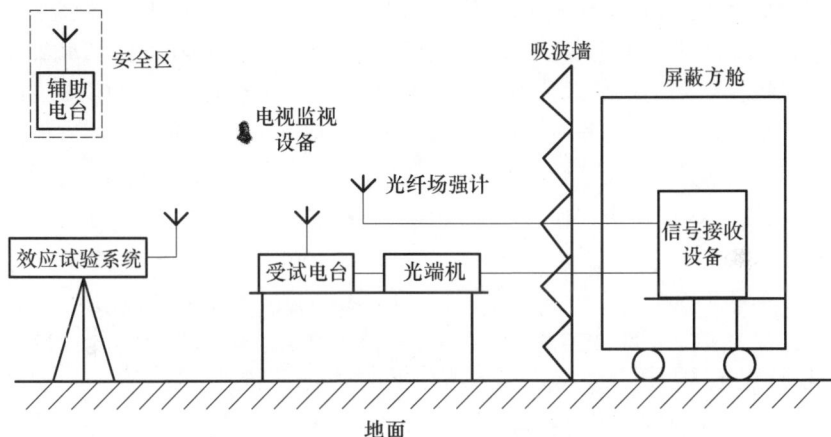

图 4 - 1　通信装备连续波电磁辐射效应试验配置

按图 3 - 11 构建连续波电磁辐射效应试验系统,利用光纤场强计测量试验区域场均匀性,通过调节辐射天线与受试通信电台之间的距离,保证受试装备所在区域(含天线)的场均匀性优于 3dB。

为保证试验区域的电场强度达到 200V/m 以上,试验所用设备如下:

SML01、SMR20 信号发生器:产生 9kHz ~ 20GHz 的单频、调幅、扫频连续波信号,为宽带功率放大器提供激励信号或直接作为带内辐射效应试验的辐射源,降低试验空间的背景噪声。

AR50WD1000 宽带功率放大器配置 DC3002A 双向耦合器:工作频率 0 ~ 1000MHz,最大输出功率 50W,作为电场强度 50V/m 以下试验时的射频辐射激励源。

AR10000LM45 宽带功率放大器配置 DC4000M2 双向耦合器:工作频率 10kHz ~ 100MHz,最大输出功率 10kW,作为 100MHz 以下频段强场连续波电磁辐射效应试验时的射频激励源。

AR4000W1000 宽带功率放大器配置 DC6380M1 双向耦合器:工作频率 80 ~ 1000MHz,最大输出功率 4kW,作为 80 ~ 1000MHz 频段强场连续波电磁辐射效应试验时的射频激励源。

微波功率放大器 200T1G3A、200T2G8A 和 200T8G18A 分别配置 DC7144M1、DC7280M1 和 DC7450M1 双向耦合器：工作频率分别涵盖 0.8 ~ 2.8GHz、2.5 ~ 7.5GHz 和 7.5 ~ 18GHz，最大输出功率 200W，作为微波频段强场连续波电磁辐射效应试验时的激励源。

S12014/5X 对数周期天线：20 ~ 100MHz/10kW，100 ~ 220MHz/5kW。STLP9128C 堆叠天线：200 ~ 2000MHz/4kW。STLP100 - 500 堆叠天线：100 ~ 500MHz/5kW。AT4510M2 高增益喇叭天线：1 ~ 4.2GHz/1500W。AT4003 高增益喇叭天线：4 ~ 8GHz/250W。AT4530 高增益喇叭天线：7.5 ~ 18GHz/2800W。根据激励源输出功率、试验空间场强均匀性对辐射天线的要求酌情选择使用。

NRVD 双通道功率计：配置 URV5 - Z2 插入单元工作频率 9kHz ~ 3GHz；配置 NRV - Z2 功率计探头工作频率 10MHz ~ 18GHz。

EMR - 200 场强计：配置 8 型探头工作频率 100kHz ~ 3GHz，测试范围 0.6 ~ 800V/m；配置 9 型探头工作频率 3MHz ~ 18GHz，测试范围 0.8 ~ 1000V/m。当测试场强低于 5V/m 时，采用测量辐射天线输出功率（平方根）的方法线性外推计算，详见 3.2.3 节。

光端机：用于电台语音信号监测。

可移动式电视监视设备（PPM）：用于监测受试电台工作状态。

将受试电台及其天线置于连续波电磁辐射效应试验系统辐射天线主波束中间，主机距地面 1m 左右（与实际使用情况受地面影响相同）；辅助电台距受试电台 50m，两者连线与效应试验系统电磁波辐射方向基本垂直；受试电台作为接收机，辅助电台作为发射机。为模拟远距离通信的信号衰减作用，根据研究工作需要，可在辅助电台主机与发射天线之间连接 40dB 衰减器，用 50m 的通信距离模拟 5km 的通信效果。

将辅助电台与受试电台调整至定频通话状态，天线按正常使用状态垂直地面放置，选择环境噪声小的信道准备试验。通过光端机将受试电台语音信号转化为光信号传输到屏蔽方舱内的接收设备，观察通话是否异常。受试电台显示面板面向效应试验系统辐射天线，以利于电磁能量耦合。电视监视设备斜向聚焦受试电台显示面板，尽量降低对辐射场的影响又要能够清晰观察受试电台工作状态。

5）效应试验方法

采用图 3 - 20 所示的"变步长升降法"进行效应试验：首先固定电磁波的辐射极化方向、辐射频率，选择某一辐射较低的辐射场强进行效应试验，若试验过程中受试电台通信质量未受影响或信息损伤等级未达到 1 级，则把辐射场强升高 50% 左右继续进行试验,在 100MHz 以下时最大电场强度至 200V/m,在 100MHz 以上时最大电场强度至 500V/m。若受试电台信息损伤等级已达到 1 级,则降低辐射场强,且以后的试验步长均降低至相邻步长的 50% 左右。重复上述试验步骤,直至试验步长相对值小于预定的试验误差为止。以上述试验过程中受试电台信息损伤等级未达到 1 级的最大辐射场强作为其在该试验状态下的临界干扰场强。

试验过程中,通过电视监视设备观察受试电台显示面板显示是否异常。若出现异常,按上述方法确定其临界干扰场强。

敏感极化方向的确定:受试电台放置状态不变,改变效应试验系统辐射天线的极化方向,采用"变步长升降法"进行效应试验,确定受试电台在不同方向极化电场作用下的临界干扰场强,确定受试电台的最敏感极化方向,为确定其敏感耦合通道奠定试验基础。

其他影响因素:根据试验研究工作的需要,改变效应试验系统辐射电磁波的调制方式、辅助电台的发射功率等参数,采用上述方法研究不同因素对受试通信装备临界干扰场强的影响规律,确定效应敏感状态。

试验频点的选择:通信电台属于用频设备,其电磁辐射效应包括带内耦合、带外耦合两部分,其干扰机理、干扰阈值将有很大的不同。为充分反映此差异,应采用非均匀布点的方式选择试验频点,以降低试验工作量。试验频点的具体选择,以保证能够准确描述受试通信电台临界干扰场强随辐射频率的变化规律为准,详见 3.2.5 节。

### 4.1.2　无线电引信连续波电磁辐射效应试验

无线电引信属于电爆装置,具有较大的爆炸威力,基于试验过程安全性的考虑,试验前需要对无线电引信进行改装。引信改装既要消除其爆炸威力,又不能影响其电磁辐射敏感性,即辐射效应出现时的电场强度值即干扰、损伤场强值不能因引信改装而发生变化,且改装后的引信必须解决辐射效应判断的问题。

为真实模拟无线电引信在实际飞行状态下的工作情况,研制了引信电磁辐射效应试验辅助装置,通过引信顶吹加电和多姿态调整,真实反映引信飞行过程中的供电状态、姿态,提高试验数据的准确性。

1) 无线电引信的改装

无线电引信,实际上是一部完整的近程多普勒雷达,它利用电磁波来获得目标信息,完成对目标、距离、视角及速度等信息的综合测量,使弹丸在最佳时刻、最佳位置起爆。无线电引信中只有其电子组件(含点火元件)对电磁辐射敏感,传爆药、炸药等含能材料不能直接接受电磁能量起爆,必须依靠电子组件点火。

因此,为了试验的安全性和工作效率,在不改变引信工作性能的原则下对引信进行了如下改装。

去掉引信传爆管和保险机构等机械部件,模拟引信解除保险状态且最大程度降低爆炸威力,使其既能接受电磁能量而出现相关效应,又能保证试验过程的安全;除了模拟技术处理状态外,去掉引信电点火头,用两个串联的电阻代替,其阻值之和等于引信电点火头阻值,比值为4:1,进一步降低试验成本,便于受试引信重复使用,以测定其电磁辐射效应规律;由于引信储能电容电压较高,电光转换器、数字示波器在不加衰减器状态下要求测量电压小于5V,试验中通过测量小阻值电阻两端的电压分压信号,以判断受试引信是否发火。

去掉使引信执行级电路中电点火头处于短路状态的远解控制开关,解除代替电点火头的电阻的短路状态,使其处于可发火状态;引信配用弹为没有装药的教学弹,将弹体尾部钻一个直径约为2cm的洞,以使测量引信起爆信号的测试设备或屏蔽线缆能够连接引信起爆信号输出线。

2)引信姿态调整及供电装置

引信电磁辐射效应试验要求尽可能模拟引信实战状态,以保证试验结果能够真实反映引信在实战运用环境中遇到的问题。需要模拟的因素主要有:弹体在空中飞行的各种姿态;真实环境中来自各个方向的电磁辐射;引信真实供电状态。为了配合连续波电磁辐射效应试验系统辐射天线方便地调节辐射场强,还要求能够方便调节引信与发射天线之间的距离。为了达到上述要求,基于一体化设计思想,研制了包括引信多自由度姿态调整装置、专用试验弹和光纤传输引信发火信号监测装置在内的引信电磁辐射效应试验辅助装置,满足了无线电引信电磁辐射效应试验中发火信号捕捉与低失真传输、快速敏感方向判别、工作状态逼真等测试需求。该辅助装置还能够采用高压气体顶吹供电方式给采用涡轮发电机供电的受试引信供电,以模拟其真实供电状态。

引信电磁辐射效应试验辅助装置如图4-2所示,因其底座靠近地面且距离弹体较远,对弹体周围电磁场分布影响较小,根据提高强度的要求,采用金属制造。金属底座下面装有平动轨道和滚轮,可以方便移动。其他部分均采用尼龙等非金属材料制作,尽可能减小该装置对电磁辐射场分布的影响。该装置能够采用高压气体通过软管对涡轮发电型的受试引信吹气供电,通过减压阀调节气流速度,模拟弹体在空中飞行时不同速度对引信供电电压的影响。同时该装置实现了受试配弹无线电引信的6自由度自动控制,以模拟弹体空中飞行的各种姿态,方便地实现电磁波从不同方向照射受试引信,达到模拟引信实战状态的要求。

图 4 - 2　引信电磁辐射效应试验辅助装置

3）无线电引信工作特性分析

无线电引信工作原理如图 4 - 3 所示,以涡轮发电型引信为例简述其主要工作过程,与化学电池供电引信的工作过程基本相同。引信在炮膛内运动阶段,由于电远解保险销仍将回转体锁定在隔爆位置,点火电路的电点火头也未解除保险,保证了弹药在膛内的安全。当弹药飞出炮口后,涡轮发电机开始发电,对电子线路供电。远解电路有约 3s 的延迟时间,才能实施远解拔销(转子转正后,点

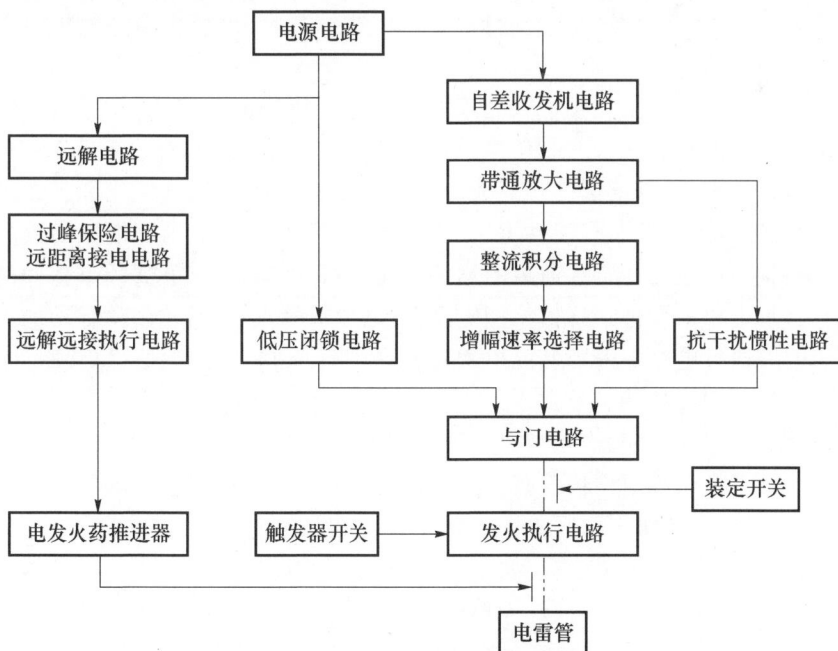

图 4 - 3　无线电引信工作原理框图

火电路储能电容才开始充电)。因此炮口安全距离可靠大于 80m。峰值检测器开始检测涡轮发电机输出信号,由于没有过峰信号,电远解保险机构不能解除保险。当弹丸飞到弹道顶点时,峰值检测器检测到涡轮发电机的过峰信号,点燃电远解机构的火药推进器,靠其产生的气体使保险销从定位孔中拔出,释放转子,解除对电点火头的短路,引信的传爆序列对正。与此同时,电源电路开始对点火电路的储能电容充电,经过约 1s 后点火电路充电到待发状态。若引信装定成近炸,当弹丸接近目标时,发射出去的电磁波被目标反射回来并被引信接收,经高频电路混频检波后输出一串含有目标信息的多普勒信号,送到信号处理电路进行处理。只有当信号的频率、增幅速率和波数满足电路设计要求时,才被确认为有用的多普勒信号,达到最佳距离时引爆弹丸或战斗部。当引信装定为碰炸时,近炸信号对地短路不起作用,电碰炸或机械碰炸开关控制弹药起爆。

引信的电子组件由高频组件和低频组件组成,引信的高频组件也称为自差收发机,为多普勒引信的探测装置。自差收发机由天线、振荡器和检波、滤波电路组成。它既是发射机,又是接收机。作为发射机,天线将振荡器中产生的高频振荡信号(本振信号)转换为向外界空间传播的电磁波;作为接收机,天线接收目标的反射回波并将其与本振信号进行混频后得到差频信号,这一信号正是我们所需要的含有目标信息的多普勒信号。检波、滤波器的作用是利用电子元器件的非线性特性,截去差频信号的负半周期,滤掉高频分量,由自差机输出端得到多普勒低频信号。

引信的低频组件由低频信号处理电路和起爆执行电路组成:低频信号处理电路的作用主要是放大多普勒信号,抑制噪声和干扰信号,并对放大的多普勒信号加以变换处理,得到起爆信号。为了提高引信电路的抗干扰性能和工作可靠性,引信一般设置了抗干扰惯性电路及兼有抗电源波动和电源低电压闭锁的电路。抗干扰惯性电路配合主通道的增幅速率选择电路工作,可抗数个脉冲信号干扰。远解电路采用弹道峰值检测电路,在过弹道峰点后,给出解除保险的控制信号。起爆执行电路一般由储能电容器和晶闸管构成,受低频信号处理电路控制,完成点火、起爆功能。

4)无线电引信性能检测

受试的某型无线电引信没有商品化的性能检测设备,该产品出厂时的检验参数主要包括:自差机发射频率,$f_0$($\pm3.5\%$);检波直流电压,$2\sim9$V;工作电流,$(40\pm5)$mA;发火距离偏差,不超过 8cm。根据其工作原理,参照生产厂的检测设施,研制了该型无线电引信性能检测装置。

图 4-4 所示为受试引信电子组件的供电电路,27V 直流电压作为引信的闭锁电压,并通过 LM317 三端稳压电路转换成 20V 电压,作为引信电路的供电电

源。用发光二极管代替电点火头接到引信发火信号端,检测发火灵敏度(以发火距离偏差表示),实测发现:该引信发火脉冲脉宽在毫秒量级,为准确、可靠地观察到点火信号,在发火线和地线之间连接 1 只动圈式扬声器,经试验测试,声、光信号与示波器显示的发火脉冲信号完全一致;低频多普勒信号输出到示波器和电压表,观察和检测其检波直流电压;在 27V 直流电源和电子组件之间串联毫安表,检测引信工作电流。

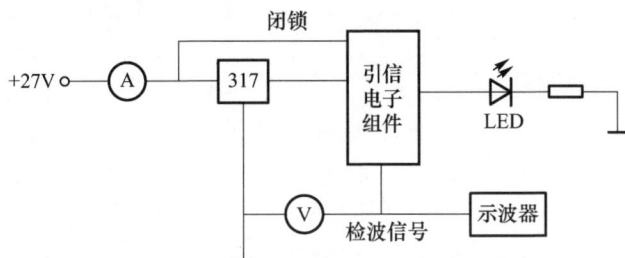

图 4 - 4　引信供电电路

图 4 - 5 是受试分米波无线电引信性能检测装置示意图,自制的磁小环天线与通用智能计数器(频率计,测量范围为 0 ~ 3GHz)配合使用,检测无线电引信的自差机发射频率。自制的半波电偶极子天线,馈源端并联一只上限工作频率为 3GHz 的混频二极管,接收无线电引信自差收发机发射的高频振荡信号,并把该信号与信号发生器产生的 700Hz 的三角波调幅信号混频后再发射出去,模拟引信接近目标时产生的多普勒回波信号。偶极子天线安装在小推车上,沿引信轴线运动,逐渐接近安装在弹体上的引信,直到引信输出发火信号(扬声器发声、发光二极管闪光),记下受试引信发火时天线与引信之间的距离,表征其发火灵敏度。为验证受试引信性能检测装置测试结果的重复性,安装 1 发受试无线电引信,使其加电正常工作,对其 4 项技术指标重复测量 10 次,统计结果如表 4 - 1 所列。测试结果表明:4 个参数中频率测量结果的重复性最好,而检波直流电压和灵敏度测量受测量者位置及天线运动速度的影响,变异系数较大,但均

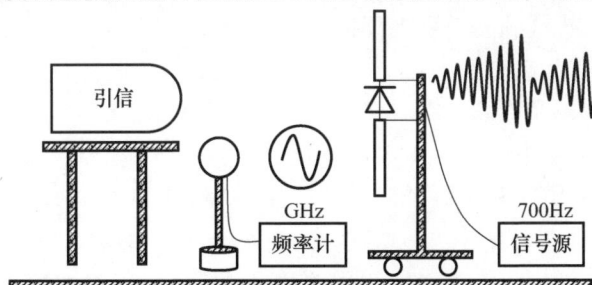

图 4 - 5　受试引信性能检测装置构成

未超过 3% ,能够满足测试要求。经与生产厂家生产线上所用检测设备对比,一致性较好。

表 4 - 1 受试引信性能检测装置测试重复性统计

| 参数 | 工作电流/mA | 检波电压/V | 发射频率/GHz | 发火距离/cm |
|------|------------|-----------|-------------|------------|
| 均值 | 34.8 | 2.12 | — | 42.3 |
| 标准差 | 0.3 | 0.06 | — | 1.2 |
| 变异系数/% | 0.86 | 2.83 | 0.15 | 2.84 |

5) 受试引信状态

无线电引信从出厂到使用的全寿命过程,主要包括运输过程、仓库储存过程、技术保障过程、使用过程以及技术处理过程等阶段。处于运输、储存状态的引信,每个引信都被封装在一个完全封闭的金属包装筒之内,此包装筒对电磁场具有很强的屏蔽衰减作用,因此连续波电磁辐射场一般不会对储运状态的引信产生效应,从而影响引信战技指标。处于战场或演习阵地上的开封未加电的引信、已经安装在炮弹上等待发射的引信、安装在炮弹弹丸或火箭弹战斗部上一起被发射出去的引信,在这些情况下,如引信处于恶劣的电磁环境之中,受到电磁干扰可能会引起下述三类意外事故。

第一类:引信电子部件产生硬损伤,不能正常发挥战技性能。

第二类:弹药发射后,引信不能正常工作,丧失近炸功能。

第三类:引信意外发火,造成我方人员及装备损失,或者弹道早炸,不能毁伤目标。

因此辐射效应试验时,引信的状态也应当与上述引信状态接近,从而获得有实用意义的电磁辐射效应试验结果。基于上述考虑,选择去掉包装罐以后、电磁环境比较严酷的使用过程,对技术处理和工作两种状态的引信进行连续波电磁辐射效应试验。首先通过试验判断技术处理状态下未加电工作的引信是否能够保证安全,然后再研究工作状态下受到电磁辐射引信是否出现误炸、丧失近炸功能或技术指标发生变化乃至出现硬损伤。

6) 辐射效应判别标准

引信的作用就是在预定条件下可靠、及时地输出起爆(点火)能量,使弹丸或战斗部作用(如爆炸、燃烧、抛撒填充物等),而在其他情况下能够可靠地保证整个弹药的安全,避免出现电子部件硬损伤、早炸、丧失近炸功能三类事故。对于这三类事故,必须首先确定合理可行的判断标准,才能有效进行试验研究。

对于第一类事故,依据国军标 GJB 573.35—93《引信环境与性能试验方法—反射板试验》,在每次辐射试验后,在引信工作状态下,用选频测量仪测量引信发射频率,并用模拟多普勒信号进行触发灵敏度试验,如果不能测量到引信发射频率,或者引信不能正常发火,则认为辐射对引信电子部件产生了硬损伤;对于第二类事故,对引信工作状态进行辐射试验的同时,用选频测量仪测量引信发射频率,并用模拟多普勒信号进行触发灵敏度试验,如果能够测量到引信发射频率,并且引信能正常发火,则认为辐射不会导致引信丧失近炸功能;对于第三类事故,如果试验过程中检测到引信输出发火信号,则说明辐射导致引信意外发火。

## 4.2　典型装备单频电磁辐射效应规律

战场电磁环境复杂多变,难以准确模拟。即使给定某种复杂电磁环境,采用这种电磁环境进行效应考核,也难以确定受试装备的电磁辐射效应规律。单频电磁辐射是连续波电磁辐射的基本形式,研究装备单频电磁辐射效应,能够准确反映装备的电磁辐射敏感基本属性。揭示装备电磁辐射效应规律并确定其电磁防护薄弱环节,是装备电磁辐射效应研究的目的所在,也是电磁防护的基础工作。

### 4.2.1　单频电磁辐射对超短波电台的作用规律

受试超短波电台包括主机、天线和电源三部分,电源与主机通过带屏蔽层的双绞线连接,主机与天线采用射频同轴线缆连接。主机箱内有收发电路、频率合成器电路、功率放大器电路、谐波滤波器电路、自适应/跳频电路和键盘显示电路等,采用微型单片计算机进行操作控制及数据处理,通过面板上的键盘、开关便可实现自动控制。该型电台工作频率为 30～88MHz,具有小、中、大三种发射功率,分别是 0.5W、5W 和 50W,以适应不同通信距离下的抗干扰要求。

在通信电台正常工作状态下,利用单频连续波对受试超短波电台进行电磁辐射效应试验研究,探索辐射频率、极化方式与通信装备辐射敏感度之间的关系,分析带外耦合的敏感频段,确定临界干扰场强值。

试验过程中,首先通过调节效应试验系统的辐射极化方向,确定受试通信电台的敏感极化方向。然后,在最敏感极化方向空间配置下进行受试电台电磁辐射敏感度试验研究,确定不同辐射频率下的临界干扰场强值。

1)模拟式超短波电台的带内单频电磁辐射敏感度

为了全面反映受试电台的带内电磁干扰特性,采用单频电磁辐射试验研究了辅助电台在 50m 的通信距离上采用小、中、大三种发射功率时受试电台的带内电磁干扰特性,确定了受试电台的临界干扰场强分布规律。试验结果表明,无论电台采用哪个工作频点进行通信,其电磁干扰现象都基本一致:随着辐射场强的提高,通话音量逐步降低直至出现强噪声、通信信息难以分辨,试验时以信息难以分辨时的辐射场强作为临界干扰场强。

电台工作频率记为 $f_0$，连续波电磁辐射效应试验系统的辐射频率记为 $f_1$，则辐射频差 $\Delta f = f_1 - f_0$。由于不同工作频点电台的临界干扰场强随辐射频差的变化规律基本相同，下面仅给出电台工作于高端、中间、低端三个典型频点时的带内临界干扰场强测试结果，如图 4-6 至图 4-8 所示，图中分别给出了辅助电台采用小功率发射与中功率发射、中功率发射与大功率发射时同一工作频点临界干扰场强的对比情况。由此可见，辅助电台发射功率提高 10 倍，受试电台抗干扰能力提高 3 倍左右，即受试电台抗带内电磁干扰能力与其接收信号电场强度近似成正比。

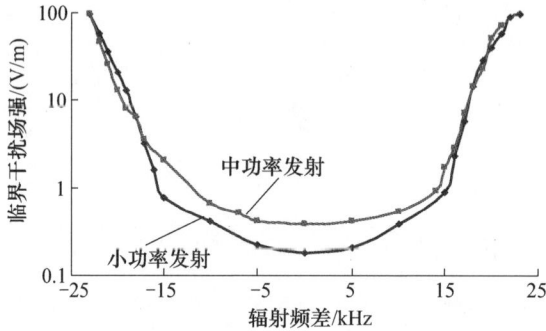

图 4-6　高端频点工作时超短波电台的带内临界干扰场强分布

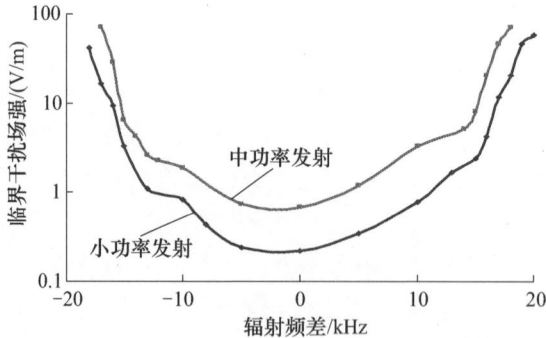

图 4-7　中间频点工作时超短波电台的带内临界干扰场强分布

综合分析上述试验结果，可以得出以下结论：

（1）受试超短波电台在不同频点工作时，电磁辐射干扰敏感带宽均为 20kHz 左右，这是由受试电台的工作性能决定的。电磁干扰频率偏离受试电台中心工作频率超过 15kHz 后，随频率偏离量的增加，临界干扰场强急剧增加，频率偏离达到 25kHz 时，临界干扰场强均能大于 100V/m，受试电台抗带外电磁干

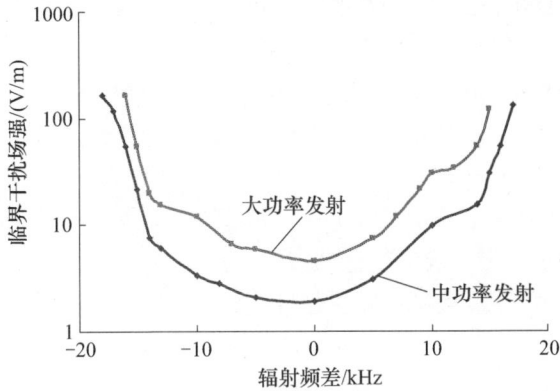

图 4 - 8　低端频点工作时超短波电台的带内临界干扰场强分布

扰的能力很强。

（2）受试电台抗带内电磁干扰能力与其接收信号强度成正比。在其他条件不变的情况下，电台发射功率越大、通话距离越近，其抗电磁干扰能力越强。由于正常通信情况下，信号强度与通信距离近似成反比，因此，可以通过 50m 通信距离下的临界干扰场强推算其在远距离通信时的抗电磁干扰能力。在 5km 通信距离下，受试电台采用小功率、中功率和大功率发射时，接收机的临界干扰场强分别约为 2mV/m、6mV/m 和 20mV/m。

（3）受试电台在不同频点工作时的抗带内电磁干扰能力相差 6dB 左右，工作带宽也有少许差别（图 4 - 9），而带外抗电磁干扰能力比带内高 40dB 以上（远距离通信时能够相差 80dB）。实际运用时可根据电磁环境态势通过改变通信频率提高其抗电磁干扰能力。

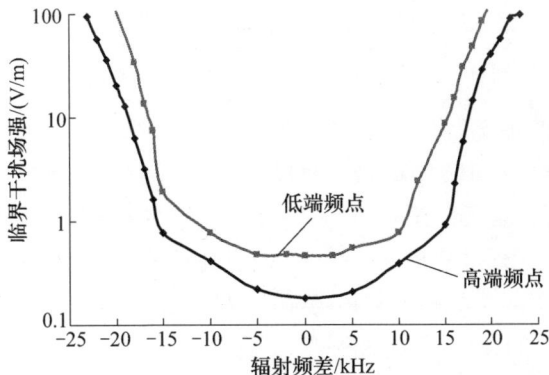

图 4 - 9　受试电台高、低端频点临界干扰场强比较

2）模拟式超短波电台的带外单频电磁辐射敏感度

受辐射天线效率的限制，在小于100MHz的试验频段内，辐射场强最大值约为200V/m。受试超短波电台在20～50MHz的单频连续波辐射作用下出现了信息损伤1级的效应（噪声淹没通信信号），有时电台出现重启现象，对应的临界辐射场强如表4－2所列，在50～100MHz试验频段内，在200V/m的单频连续波辐射作用下，受试电台仍能正常工作。依据表4－2试验数据，绘制受试超短波通信电台带外临界干扰场强变化曲线，如图4－10所示。无论辅助电台采用小功率发射还是中功率发射，不同工作频点受试超短波电台的带外临界干扰场强相差不大，与受试电台的接收灵敏度变化范围相当，说明受试超短波通信电台的带外电磁辐射敏感度与其工作频率关系不大。受试电台对30～45MHz的单频连续波辐射比较敏感，临界干扰场强在50V/m左右，偏离该频段临界干扰场强，迅速上升到180V/m左右。

表4－2　受试超短波电台100MHz以下频段带外电磁
辐射临界干扰场强　　　　　　　　（单位：V/m）

| 干扰信号频率 /MHz | 低端频点工作 | | 中间频点工作 | | 高端频点工作 | |
|---|---|---|---|---|---|---|
| | 小功率 | 中功率 | 小功率 | 中功率 | 小功率 | 中功率 |
| 20 | 180.5 | 181.2 | 184.4 | 176.9 | 177.4 | 172.4 |
| 25 | 170.1 | 160.8 | 162.4 | 166.5 | 170.1 | 160.8 |
| 30 | 53.4 | 50.6 | 45.7 | 45.2 | 46.4 | 46.6 |
| 35 | 79.8 | 62.5 | 59.1 | 50.1 | 70.8 | 59.0 |
| 40 | 44.0 | 39.7 | 49.5 | 45.3 | 57.0 | 44.8 |
| 45 | 78.0 | 78.6 | 68.9 | 78.8 | 70.4 | 68.0 |
| 50 | 178.5 | 178.5 | 178.3 | 178.3 | 175.8 | 163.0 |

经进一步试验证实，辅助电台以不同的发射功率、工作频率与受试电台通信时，受试超短波电台在100MHz以上频段的带外电磁辐射效应以电台重启为主要干扰形式，临界干扰场强差别很小；即使辐射频率等于受试电台工作频率的倍频，谐波干扰也未呈现敏感现象。表4－3给出了受试超短波电台在100MHz以上辐射频率作用下测定的临界干扰场强值（$E_c$），试验步长为5MHz，辐射频率在100MHz~1GHz之间、临界干扰场强值大于400V/m的频点，受试验条件限制，未能确定临界干扰场强的具体数值；辐射频率在1～18GHz之间时，在200V/m的电磁场辐射作用下，受试超短波电台均能正常工作。

(a) 辅助电台小功率发射

(b) 辅助电台中功率发射

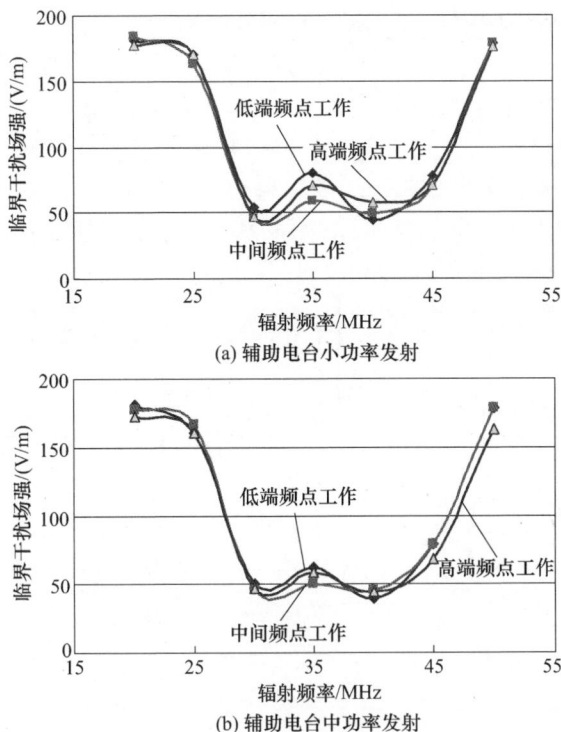

图 4 - 10　受试超短波电台 100MHz 以下频段带外电磁辐射临界干扰场强

表 4 - 3　100MHz 以上频段受试超短波电台带外电磁辐射临界干扰场强

| 辐射频率/MHz | $E_C/(V \cdot m^{-1})$ | 辐射频率/MHz | $E_C/(V \cdot m^{-1})$ |
|---|---|---|---|
| 135 | 250.7 | 325 | 400.0 |
| 140 | 199.8 | 330 | 348.7 |
| 145 | 240.0 | 355 | 384.8 |
| 230 | 342.9 | 360 | 313.2 |
| 235 | 376.1 | 365 | 220.1 |
| 240 | 286.0 | 370 | 229.2 |
| 245 | 331.9 | 375 | 257.5 |
| 250 | 243.8 | 380 | 273.7 |
| 255 | 248.5 | 385 | 279.2 |
| 260 | 246.6 | 390 | 299.8 |
| 265 | 208.5 | 395 | 292.3 |
| 270 | 336.3 | | |

以表 4-2 所列不同频点、辅助电台不同发射功率工作条件下的临界干扰场强平均值和表 4-3 所列测试数据为依据,描绘受试超短波电台的带外电磁辐射敏感频段临界干扰场强变化曲线,如图 4-11 所示。由此可以明显看出:受试超短波电台在辐射频率为 20~50MHz、135~145MHz、230~270MHz、360~395MHz 频带内对带外电磁辐射比较敏感。随辐射频率的增加,各敏感频段的最低临界干扰场强值逐渐提高。发射频率高于 160MHz 后,受试超短波电台的临界干扰场强值均大于 200V/m。

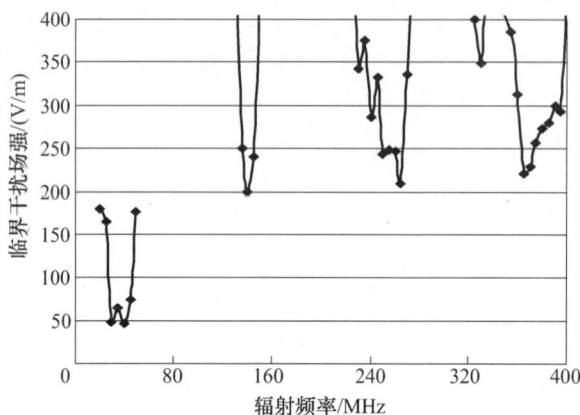

图 4-11　受试超短波电台带外电磁辐射敏感频段

## 4.2.2　单频电磁辐射对模拟式短波电台的作用规律

受试短波通信电台主要由主机、电源、天线调谐器三部分组成。天线调谐器主要用于天线与主机之间的阻抗匹配调节。电台采用微型单片计算机进行操作控制及数据处理,通过面板上的键盘、开关便可实现自动化的机内控制,工作频率为 2~30MHz,工作原理如图 4-12 所示。

受试短波电台作为发射机工作时,具有大功率、小功率两种工作模式,大功率状态最高发射功率为 125W,小功率状态最高发射功率约为 25W。在上述两种工作模式下,采用单频电磁辐射试验研究了受试电台的带内电磁干扰特性,确定了临界干扰场强分布规律。试验结果表明,与超短波电台电磁辐射效应现象相同,无论受试短波电台采用哪个频点工作,其电磁干扰现象、变化规律基本一致。随着辐射场强的提高,通话音量逐步降低直至出现强噪声(强噪声的频率与辐射频差基本相同),通信信息难以分辨,试验时以信息难以分辨时的辐射场强作为临界干扰场强。由于采用低频通信时,50m 的距离难以满足远场条件,下面仅给出了中、高端工作频点的临界干扰场强测试结果,如图 4-13 所示。

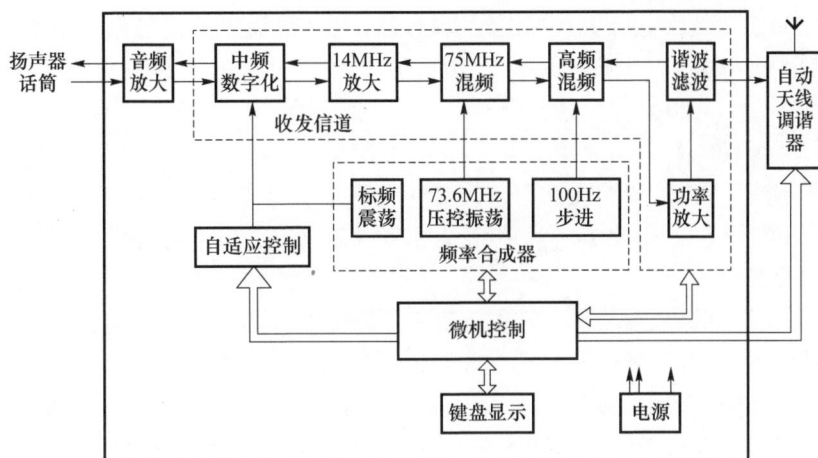

图 4 - 12　短波通信电台工作原理框图

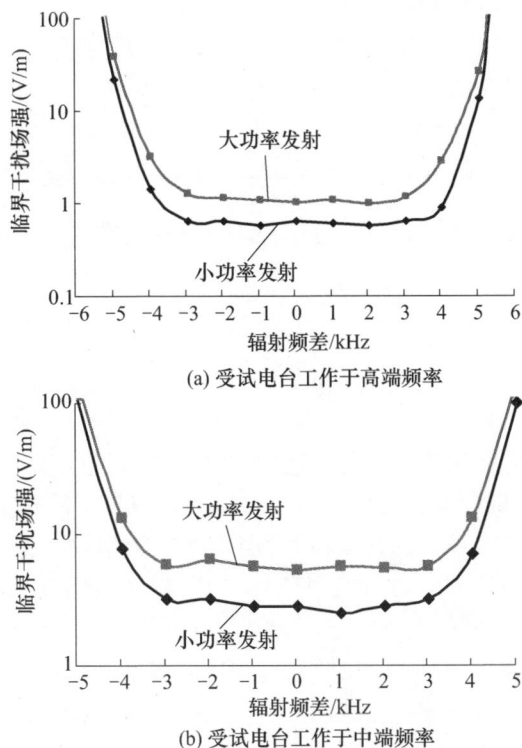

(a) 受试电台工作于高端频率

(b) 受试电台工作于中端频率

图 4 - 13　受试短波电台带内电磁辐射临界干扰场强分布

综合分析上述试验结果,可以得出以下结论:

(1) 受试短波电台在不同工作频点的电磁干扰敏感带宽约为 10kHz,电磁干扰频率偏离受试电台中心工作频率超过 4kHz 后,临界干扰场强急剧增加,频差达到 5kHz 时临界干扰场强达到 50V/m 左右,受试电台抗带外电磁干扰的能力很强。

(2)辅助电台采用大功率发射与采用小功率发射相比,受试电台的临界干扰场强提高 1 倍多,说明受试电台抗带内电磁干扰能力与其接收信号强度成正比。在其他条件不变的条件下,电台发射功率越大、通话距离越近,其抗电磁干扰能力越强。

(3)受试电台在不同工作频点工作时的抗带内电磁干扰能力相差 8dB 以上,实际运用时可根据电磁环境态势通过改变通信频率提高其抗电磁干扰能力。

按上述超短波电台带外单频电磁辐射敏感度试验方法与程序,研究了受试短波电台的带外电磁辐射敏感度,试验现象与超短波电台带外单频电磁辐射试验现象基本相同,个别频段受试电台在 65～410V/m 的电磁辐射作用下出现了重启、死机等故障。为检验此干扰信号是否是通过电源线耦合进入受试电台的,采用电源滤波器输出端并联双向瞬态抑制二极管的方法,在电台的电源输入端进行了防护加固,加固后的电台重新进行单频电磁辐射敏感度试验,在 100～1000MHz 试验频段内辐射场强最大为 400V/m,试验过程中未出现受试电台被干扰或死机、重启等故障现象,说明其抗带外电磁干扰能力很强。

### 4.2.3 单频电磁辐射对无线电引信的作用规律

随机选取 10 发经过改装的无线电引信,保留电点火头进行效应试验。技术处理状态下受试引信不加电工作,考核电磁辐射能否直接导致受试引信发火或导致电子部件产生硬损伤;工作状态受试引信加电工作,试验研究受试无线电引信临界发火场强随辐射频率的变化规律,检验受试引信技术参数是否发生变化。

1)技术处理状态受试引信电磁辐射效应

受试引信为某型分米波无线电引信,试验时经过改装的无线电引信与弹体正常连接,将引信以多种姿态置于辐射场中,固定连续波电磁辐射效应试验系统的输出功率,用扫频的方式进行辐射效应试验,扫频范围为 200MHz～4.2GHz。由于电点火头的发火时间在毫秒量级,为保证试验结果的准确性,每个频点驻留时间取 1s,频点间隔取 100kHz,以此来代替不同频率的单频等幅电磁辐射,节省试验时间。改变受试引信的空间放置方式、辐射场强,观察引信是否发火。

试验时,受试引信分别以如下三种方式置于电磁辐射场中:

(1)弹体水平放置,轴线与辐射场传播方向一致,引信面向辐射源。

(2)弹体垂直放置,弹体轴线与辐射场电场方向一致,引信朝上。

(3)弹体水平放置,弹体轴线同时垂直于辐射场电场方向和传播方向。

　　受试引信在上述三种姿态下：在频率为 200MHz ~ 4.2GHz、场强为 10 ~ 200V/m 的电磁场辐射作用下，受试引信均未发火；辐射效应试验后受试引信仍能正常工作，且电子部件各项参数不变，说明受试引信电点火头和电子部件在上述电磁场辐射作用下是安全的。

　　为进一步验证引信用电点火头的电磁辐射安全性，对受试引信用电点火头 DD – 17 进行了电磁场直接辐射试验，分别以脚线并行短路、开路以及脚线对称展开（电磁辐射敏感性显著提高）方式进行效应试验，在辐射电场与脚线平行、场强不大于 200V/m 的单频连续波电磁辐射作用下均未出现发火现象。以此推断，后续试验中工作状态下受试引信在电磁辐射作用下出现意外发火是引信电子部件误动作导致的。

　　2）单频电磁辐射对工作状态受试引信的电磁辐射效应

　　在对工作状态的受试无线电引信进行电磁辐射效应试验中发现：弹体以相同的姿态放置于辐射场中，多次电磁辐射效应试验时相同辐射频率作用下受试引信意外发火（误炸）临界场强值有很大差别。经过理论分析和反复试验验证发现，造成多次试验误炸临界场强值试验结果出现很大差异的原因是自差机轴向环天线在辐射场中的方向不同。因此，将自差机轴向环天线的方向性纳入引信电磁辐射敏感因素进行效应试验。

　　不同的受试引信，其工作频率略有不同，其对单频电磁辐射的敏感频点也有所不同；使用相同频率的单频电磁波进行辐射效应试验时，当辐射频率接近引信的工作频率时，不同受试引信误炸干扰场强值也有一定差异。为使试验结果具有代表性，用辐射频率与引信工作频率的相对误差描述单频电磁辐射对无线电引信的作用规律。

　　为确定受试引信的电磁辐射敏感状态，降低地面对电磁场极化方向的影响，采用垂直极化、水平传播电磁场进行效应试验，把受试引信与配用的弹体分别按照如下所述 A1、A2、B1、B2、C1、C2 六种放置姿态置于电磁辐射场中，研究引信处于不同放置姿态下的电磁辐射效应。

　　A1：弹体水平放置，轴线与电磁辐射场传播方向一致，自差机天线两个管脚连线与辐射场电场方向平行，受试引信面向电磁场来波方向。

　　A2：弹体水平放置，轴线与电磁辐射场传播方向一致，自差机天线两个管脚连线与辐射场电场方向垂直，受试引信面向电磁场来波方向。

　　B1：弹体垂直放置，轴线与辐射场电场方向平行，自差机天线两个管脚连线与辐射场传播方向一致。

　　B2：弹体垂直放置，轴线与辐射场电场方向平行，自差机天线两个管脚连线与辐射场传播方向垂直。

C1:弹体水平放置,轴线垂直于辐射场电场方向和传播方向,自差机天线两个管脚连线与辐射场电场方向平行。

C2:弹体水平放置,轴线垂直于辐射场电场方向和传播方向,自差机天线两个管脚连线与辐射场电场方向垂直。

效应试验系统辐射频率靠近受试引信工作频率时,在某一特定频率辐射场作用下,受试引信在上述6种放置姿态下的意外发火临界场强值 $E_C$ 如表4-4所列。

表4-4 不同放置姿态下受试引信的误炸干扰临界场强

| 姿态 | A1 | A2 | B1 | B2 | C1 | C2 |
|------|------|------|------|------|------|------|
| $E_C/(\text{V}\cdot\text{m}^{-1})$ | 60.0 | 120.4 | 81.0 | 80.1 | >200 | >200 |

由此可见,引信面向来波方向,弹体轴线与辐射场传播方向一致,自差机天线两个管脚连线与辐射场电场方向平行时,受试无线电引信对单频连续波电磁辐射最敏感。B1、B2放置状态相对敏感,说明配试弹体也是受试引信的电磁辐射有效接收天线。

通过对10发受试无线电引信进行单频电磁辐射效应试验均发现:一定频率的单频电磁辐射能够使受试无线电引信意外发火,其临界发火场强变化规律、各种试验现象均相似,仅临界发火场强值有所不同。为完整显示其效应规律,取其中一发受试引信的试验数据进行分析研究。受试引信处于电磁辐射敏感状态时,临界发火场强随辐射频率的变化关系如图4-14所示,其中引信工作频率为 $f_0$,效应试验系统辐射频率为 $f$,横轴坐标为辐射频率相对偏差 $\Delta f/f_0 = (f-f_0)/f_0$,纵轴坐标 $E$ 代表受试引信的临界发火场强。为作图方便,引信未能意外发火的试验频点其临界发火场强用最大辐射场强200V/m表示。

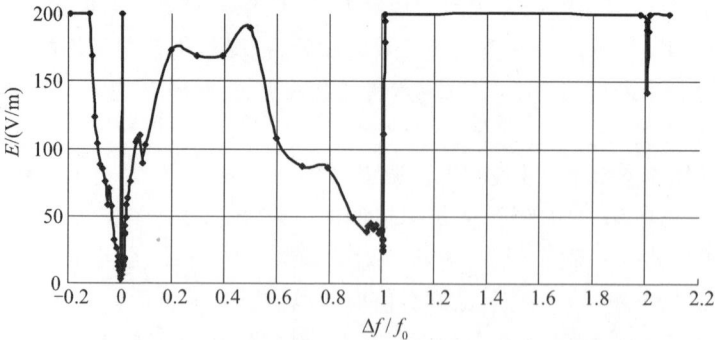

图4-14 受试引信单频电磁辐射临界发火场强随辐射频率的变化关系

为进一步明晰在引信工作频率附近受试无线电引信临界发火场强随辐射频率的变化关系,图4-15给出了效应试验系统辐射频率与引信工作频率之差在

20MHz 范围内的受试引信临界发火场强随辐射频率的变化关系。由于受试引信工作频率并不十分稳定,图中并未给出辐射偏差在 1MHz 范围内的受试引信临界发火场强变化数据,但可以看出,若电磁辐射频率十分接近受试引信的工作频率,单频电磁波则难以有效干扰引信正常工作。

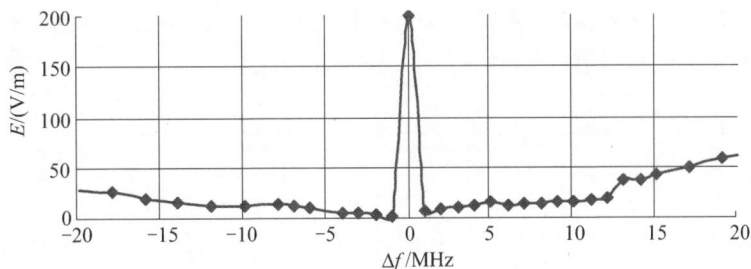

图 4 - 15　引信工作频率附近临界发火场强与辐射频率的关系

分析上述试验数据不难得出如下结论:

(1) 单频电磁辐射在一定条件下能够导致处于工作状态的受试无线电引信意外发火,当辐射频率处于引信工作频率及其倍频附近时,受试无线电引信对单频电磁辐射比较敏感。但是,当辐射频率与引信工作频率十分接近时,受试引信在 200V/m 的辐射场强作用下仍然能够正常工作。

(2) 尽管引信工作频率的倍频点附近是受试无线电引信的敏感区域,但倍频数越高,引信的临界发火场强越大,当辐射频率高于受试引信工作频率的 3 倍及以上时,在 200V/m 以下的辐射场强作用下,受试无线电引信不再出现意外发火。

(3) 在引信工作频率及其倍频点附近,若辐射频率与引信工作频率的差值相同,则辐射频率低于引信工作频率(或其倍频)时引信对电磁辐射作用更敏感,在其倍频点附近这一现象更明显。

(4) 当辐射频率低于受试引信的工作频率时,随辐射频率降低,受试引信的临界发火场强几乎单调升高。偏差为 1MHz 时,临界发火场强约为 2.6V/m;偏差大于 $0.12f_0$ 时,在 200V/m 以下的辐射场强作用下,受试无线电引信不再出现意外发火。

除此之外,对经过 200V/m 以下单频电磁波辐射的引信进行性能检测,引信电子部件参数没有明显变化。重新加电后引信仍能正常工作。试验还发现在图 4 - 14 所述试验条件下,若将天线辐射功率增大 10dB,发现引信不再产生起爆信号。说明引信只有在特定频率、特定场强范围内接收电磁辐射才能产生意外发火。

为进一步验证上述试验现象,在辐射频率高于受试引信工作频率的典型频点,采用逐步提高辐射场强的方法,对受试引信进行电磁辐射效应试验,直至辐射场强达到200V/m。试验发现各频点试验现象基本相同:随着辐射场强的提高,受试引信出现意外发火信号,并在一定的辐射场强范围内持续,当辐射场强继续升高到某一临界值时,受试引信出现瞎火现象,受试引信在电磁信号作用下不再输出发火信号,试验结果如表4-5所列。

表4-5 受试引信临界发火与瞎火场强

| 辐射频差/MHz | 10 | 30 | 50 | 70 | 90 | 190 | 590 |
|---|---|---|---|---|---|---|---|
| 临界发火场强/(V·m⁻¹) | 19.8 | 37.3 | 46.2 | 89.4 | 96.3 | 79.5 | 83.1 |
| 临界瞎火场强/(V·m⁻¹) | 35.8 | 65.8 | 83.5 | 99.6 | 125.3 | 95.0 | 108.4 |

### 4.2.4 用频装备单频电磁辐射效应规律比较

通信电台和无线电引信均属用频装备,但单频电磁辐射效应规律不尽相同:

短波电台、超短波电台带内接收电磁辐射十分敏感,与其具有较高的通信灵敏度密切相关;临界干扰场强与接收信号的强度成正比,且干扰场强没有上限值,说明其电磁干扰机理为压制干扰,天线为电磁干扰能量耦合主通道。由此可以推断,频率处于通信电台工作频带内的电磁辐射噪声,是通信电台正常工作难以回避的电磁干扰源,必将导致通信电台有效通信距离的降低。

电磁辐射频率分别偏离短波、超短波电台工作频率5kHz、25kHz以后,受试电台的临界干扰场强均能大于50V/m,说明受试电台抗带外电磁干扰的能力很强,相邻信道的强电磁辐射也难以影响其正常工作。

电源线耦合进入受试电台的电磁辐射信号,是导致受试电台出现死机、重启等工作破坏级效应的根本原因,通过采用屏蔽线缆供电或电源滤波器输出端并联双向瞬态抑制二极管等方法,能够有效消除电源线耦合导致的电磁干扰现象,提高通信电台的电磁环境适应性。

无线电引信的多普勒频差 $f_d$ 与其工作频率 $f_0$(波长 $\lambda$)、弹目交会速率 $V$、弹目交会速度与弹目连线之夹角 $\alpha$ 有关,有

$$f_d = 2V\cos\alpha/\lambda \tag{4-2}$$

按 $\alpha = 0°$,引信工作频率 $f_0 = 1GHz$ 计算,弹目交会速率达到 300m/s 时,多普勒频差 $f_d = 2kHz$。即使引信工作频率再高、弹目交会速度再提高,引信的工作带宽达到 50kHz 也足以满足实战要求。从试验数据看,受试引信在辐射频差为 $(-0.037 \sim 0.017)f_0$ 之间以及 2 倍频以下很宽的频率范围内,电磁辐射干扰临界发火场强均低于50V/m,说明其抗电磁干扰能力不足够强,具有很大的改进

空间。若将其电磁辐射敏感带宽压缩到工作频率左右 50kHz 的范围内,其他频率范围电磁辐射干扰临界发火场强提高到 50V/m 以上,受试引信的电磁环境适应性将得到极大的提高。

受试引信临界发火场强具有最小值和最大值,说明引信的电磁辐射干扰机理不属于压制干扰,应与受试引信的工作原理密切相关,详细分析将在第 6 章阐述。

## 4.3　调频、调幅电磁辐射对用频装备的作用规律

调频、调幅电磁辐射也是连续波电磁辐射的基本形式,研究调频、调幅电磁辐射对用频装备的作用规律,与单频电磁辐射效应规律、干扰临界场强比较,有助于进一步分析用频装备电磁辐射效应机理,是电磁防护研究的基础工作。

### 4.3.1　调频连续波电磁辐射对通信电台的作用规律

试验配置与单频连续波电磁辐射效应试验基本相同,不同的是对效应试验系统辐射的电磁信号进行了频率调制。由于受试电台灵敏度带宽有限,试验时调频带宽一般设置为 1kHz。试验结果表明:电台工作频率相同,试验现象与效应试验系统辐射频率、调制频率有关;电台工作频率、辐射载波频率相同时,临界干扰场强与效应试验系统电磁辐射调制频率基本无关。表 4 - 6 给出了效应试验系统以不同调制频率辐射受试电台时观察到的试验现象:调制频率不同,受试电台干扰电平变化规律不同,但语音均随辐射强度增大而降低。

表 4 - 6　受试超短波电台带内调频辐射效应试验现象

| 效应试验系统调频带宽 | 受试电台工作于不同频点 |
| --- | --- |
| 1 ~ 4kHz | 出现与调制频率相同的干扰信号,语音随辐射强度增大而降低 |
| 5 ~ 15kHz | 无干扰信号,语音随辐射强度增大而降低 |
| 16 ~ 25kHz | 随辐射强度增大干扰信号逐渐增大,语音逐渐降低 |
| 26 ~ 36kHz | 干扰信号随调制频率升高而降低,语音随辐射强度增大而降低 |
| 37kHz 以上 | 与单频电磁辐射带内干扰现象相同 |

通过对受试短波、超短波电台进行调频连续波电磁辐射效应试验研究发现:其带内电磁辐射临界干扰场强随效应试验系统辐射(载波)频率的变化规律与单频电磁辐射效应基本相同。但当辐射偏差与受试电台的敏感带宽的半值接近时(受试短波电台 4 ~ 5kHz、超短波电台 20 ~ 25kHz),调频辐射临界干扰场强稍微

小于单频辐射时的临界干扰场强,否则两者数值基本相同。图 4 – 16、图 4 – 17 所示分别为辅助电台小功率发射时,受试短波、超短波电台在高端频点工作时的带内调频电磁辐射临界场强变化曲线。为便于比较,图中同时给出了单频电磁辐射临界场强变化曲线,两者几乎看不出差别。

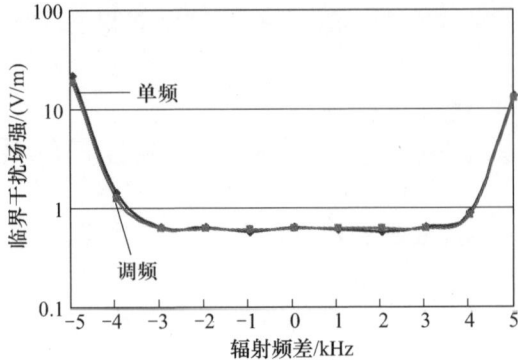

图 4 – 16　短波电台单频与调频电磁辐射临界干扰场强的比较

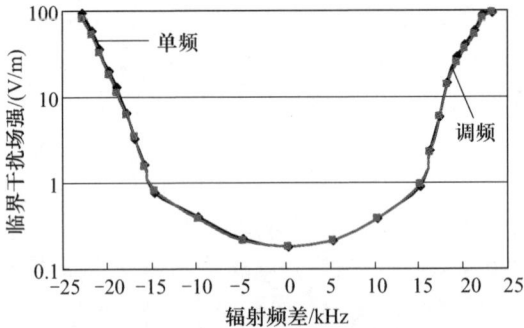

图 4 – 17　超短波电台单频与调频电磁辐射临界干扰场强的比较

出现上述现象的原因是:临界干扰场强的数值大小取决于敏感辐射频率,调频电磁辐射占用带宽相对较大,临界干扰场强主要取决于靠近受试电台中心工作频率的敏感频率,以辐射中心频率表征辐射频差时,相对单频载波频率辐射时要有所降低。可以推测,效应试验系统调频带宽设置越大,辐射频率偏差与受试电台的敏感带宽的半值接近时,调频辐射临界干扰场强相对单频电磁辐射临界干扰场强下降越多。

## 4.3.2　调幅连续波电磁辐射对通信电台的作用规律

试验配置与单频连续波电磁辐射效应试验时基本相同,不同的是对效应试验系统辐射的电磁信号幅度进行了正弦波调制,调制深度为 100% 。试验结果表明:电台工作频率不同、效应试验系统辐射调制频率不同,试验现象大致相同。调幅频率较低时,电台输出语音信号中混杂刺耳的单音信号,导致收听者无法收听语音信号;当调制信号频率大于一定值时,该单音信号消失(个别频点有强噪声)。电台工作频率、效应试验系统辐射载波频率相同时,临界干扰场强与电磁辐射调制频率基本无关。表 4-7 给出了效应试验系统在不同调制频率下,受试超短波电台工作于高端频点时观察到的试验现象:调制频率不同,噪声变化规律不同,但语音均随辐射强度增大而降低。

表 4-7　受试超短波电台带内调幅电磁辐射效应试验现象

| 效应试验系统调幅频率 | 受试电台工作于高端频点 |
| --- | --- |
| 1~6kHz | 出现与调制频率相同的干扰信号,干扰信号随调制频率增大而降低,语音随辐射强度增大而降低 |
| 7kHz、35kHz | 强干扰信号,语音随辐射强度增大逐步降低 |
| 8~34kHz | 无干扰信号,语音随辐射强度增大逐步降低 |
| 36kHz 以上 | 与单频电磁辐射带内干扰现象相同 |

通过对短波、超短波电台进行调幅连续波电磁辐射效应试验研究发现:受试电台带内电磁辐射临界干扰场强随效应试验系统辐射(载波)频率的变化规律与单频电磁辐射效应基本相同,只是临界干扰场强有所降低。图 4-18、图 4-19 所示分别给出了辅助电台小功率发射时,受试短波、超短波电台在其高端频点工作时的调幅电磁辐射临界干扰场强变化曲线。为便于比较,表中同时给出了受试电台的单频电磁辐射临界干扰场强变化曲线,可以看出,两者曲线形状和变化规律相同,但单频电磁辐射临界干扰场强明显高于调幅电磁辐射临界干扰场强。

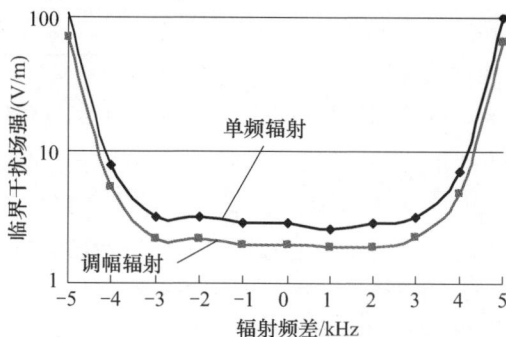

图 4-18　短波电台单频与调幅电磁辐射临界干扰场强的比较

那么,为什么调幅连续波电磁辐射对受试电台的临界干扰场强与单频连续波、调频连续波临界干扰场强不同呢? 深入分析其原因发现,这是由于电磁辐射

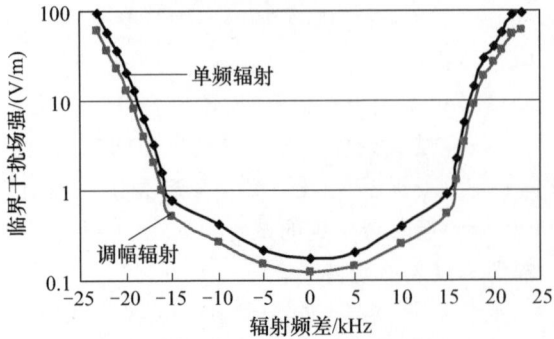

图 4-19 超短波电台单频与调幅电磁辐射临界干扰场强比较

场强测试用有效值表示,而受试电台的临界干扰场强由电场峰值决定造成的。

调幅连续波 $E_\Omega = A(1 + m\cos\Omega t)\cos\omega t$,其中 $0 \le m \le 1$ 为调制深度,$\Omega$ 为调制信号角频率,$\omega$ 为载波角频率。峰值场强 $E_{\Omega p} = (1 + m)A$,利用三角函数公式进行展开,则

$$E_\Omega(t) = A\cos\omega t + \frac{1}{2}mA\cos(\omega + \Omega)t + \frac{1}{2}mA\cos(\omega - \Omega t) \qquad (4-3)$$

场强的有效值为

$$E_{\Omega e} = \frac{\sqrt{2}}{2}A\sqrt{1 + \frac{m^2}{4} + \frac{m^2}{4}} = \frac{\sqrt{2}}{2}A\sqrt{1 + \frac{m^2}{2}} \qquad (4-4)$$

而单频连续波 $E = B\cos\omega t$,峰值场强 $E_p = B$,场强的有效值 $E_e = \sqrt{2}B/2$。

若 $E_{\Omega e} = E_e$,则 $E_p = E_{\Omega p}\sqrt{1 + m^2/2}/(1 + m)$。

若受试电台的临界干扰场强由峰值场强决定,则调幅连续波辐射的临界干扰场强应该是单频连续波辐射临界干扰场强的 $\sqrt{1 + m^2/2}/(1 + m)$。

若调制深度 $m = 1$,则调幅连续波电磁辐射临界干扰场强应该是单频连续波电磁辐射临界干扰场强的 $\sqrt{6}/4 = 61\%$。根据图 4-18、图 4-19 的实际测试数据,计算相同频点调幅、单频连续波电磁辐射临界干扰场强的比值并求平均可得:受试短波、超短波电台带内调幅电磁辐射临界干扰场强分别是其单频电磁辐射临界干扰场强的 68% 和 63%,与理论计算结果相当吻合。

对不同制式、不同型号的通信电台进行单频、调幅电磁辐射效应试验,发现有的电台对辐射场强峰值敏感、有的电台对辐射场强有效值敏感,但调幅、单频连续波电磁辐射临界干扰场强变化规律基本相同,只是两者的比值在 0.63 ~ 0.99 之间变化。

### 4.3.3　扫频电磁辐射对无线电引信的作用规律

进行扫频电磁辐射效应试验研究时,除了扫频频段之外,还有频点驻留时间与扫频步长两个重要扫频参数。在进行正式试验之前,先期进行了相应摸索试验,发现在扫频频段一定的情况下,只有频点驻留时间与扫频步长合适,受试无线电引信才能比单频电磁辐射时更容易意外发火。

基于上述事实,在不同扫频频段对受试无线电引信进行电磁辐射效应试验研究时,仍然采用变步长升降法进行试验,测量确定其临界意外发火场强值。选定频点驻留时间 10ms,扫频步长 10kHz,测量引信在此扫频参数下的意外发火场强临界值。至于频点驻留时间、扫频步长对引信是否意外发火以及对意外发火场强临界值的影响,在研究扫频电磁辐射对无线电引信作用机理时再进行深入探讨。

具体试验步骤如下:

(1) 测量引信本振频率,记为 $f_0$。

(2) 按电磁干扰敏感能量耦合方向放置好引信及弹体,从 $f_0$ 开始,效应试验系统设置辐射频点间隔、扫频带宽均为 10MHz,频点驻留时间为 10ms,每一试验频点扫频步长为 10kHz,按变步长升降法进行频段全覆盖电磁辐射效应试验,直至试验步长小于辐射场强的 5% 以下,确定受试引信的临界发火场强值;若受试引信未出现意外发火,则最高试验场强直至 200V/m。

在引信本振频率 $f_0$ 两边,改变辐射频率进行试验,直至确定受试引信的扫频电磁辐射效应规律。

试验完毕,关闭效应试验系统。对引信重新加电,使其处于工作状态,用选频测量仪及目标模拟器检测引信是否正常工作。

通过对 10 发无线电引信试验均发现:一定频段的扫频电磁辐射能够使受试无线电引信比单频电磁辐射时更容易意外发火,其意外临界发火场强值变化规律、各种试验现象均相似。图 4 - 20 为某型受试无线电引信临界发火场强与扫频辐射频率的关系曲线,图中给出了 200V/m 以下扫频电磁辐射能够导致受试无线电引信意外发火的全部频段信息:在受试引信工作频点附近,受试引信临界发火场强值很小,仅为 1.8V/m;横轴坐标为相对辐射频差 $\Delta f/f_0 = (f - f_0)/f_0$,纵轴坐标代表受试引信的意外临界发火场强。为作图方便,引信未能意外发火的试验频点其临界发火场强用最大辐射场强 200V/m 表示。

比较图 4 - 14、图 4 - 20 试验结果可以看出:扫频电磁辐射远比单频电磁辐射容易导致受试无线电引信意外发火,不仅相同电磁辐射频点的干扰场强临界值低,而且能够导致受试无线电引信意外发火的频段宽。辐射频率在受试无线

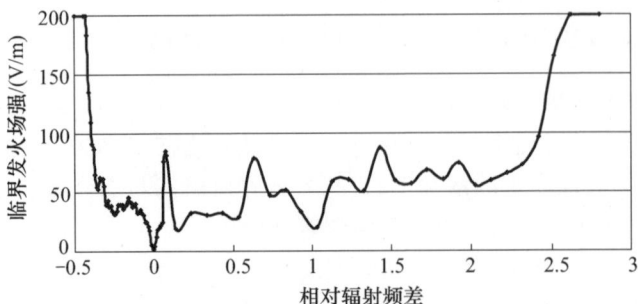

图 4 - 20　受试无线电引信临界发火场强与扫频辐射频率的关系

电引信工作频率 0.58 ~ 3.6 倍之间、200V/m 的扫频电磁辐射均能导致受试无线电引信意外发火。效应试验系统辐射频率高于受试无线电引信工作频率时,受试无线电引信的意外临界发火场强值随辐射频率的增加急剧波动,在引信工作频率的 2 倍、3 倍频点附近相对比较敏感;辐射频率大约高于引信工作频率的 2.2 倍时,受试无线电引信的意外临界发火场强值均高于 50V/m。

图 4 - 21 所示为受试无线电引信在工作频率附近意外发火场强小于 50V/m 的扫频电磁辐射临界发火场强变化曲线,可以看出:在引信工作频率附近时,引信误炸临界干扰场值很小,仅为 1.8V/m;频率相对偏移量在 3% 之内时,临界发火场强值逐步上升至 20V/m;辐射干扰频率低于受试引信工作频率时,随着扫频频段与引信工作频率偏移量的增加,临界发火场强值呈波动式增大的趋势;辐射频率低于引信工作频率的 68% 以后,50V/m 以下的扫频电磁辐射不再导致受试无线电引信意外发火。

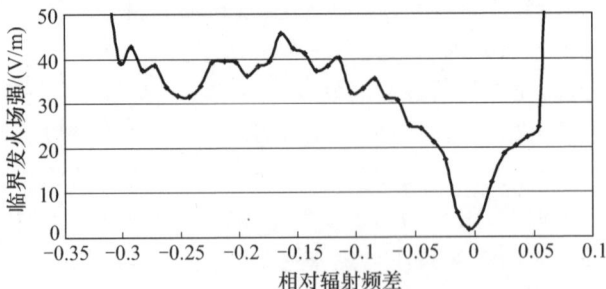

图 4 - 21　受试无线电引信工作频率附近临界发火场强与扫频辐射频率的关系

进一步试验结果表明:只要扫频电磁辐射电场强度达到其临界发火场强后,增加电磁辐射电场强度一直到 200V/m,受试引信都能输出发火信号,即扫频电磁辐射对无线电引信的干扰没有辐射强度上限;在低于临界发火场强的扫频电磁辐射作用下,受试引信都能正常工作,说明低强度扫频电磁辐射不会对引信近炸功能产生明显影响;效应试验结束后,用选频测量仪及引信目标模拟器进行检测,受试无线电引信均能正常工作,说明 200V/m 以下的扫频电磁辐射不会对受试引信电子部件产生硬损伤。

### 4.3.4　调幅电磁辐射对无线电引信的作用规律

无线电引信接收的多普勒信号频率一般为几百赫,进行调幅连续波电磁辐射效应研究时,模拟多普勒信号频率由载波频率决定,每个周期模拟多普勒信号(已调制波)的波数由载波信号与调制信号频率之比决定,此波数应满足受试引信抗干扰支路的要求。为此,选择用 50Hz 正弦波信号对频率为 700Hz 的载波进行调幅,模拟多普勒信号。此外,对于受试引信,模拟的多普勒信号增幅速率应达到引信增幅速率电路最低要求,没有增幅速率上限要求,原则上增幅速率应越大越好,而增幅速率由调幅深度决定,为此,引信调幅电磁辐射效应试验时,调幅深度均选为 80%。

受试引信样本量为 10 发,按试验要求对其进行改装,通过试验测量受试引信在不同频率调幅波电磁辐射作用下的临界发火场强值,总结其变化规律;检测受试引信在调幅波电磁辐射作用下是否瞎火,检验其工作可靠性;验证调幅波电磁辐射是否对引信电子部件造成硬损伤。为提高试验效率,仍采用变步长升降法进行效应试验。

试验结果表明:一定频段的调幅电磁辐射能够使受试无线电引信比单频电磁辐射、扫频电磁辐射作用时更容易意外发火,其临界发火场强值变化规律、各种试验现象均相似。图 4 - 22 为调幅电磁辐射作用下受试无线电引信临界发火场强值随调幅电磁波辐射频率的变化关系,图中仅给出了相对辐射频率 $f/f_0$ 处于 0.3 ~ 1.1 之间的调幅电磁辐射效应试验数据。

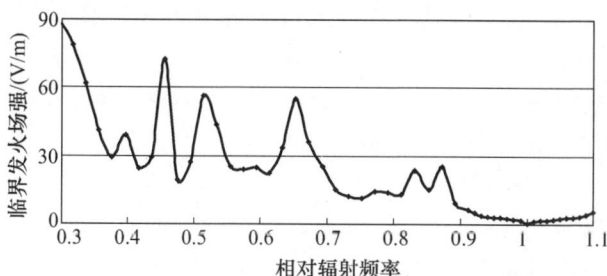

图 4 - 22　受试无线电引信调幅电磁辐射临界发火场强与频率的关系

由此可以看出:调幅电磁辐射比单频、扫频电磁辐射更容易导致受试无线电引信意外发火;辐射频率在引信工作频率附近时,引信调幅电磁辐射临界发火场强值很小,仅为 0.38V/m;调幅辐射频率与受试引信工作频率相差 10% 时,受试引信临界发火场强值低于 5V/m;随着效应试验系统辐射频率与引信工作频率偏移量的增加,受试引信临界发火场强值呈振荡增大的趋势;调幅电磁辐射频率低至引信工作频率的 30% 时,受试引信临界发火场强值达到 90V/m 左右。

调幅电磁辐射效应试验后,用选频测量仪及目标模拟器对受试引信进行性能检测,受试引信均能正常工作,说明 200V/m 以下的调幅电磁辐射不会造成引信瞎火,也不会导致引信产生硬损伤。

电磁辐射场强达到受试引信的临界发火场强后,继续增大辐射场强值直至 200V/m,都能够导致引信意外发火,说明调幅电磁辐射导致受试引信发火不存在上限场强值。

## 4.4  典型装备连续波电磁辐射效应比较

用频装备种类繁多,电磁辐射调制方式各异,如何进行电磁辐射效应试验才能全面反映受试装备的抗电磁干扰能力? 不同型号的同类装备之间电磁辐射效应规律是否具有共性? 不同种类装备之间电磁辐射规律有何差异? 这些问题都是电磁防护需要重点关注的问题。为此,下面以典型通信电台、无线电引信为例,进行电磁辐射效应规律对比分析。

### 4.4.1  电磁辐射场调制方式对受试装备效应规律的影响

综合分析前述短波、超短波电台和无线电引信的连续波电磁辐射效应规律,对比分析单频、扫频、调幅电磁辐射干扰临界场强、干扰频率范围等技术指标,可以得到如下结论:

1) 受试电台电磁辐射效应规律与辐射场调制方式基本无关

受试电台的连续波电磁辐射效应、临界干扰场强是决定于电磁辐射场的场强峰值还是有效值,由受试电台的工作原理决定,无论电磁辐射场是单频等幅连续波,还是调频、调幅连续波,受试电台的电磁辐射效应规律基本不变:受试短波、超短波电台的带内辐射敏感带宽分别为 10kHz 和 50kHz,当电磁波辐射频率与受试电台工作频率之差分别在 3kHz 和 15kHz 之间时,受试电台的临界干扰场强值与电磁波辐射频率基本无关,当电磁波辐射频率与受试电台工作频率之差超过 4kHz 和 20kHz 时,随辐射频差绝对值的增加,受试电台临界干扰场强迅速提高至 50V/m 以上,即使相邻频道电磁辐射强度达到 50V/m,也难以影响其正常工作,受试电台抗带外电磁干扰能力很强。

受试电台带内干扰属于阻塞干扰,临界干扰场强与受试电台工作信号场强成正比,按 5km 的通信距离推算,受试短波、超短波电台小功率发射时接收机的带内临界干扰场强在 1 ~ 2mV/m 之间,友邻大功率用频装备的杂散辐射能够影响其正常工作,导致通信距离降低。为降低用频装备之间的互扰,一方面应控制大功率用频装备的杂散辐射,另一方面高灵敏度接收机在使用时应尽量远离大功率用频装备。

受试电台带外电磁辐射临界干扰场强基本在 50V/m 以上,主要导致受试电台死机、重启,属于工作破坏级的效应,若电磁辐射频率比较靠近受试电台工作频率,也可导致受试电台出现阻塞干扰。由于带外电磁辐射临界干扰场强较高,除非电台特别靠近大功率用频装备,实际使用时这种干扰现象一般难以出现。

2）受试无线电引信电磁辐射效应规律与辐射场调制方式密切相关

调幅、扫频、单频电磁辐射对受试引信的干扰能力依次下降:前者干扰频段宽、临界干扰场强低,对受试引信正常工作威胁最大。图 4 - 23 为电磁波辐射频率偏离受试引信工作频率 10% 范围内,受试引信调幅、扫频、单频电磁辐射临界干扰场强的变化曲线,从图中可以明显看出,在相同频差的电磁波辐射作用下,三者临界干扰场强相差数十倍,调幅电磁辐射临界发火场强最小,扫频电磁辐射临界发火场强次之,单频电磁辐射临界发火场强最大。

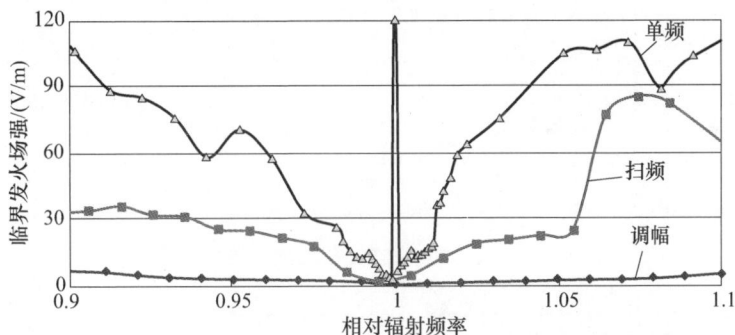

图 4 - 23　电磁辐射调制方式对受试引信临界发火场强的影响

在最大辐射场强为 200V/m 的情况下,三种调制方式电磁辐射能够导致受试引信意外发火的干扰频段范围差别很大。单频电磁辐射干扰频段范围最小,在受试引信工作频率的 0.89 ~ 2.01 倍之间,在其 3 倍频点附近虽然存在敏感频点,但其临界干扰场强均大于 130V/m;扫频干扰频段区间较大,在受试引信工作频率的 0.58 ~ 3.6 倍之间,且大部分频点临界干扰场强小于 100V/m。

对于单频连续波电磁辐射,受试引信干扰临界场强不仅存在下限值,而且存在上限值,说明受试引信只在特定频率、特定场强范围内的单频电磁辐射作用下能够出现意外发火,辐射场强高于临界发火场强上限值后,电磁辐射将导致受试引信瞎火;而扫频和调幅电磁辐射则不存在瞎火场强,超过其对应的临界发火场强后,增加电磁辐射场强一直到 200V/m,受试引信仍然能够输出发火信号,未发现临界发火场强具有上限值,说明其干扰机理有本质的区别。

### 4.4.2 不同受试装备连续波电磁辐射效应规律比较

为比较同种类型、不同型号装备之间的连续波电磁辐射效应规律,按照前述试验方法,选取不同的通信电台、无线电引信进行了效应规律试验研究。

1)受试通信电台连续波电磁辐射效应规律大同小异

选择某新型车载超短波通信电台进行近距离通信连续波电磁辐射效应试验研究,试验结果如图 4 – 24 所示:无论采用专家试听主观评价方法,还是采用误码率 10% 作为受扰的客观判据,受试电台的电磁辐射效应规律和临界干扰场强大致相同,但数码通信抗干扰能力略强于语音通信;受试车载通信电台的电磁辐射带内临界干扰场强与电磁波的调制方式基本无关,与 4.2 节、4.3 节短波、超短波通信电台的电磁辐射效应规律基本相同;但其电磁辐射敏感带宽与前述超短波电台相比有所增加,电磁辐射频率偏离其工作频率 30kHz 以后,受试电台的临界干扰场强迅速提高,辐射频差大于 35kHz 以后,临界干扰场强均能大于 50V/m。

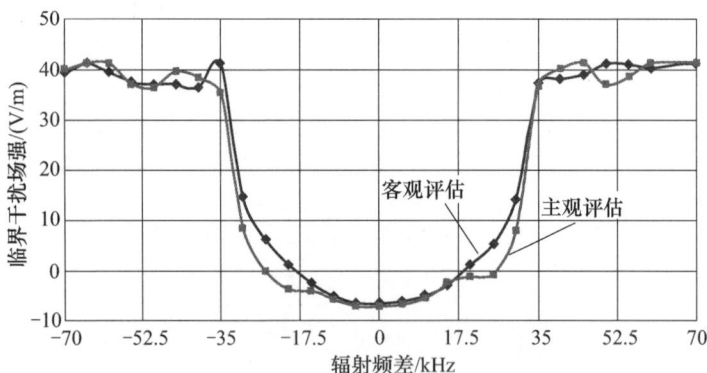

图 4 – 24　受试车载超短波电台电磁辐射临界干扰场强与辐射频差的关系

为进一步研究电台调制方式对其电磁辐射效应规律的影响,先后以 CPTCM(互补模式映射网格编码调制)、FM(频率调制)、AM(振幅调制)、GMSK(高斯最小移频键控调制)等 5 种典型通信电台作为受试对象进行了电磁辐射效应试验研究,试验结果如表 4 – 8 所列。通过对受试电台进行正弦调幅波(调幅深度为 100%)和单频连续波(与调幅波载波频率相同)电磁辐射效应试验,分别确定其临界干扰场强有效值 $E_{ame}$ 和 $E_{sine}$,根据 4.3.2 节的理论分析,由 $E_{ame}/E_{sine}$ 确定受试电台的电磁辐射场强敏感类型。结果表明：通信电台究竟对电磁辐射场强有效值敏感还是对场强幅值敏感与其调制方式并无确定的关系，2 种受试 FM 电台中 1 种对场强幅值敏感，另一种对场强有效值敏感；不同受试电台的敏感频率与其工作频率的偏差在 5kHz ~ 30kHz 之间变化，临界干扰场强、带内敏感度曲线的平坦度也有较大差别，但与受试电台的调制方式没有确定关系；带外临界干扰场强普遍远高于带内临界干扰场强，通信电台电磁防护的薄弱环节是带内阻塞干扰。

表 4 – 8　受试电台调幅波与单频连续波电磁辐射临界干扰场强比较

| 受试电台型号 | TCR171 – 2 | TBR120A | TCR171 | TCR154 | TCR121 |
|---|---|---|---|---|---|
| 电台调制方式 | CPTCM | FM | FM | AM | GMSK |
| $E_{\text{ame}}/E_{\text{sine}}$ | 0.964 | 0.721 | 0.986 | 0.678 | 0.637 |
| 敏感频差/kHz | ±30 | ±15 | ±30 | ±5 | ±20 |
| 场强敏感类型 | 有效值 | 幅值 | 有效值 | 幅值 | 幅值 |

2）受试无线电引信连续波电磁辐射效应规律差异巨大

A 型受试无线电引信是一种中大口径榴弹通用的新型自差式连续波多普勒无线电引信，具有高度集成化和良好的抗干扰性能。试验结果表明：在 500V/m 以下的连续波单频电磁辐射作用下，仅当电磁波辐射频率 $f$ 靠近引信本振频率及其 2 倍、3 倍频点时，才能导致受试无线电引信意外发火。在引信本振频率及其 2 倍频点附近，临界干扰场强小于 500V/m 的敏感辐射带宽约为引信本振频率 $f_0$ 的 ±0.3% ；在受试引信本振频率 3 倍频点附近，不仅敏感辐射带宽有所扩大，而且临界干扰场强明显降低，原因值得深究。图 4 – 25、图 4 – 26 分别为电磁辐射频率处于 A 型受试引信本振频率及其 3 倍频点附近时，A 型受试引信的单频电磁辐射临界干扰场强变化曲线。辐射频率处于受试引信本振频率附近时，最低临界干扰场强约为 380V/m，受试引信本振频率两边的电磁辐射敏感曲

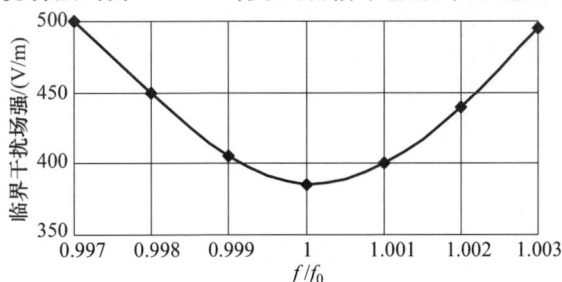

图 4 – 25　A 型受试引信基频附近单频辐射临界干扰场强变化曲线

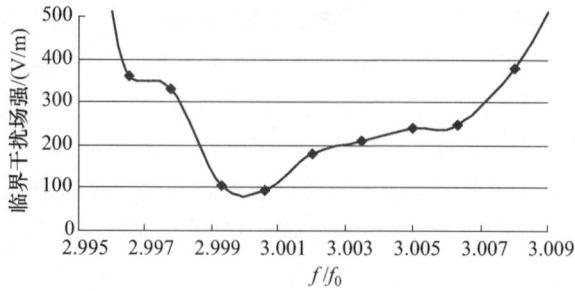

图 4 – 26　A 型受试引信本振 3 倍频附近单频辐射临界干扰场强变化曲线

线基本对称;辐射频率处于受试引信本振频率 3 倍频点附近时,最低临界干扰场强仅为 90V/m 左右,辐射敏感度曲线不再具有对称性,辐射频率低于受试引信本振频率 3 倍频点时,不仅敏感带宽窄,而且临界干扰场强高;临界干扰场强低于 500V/m 的敏感辐射频率处于 $2.996f_0 \sim 3.009f_0$ 之间。

　　电磁辐射频率处于受试引信本振频率附近时,扫频电磁辐射导致 A 型受试无线电引信意外发火的临界干扰场强变化曲线如图 4 – 27 所示,临界干扰场强低于 200V/m 的敏感辐射频率处于 $0.775f_0 \sim 1.220f_0$ 之间,最低临界干扰场强约为 15V/m;进一步试验证实,受试引信临界干扰场强低于 500V/m 的敏感辐射频率分别处于 $0.722f_0 \sim 1.330f_0$、$1.972f_0 \sim 2.014f_0$、$2.986f_0 \sim 3.014f_0$ 之间,最低临界干扰场强分别约为 15V/m、30V/m 和 9V/m。与受试引信本振频率附近相比,2 倍、3 倍频点附近的敏感带宽大幅度缩小。与单频电磁辐射类似,受试引信本振频率 3 倍频点附近的临界干扰场强也比本振频率附近的临界干扰场强低。

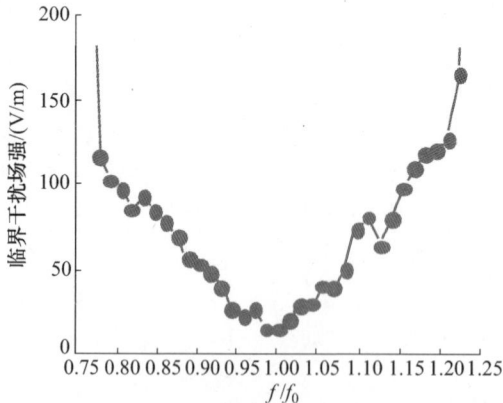

图 4 – 27　A 型受试引信基频附近扫频辐射临界干扰场强变化曲线

　　B 型受试引信也是一种自差式连续波多普勒引信,配用于高炮榴弹。连续波电磁辐射效应试验结果表明:辐射频率在引信本振频率及其倍频附近时,受试引信容易出现意外发火。电磁辐射频率处于 B 型受试无线电引信本振频率 $f_0$ 及其倍频点 $2f_0$、$3f_0$、$4f_0$ 附近时,临界干扰场强分别约为 1.5V/m、5.7V/m、25V/m 和 28V/m,临界干扰场强小于 50V/m 的电磁辐射敏感频段大多处于 $0.4f_0 \sim 2.2f_0$ 之间,如图 4 – 28 所示。在 $2.38f_0 \sim 2.89f_0$ 辐射频段内,受试引信的临界干扰场强大部分都在 200V/m 以上,最高可达 380V/m;在 $2.90f_0 \sim 4.25f_0$ 辐射频段内,受试引信的临界干扰场强大部分都在 200V/m 以下,如图 4 – 29 所示。

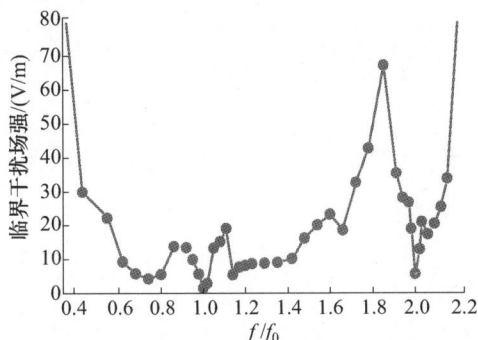

图 4 – 28  B 型受试引信单频电磁辐射敏感频段临界干扰场强

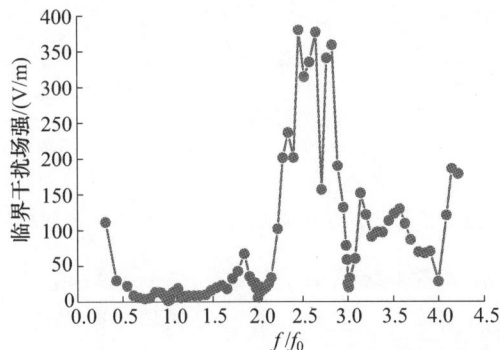

图 4 – 29  B 型受试引信单频电磁辐射临界干扰场强与辐射频率的关系

B 型受试引信对扫频电磁辐射更加敏感,电磁波辐射频率处于 $0.6f_0 \sim 2.3f_0$ 之间时,扫频临界干扰场强均低于 25V/m,如图 4 – 30 所示,在受试引信本振频率附近临界干扰场强约为 1.0V/m;在 2 倍频附近临界干扰场强约为 1.4V/m,即使辐射频率进一步提高,仅当辐射频率处于 $2.4f_0 \sim 2.9f_0$、$3.15f_0 \sim 3.60f_0$ 之间时,临界干扰场强能够高于 100V/m;在 3 倍频附近临界干扰场强仅有 5V/m,4 倍频附近临界干扰场强约为 30V/m,如图 4 – 31 所示,该受试引信抗电磁干扰能力很差。

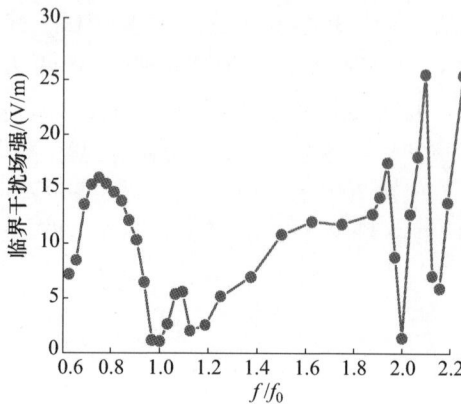

图 4-30　B 型引信扫频电磁辐射敏感频段

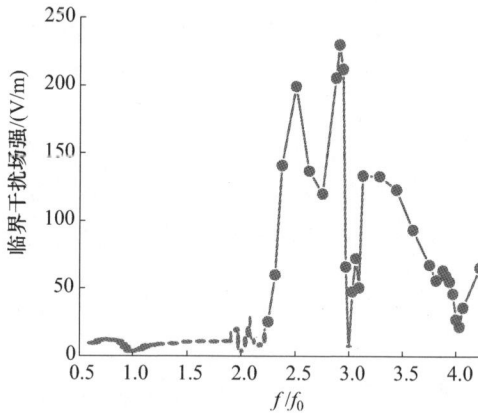

图 4-31　B 型受试引信扫频电磁辐射临界干扰场强与辐射频率的关系

　　将 4.2 节、4.3 节所述无线电引信连续波电磁辐射效应试验结果与上述 A 型、B 型受试无线电引信连续波电磁辐射效应试验结果比较可以发现：三型受试引信对扫频电磁辐射均比单频电磁辐射敏感，不仅临界干扰场强低，而且敏感频段宽，这是由无线电引信的工作原理决定的。三型受试无线电引信的抗电磁干扰能力相差悬殊：A 型受试无线电引信抗电磁干扰能力最强，B 型受试无线电引信抗电磁干扰能力最差；A 型受试无线电引信对单频电磁辐射敏感带宽很窄，即使对扫频电磁辐射敏感带宽有所增加，其扫频临界干扰场强小于 50V/m 的频率范围仍可控制在其本振频率的 ±10% 左右，能够满足抗电磁干扰的要求。相反，B 型受试无线电引信无论是对单频电磁辐射，还是扫频电磁辐射，在其 2 倍本振频率以下的大部分频率范围内，其连续波电磁辐射临界干扰场强均小于 20V/m 甚至 10V/m，战场电磁环境适应能力很差，应逐步退出现役装备。

　　受试无线电引信对其工作频率的谐波干扰相比其他频率敏感是由无线电引信的工作原理决定的：当没有外界电磁信号作用时，引信自差收发机（高频三极管）通过自激振荡产生本振信号（频率 $f_0$）用于目标探测，在外界电磁信号（频率 $f$）作用下，同时完成信号接收及外界信号与本振信号的混频功能，高频三极管必须工作于非线性工作区。为提高检波效率，高频三极管工作时必须具有较强的非线性，混频输出信号中包含 $f \pm f_0$、$f \pm 2f_0$、$f \pm 3f_0$ 等频率成分，这些信号只有通过低通滤波器才能进行信号处理，频率越高，衰减比例越大，由此导致无线电引信对其工作频率的谐波干扰比较敏感；除此之外，引信天线对其工作频率的谐波辐射接收灵敏度较高，也是导致受试引信对其谐波干扰敏感的原因之一。

　　综上所述，装备连续波电磁辐射效应规律不仅取决于电磁辐射场的调制方式，更与受试装备的战技性能、工作原理密切相关，不同受试装备电磁辐射效应规律差别巨大，必须通过系统的电磁辐射效应试验研究，才能全面评价武器装备的战场电磁环境适应性。

# 第 5 章　装备强电磁脉冲辐射效应机理

战场电磁环境是由无意电磁辐射源、有意电磁辐射源和自然电磁辐射源共同激发的电磁环境,其中无意电磁辐射主要包括系统内、系统外电磁辐射,其主要作用是完成用频装备的技术功能,基本特征是调幅、调频、等幅及其组合形式,对受试装备的作用形式以压制干扰、受迫振荡等为主,与受试装备的工作原理密切相关。有意电磁辐射主要包括电子对抗装备激发的电磁辐射、核电磁脉冲场、超宽谱电磁脉冲场和窄带高功率微波辐射,其主要作用是干扰、损伤敌方的武器装备,使其难以正常发挥作战效能。自然电磁辐射主要包括雷电放电及其电磁脉冲、静电放电及其电磁脉冲,它们出现的频率高,对武器装备正常发挥作战效能构成了潜在威胁。

超宽谱电磁脉冲覆盖频率范围宽,瞬间电场强度高,能够通过天线、线缆等多个通道对武器设备进行耦合,尤其是对用频设备完全暴露的天线,可形成较强的脉冲电压与电流,导致武器装备工作紊乱或部件损伤,使其丧失作战功能。

静电放电是一种随机的、复杂的气体击穿过程,它产生的瞬时脉冲电流强度可达几十安甚至上百安,在放电过程中会产生强烈的电磁辐射,近场电磁辐射甚至高达数十千伏每米。由于静电放电电磁脉冲的上升时间可小于 1ns,因此普通的防护器件来不及响应,对电子设备正常工作具有很大的威胁。

窄带高功率微波对武器装备的效应虽然属于连续波电磁辐射效应的范畴,但由于它辐射强度高,对受试装备的干扰、损伤机理与第 4 章阐述的连续波电磁辐射效应规律往往具有本质的区别,为此,将窄带高功率微波也纳入强电磁脉冲效应一并研究。

正因如此,本章以超宽谱电磁辐射、高功率微波作为电磁攻击武器的代表、以静电放电辐射场作为自然电磁辐射的代表,研究强电磁脉冲场对典型装备的辐射效应,探索能量耦合途径和作用机理,查找受试装备强电磁脉冲防护的薄弱环节,为装备电磁脉冲防护加固奠定技术基础。

## 5.1　通信电台宽谱电磁脉冲辐射效应

以典型短波、超短波通信电台超宽谱电磁脉冲辐射效应和静电放电效应试验研究为基础,研究宽谱电磁脉冲辐射对通信电台的效应机理,总结通信电台电磁脉冲效应规律。

### 5.1.1　通信电台超宽谱电磁脉冲辐射效应

超宽谱电磁脉冲只能产生离散性的瞬态干扰,每秒最多只能产生上千个脉冲,每次持续时间小于 5ns,从通信装备的实际工作特性来看,一般不会严重影响通话质量。因此超宽谱电磁脉冲辐射效应试验应重点关注硬损伤和死机、重启等影响通信电台连续工作的效应与规律;对脉冲重复率较高的电磁辐射,也应关注压制干扰的问题。与连续波电磁辐射效应试验类似,受试电台工作于接收状态。

1)超宽谱电磁脉冲辐射效应试验设备配置

进行电磁脉冲辐射效应试验研究时,超宽谱电磁脉冲辐射系统置于开阔场地,受试通信电台(工作于接收机状态)置于电磁脉冲辐射系统天线正前方主波束内,辅助电台置于垂直于电磁脉冲辐射方向上,距受试电台约 50m。由于超宽谱电磁脉冲辐射系统输出功率难以调节,通过改变辐射天线与受试通信电台之间的距离调节辐射场强。为了试验过程中的人员安全和测试数据的可靠性,将试验所用测试装备放置到屏蔽方舱内,利用光端机将声音及其他需要测量的信号转换为光信号远距离传输至屏蔽方舱内的光端机,将光信号还原为电信号,利用有源音箱直接收听通信语音或连接示波器观测信号;同时,利用电视监视设备远距离观测受试通信电台的工作状态是否正常。屏蔽方舱与电磁脉冲辐射系统之间布置吸波墙,通过改变受试通信电台的天线极化方向、摆放姿态进行辐射效应研究,总结超宽谱电磁脉冲场对通信电台的作用规律,具体试验配置如图 5-1 所示。

试验中所用电磁脉冲源可输出脉冲宽度为 0.5~4.5ns 连续可调,脉冲上升、下降时间约为 0.4ns,电场垂直极化的超宽谱电磁脉冲场,峰值功率可达 1GW。该脉冲源不但可以输出单个电磁脉冲,还可以产生重复率达 100 脉冲/s 的电磁脉冲串,其辐射天线主轴方向辐射场波束宽度约为 8°,辐射方向可作 360°水平旋转和 90°俯仰调节。

2)效应试验方法

根据超宽谱电磁脉冲辐射功率难以调节的技术特点,采用 3.3.1 节所述位置替代法测试选定试验点的超宽谱电磁脉冲辐射场强。采用"场强逐步提高法"进行效应试验,确定不同故障现象对应的临界干扰场强。

试验时通信电台处于定频通信状态,受试电台为接收机,辅助电台为发射机。根据研究需要,受试通信电台显示面板、电源线等分别朝向超宽谱电磁脉冲

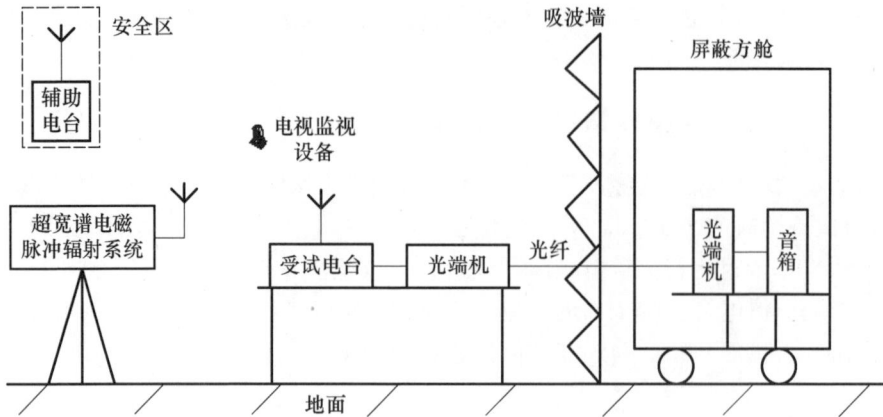

图 5-1　通信装备超宽谱电磁脉冲辐射效应试验配置

场来波方向。将受试通信电台与辅助电台调整至定频通话状态,开启超宽谱电磁脉冲辐射系统,每次辐射时间大于 10s。逐步增大受试通信电台处电磁脉冲场辐射场强,利用电视监视设备远距离观察受试通信电台面板显示是否异常、工作状态是否异常,通过光端机将受试通信电台语音信号转化为光信号连接屏蔽方舱内的接收设备,监听通话是否异常。记录受试通信电台出现某种异常现象的最小场强值作为该试验状态下的电磁脉冲干扰阈值。

通过改变受试通信电台空间位置、电台工作频率、辅助电台发射功率和超宽谱电磁脉冲辐射重复率,研究超宽谱电磁脉冲辐射对通信电台的作用规律。

利用上述效应试验方法,对某型超短波电台进行超宽谱电磁脉冲辐射效应试验研究。结果表明:在 150kV/m 以下的超宽谱电磁脉冲辐射场作用下,受试超短波电台无影响正常通信的干扰或损伤现象发生,工作及显示功能均正常。

3) 短波通信电台超宽谱电磁脉冲辐射效应

受试短波通信电台主要由主机、电源、天线及调谐器四部分组成。天线调谐器主要用于调整天线与主机之间阻抗的匹配。电台采用微型单片计算机进行操作控制及数据处理,通过面板上的键盘、开关便可实现自动化的机内控制。效应试验发现,改变受试电台工作频率及辅助电台发射功率,对试验中出现的故障现象均没有明显影响。受试短波通信电台在不同强度的超宽谱电磁脉冲辐射场作用下分别出现了以下 5 种故障现象。

(1) 显示屏显示异常,但不影响正常通话。

(2) 通话声音被压制,关闭辐射源后恢复正常。

(3) 自动重启。

（4）声音中断，调谐后才能恢复。

（5）死机，调谐不能恢复，但重新开机后正常。

受试电台在超宽谱电磁脉冲串辐射作用下的临界干扰场强测试结果如表 5-1 所列，单脉冲辐射作用效果不明显。显示异常的主要现象如图 5-2 所示，主要表现为不显示工作频率、不指示发射/接收功率、显示乱码和工作频率显示错误等。

表 5-1　短波通信电台超宽谱电磁脉冲辐射效应及其临界干扰场强

| 通信电台辐射效应 | 临界干扰场强/(kV·m⁻¹) |
|---|---|
| 显示屏显示异常，但不影响正常通话 | 51.8 |
| 通话声音被压制，关闭辐射源后恢复正常 | 145（电磁脉冲重复率大于 10 脉冲/s） |
| 声音中断但调谐后能够恢复；自动重启；<br>死机且调谐不能恢复，但重新开机后正常 | 150 |

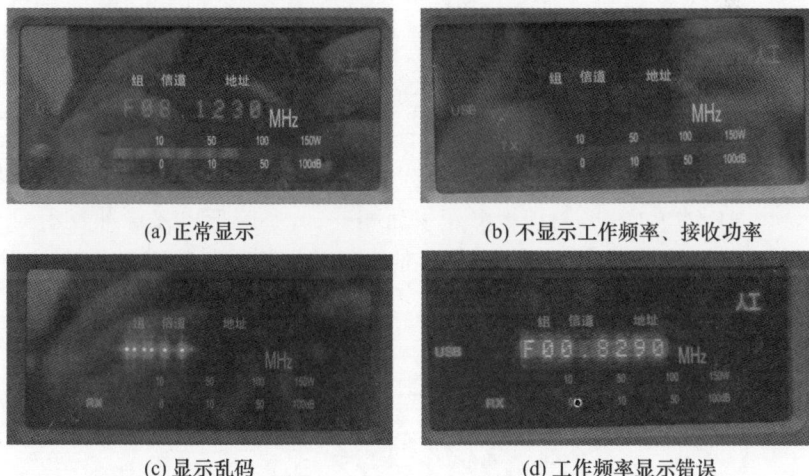

(a) 正常显示　　　　　　　　　　(b) 不显示工作频率、接收功率

(c) 显示乱码　　　　　　　　　　(d) 工作频率显示错误

图 5-2　受试短波电台显示屏显示及故障示例

试验中还发现：

（1）当电磁脉冲辐射场强度超过 52kV/m 时，受试电台显示屏是否出现显示异常，几乎与超宽谱电磁辐射的脉冲重复率无关；

（2）当电磁脉冲辐射场强超过 145kV/m 且脉冲重复频率大于 10 脉冲/s 时，才能导致通话声音中断；

（3）辐射场强超过 150kV/m 时，受试电台随机出现声音中断，但调谐后能够恢复、自动重启、死机且调谐不能恢复但重新开机后正常 3 种电磁干扰现象。

### 5.1.2　通信装备静电放电效应

静电放电也属于宽谱电磁脉冲,其脉冲前沿时间小于1ns,脉冲半宽度为60ns左右,其频谱分布中的低频分量比上述超宽谱电磁脉冲辐射所占比例更高,能够覆盖受试电台的工作频率。所不同的是,静电放电效应属于近场作用,包括静电放电瞬态静电感应和近场静电放电辐射场作用两部分。由于静电放电对受试装备的作用本身难以实现全电平均匀辐射,其效应试验方法与其他电磁脉冲效应试验方法完全不同。

1)静电放电效应试验装置

采用IEC 61000-4-2和GB/T17626.2规定的静电放电抗扰度试验平台对受试电台进行静电放电效应试验,试验配置如图5-3所示。实验室应采用厚度不小于0.25mm的铜或铝板(若采用其他金属材料,厚度至少要0.65mm)设置接地参考平面,其实际尺寸取决于受试设备的线度,每边至少应伸出受试设备或耦合板之外0.5m,并将其与接地干线相连;水平耦合板为1.6m×0.8m×0.0015m的铝板,置于高度为0.8m水平放置的木桌上,木桌置于接地参考平面的中央位置;垂直耦合板为0.5m×0.5m×0.0015m的铝板,用绝缘材料支撑置于水平耦合板上。水平耦合板、垂直耦合板分别通过2只470kΩ的电阻(接地电阻达到1MΩ左右即可)与接地参考平面相连;为了降低电磁脉冲反射对试验结果的影响,受试设备与实验室墙壁、其他金属性结构之间的距离不得小于1m。

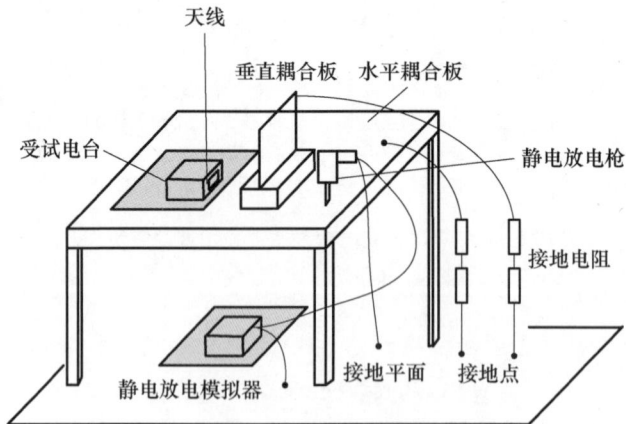

图5-3　受试电台静电放电效应试验配置

将受试电台放置在水平耦合板上,并用厚度为0.5mm的绝缘板将受试电台与水平耦合板隔离。试验过程中,静电放电模拟器的放电回路线缆应与接地参考平面相连,该线缆的总长度一般为2m,如果这个长度超过所选放电点需要的长度,应将多余部分以无感的方式离开接地平面且与试验配置的其他导电部分保持不小于 0.2m 的距离。

2）短波通信电台静电放电效应

使电台直接暴露在静电放电辐射场中,采用日本 Noiseken 公司生产的 ESS - 200AX 静电放电模拟器分别对水平耦合板（HCP）或垂直耦合板（VCP）进行放电来模拟真实情况下静电放电对受试电台的作用,最高放电电压 30kV,采用人体金属模型参数:储能电容 150pF,放电电阻 330Ω。

对水平耦合板放电时,静电放电模拟器放电枪应垂直于水平耦合板,改变受试电台到放电点的距离及放电电压,观察电台的响应。对垂直耦合板放电时,静电放电模拟器放电枪平行于水平耦合板和垂直耦合板,改变受试电台到放电点的距离及放电电压,观察电台的响应。各种状态采用单次放电形式断续实施 10 次放电,观察电台出现的故障现象或响应。

试验过程中发现,电台出现的故障形式主要有 4 种:

A:显示面板出错,但能够通话。

B:不能通话,但显示面板正常。

C:显示及通话均出错。

D:自动重启。

电台显示面板出现的故障与超宽谱电磁脉冲辐射导致的故障形式完全相同,如图 5 - 2 所示。

效应试验结果如表 5 - 2 所列。其中,"A + C"代表一次 A（显示面板出错,但能通话）和一次 C（显示及通话均出错）,其他类同。从表中可以看出:在电台距离放电点（耦合板）10cm 时,对空气式水平耦合板放电电压为 15kV 时可以干

表 5 - 2  静电放电对短波电台工作状态的影响

| 电台到放电点距离/cm | 放电电压/kV | 放电方式 | | | |
|---|---|---|---|---|---|
| | | 接触式 | | 空气式 | |
| | | HCP 放电 | VCP 放电 | HCP 放电 | VCP 放电 |
| 10 | 14 | 无 | 无 | 无 | 无 |
| | 15 | 无 | 无 | A + C | 无 |
| | 20 | 2A | 无 | 2A + B + D | 无 |
| | 25 | 2A + C + D | A | A + 2C + D | C |
| 30 | 20 | 无 | 无 | 无 | 无 |
| | 25 | 无 | 无 | 无 | 无 |
| 50 | 25 | 无 | 无 | 无 | 无 |

扰电台,而对接触式水平耦合板放电电压为 20kV 时才可以干扰电台;对水平耦合板放电相比于对垂直耦合板放电,更容易导致电台出现干扰;随着放电点到电台距离的增加,静电放电对电台的干扰效果急剧下降;电台在静电放电作用下,最容易出的故障为显示屏出错。

将受试电台的接收天线取下进行静电放电效应试验,可以得到类似的结果。由于水平、垂直耦合板放电时静电放电点距离受试电台的距离相同,而水平、垂直耦合板比垂直耦合板距离受试电台箱体的距离要小很多,在相同放电电压下水平耦合板放电比垂直耦合板放电效应明显。由此可以推断,静电放电电磁脉冲能量耦合进入电台内部影响其电路正常工作的主要途径是电台箱体或电源线的瞬态静电感应,静电放电电磁辐射很难通过天线耦合进入电台内部干扰电台正常工作。

## 5.2 短波电台宽谱电磁脉冲耦合通道与效应机理

前述试验结果表明,无论是超宽谱电磁脉冲辐射还是静电放电脉冲,均不会对工作状态的受试电台造成硬损伤,且受试电台出现的故障现象与其接收的工作信号强度、工作频率基本无关。因此可以推断造成受试电台出现各种故障的原因是宽谱电磁脉冲对受试电台工作状态的影响。"显示屏显示异常"是否出现不随脉冲重复率而变化,说明该现象出现的条件仅与脉冲信号强度有关。受试电台出现其他哪种故障现象具有随机性,且对超宽谱电磁辐射其干扰场强临界值均为 150kV/m。若超宽谱电磁辐射对上述现象存在累积效应,则在较小的辐射场强作用下延长辐射时间也应该出现上述效应,与试验现象不符,因此可以断定,超宽谱电磁脉冲辐射对这些效应现象不存在累积效应。上述分析说明该类效应现象也与脉冲强度有关,造成故障现象出现时刻随脉冲重复率增加而提前的原因是超宽谱电磁脉冲源的输出不足够稳定,每个脉冲信号强度不同,脉冲重复率越高,则相同时间内辐射场强出现超过干扰场强临界值的概率越大,故障就越容易出现。

为了确定宽谱电磁脉冲导致受试电台出现干扰效应的主要能量耦合通道和作用机理,下面从受试短波电台工作原理和具体结构出发进行具体分析。

### 5.2.1 短波通信电台电磁脉冲耦合仿真分析

受试短波通信电台及试验配置如图 5 - 4 所示。超宽谱电磁脉冲作用于电台机壳能够导致地电位波动;作用于暴露在外并与内部电子线路相连的天线和电源线能够耦合进入系统内部;受试电台的金属机壳虽然可以屏蔽电磁干扰,但

图 5-4  受试短波通信电台及试验配置

由于存在显示窗、键盘孔及线缆通孔,电磁波也可以通过这些孔缝耦合进入到金属机壳内部,再通过各种线缆耦合到电子器件上产生感应电压和感应电流,从而导致电路工作状态翻转、性能下降甚至永久损坏。下面通过仿真分析与试验验证,研究不同耦合路径对受试电台的干扰效应。

1)天线负载电磁脉冲辐射响应分析

为了分析超宽谱电磁脉冲辐射对电台天线激发的电流响应,利用 CST 软件平台建立受试电台天线模型。模型中,天线垂直于地面,下端离地高度为 0.5m,长度为 3m,上端半径为 5mm,下端半径为 10mm。天线底端与地面连接 50Ω 负载(负载不匹配),采用平面电磁波激励,电场垂直极化,仿真分析天线负载对超宽谱电磁脉冲辐射的归一化电流响应,计算结果如图 5-5 所示。

仿真时,超宽谱电磁脉冲辐射电场用单周高斯脉冲近似:

$$E(t) = -E_0 k(t-t_0) \exp\left[-4\pi(t-t_0)^2/\tau^2\right] \qquad (5-1)$$

式中  $E_0$——电场峰值;

$\tau$——脉冲宽度,取 $\tau = 2.5\text{ns}$;

$t_0$——时间常数,取 $t_0 = 2\text{ns}$;

$k$——归一化修正系数,$k = \sqrt{8\pi e}/\tau$。

对图 5-5 所示天线负载归一化电流响应时域波形进行快速傅里叶变换,得到其频谱相对幅度随频率的变化关系,如图 5-6 所示。

从图 5-5、图 5-6 可以看出,在峰值场强为 1V/m 的超宽谱电磁脉冲场辐射作用下,天线负载响应电流峰值可达 0.55mA,其主要能量集中在 70MHz 以下。在 50kV/m、150kV/m 的超宽谱电磁脉冲场辐射作用下,天线负载响应电流峰值分别可达 27.5A 和 82.5A。若该信号重复速率足够高,部分电磁脉冲能量

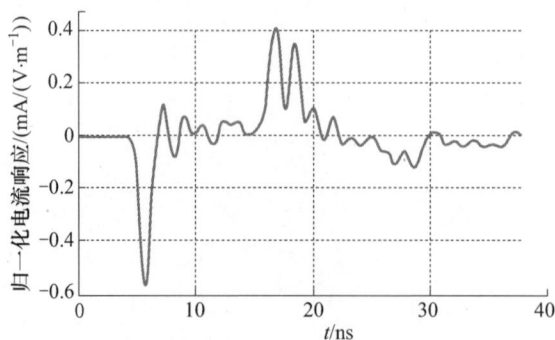

图 5-5　天线负载对超宽谱电磁脉冲辐射的归一化电流响应

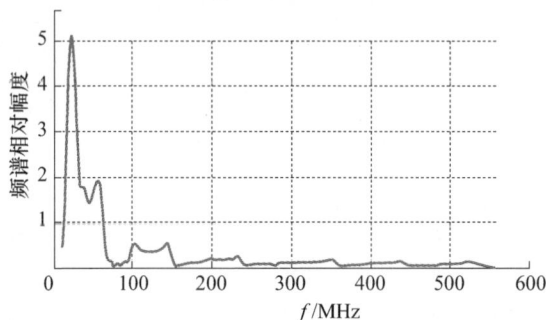

图 5-6　天线负载超宽谱电磁脉冲辐射响应频谱分布

不仅可以通过受试电台射频前端滤波器进入电台内部电路,造成电台出现阻塞干扰,导致通信中断,而且通过地电位波动,也可导致电台工作电压不稳,造成死机、重启等故障。因此,电台天线可能是超宽谱电磁脉冲辐射导致受试短波电台工作状态异常的主要能量耦合途径。

2)机壳内部电磁脉冲耦合分析

效应试验过程中,受试电台处于辐射天线的远场区,可以近似地将超宽谱电磁脉冲辐射视为平面波。为了研究在平面波电磁脉冲辐射作用下电台机壳内部的场强大小,利用 CST 仿真软件对电台机壳建立了如图 5-7 所示的仿真几何模型,具体尺寸如下:机壳外沿尺寸为 380mm×360mm×140mm;壁厚 1mm;显示窗的尺寸为 100mm×50mm;面板上左侧缝尺寸为 60mm×2mm;右侧孔尺寸为 11mm×11mm;中下部横向孔尺寸为 15mm×8mm。由于机壳面板上孔缝的水平长度远大于垂直长度,为确定辐射耦合最强情况下机箱内部的辐射场强,仿真分析时把通信电台箱体的材料视为理想导体,入射电场垂直极化,强度为 1V/m。

仿真分析结果表明,机壳内部不同位置处的电磁场时域波形大同小异,均为阻尼衰减振荡波形,波形的持续时间基本相同,不同的是峰值场强的大小和

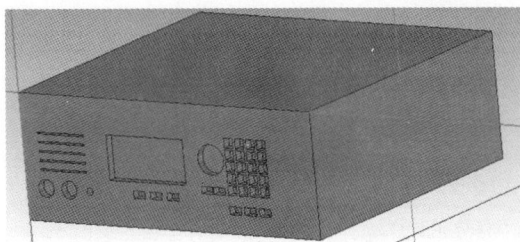

图 5-7 电台机壳仿真几何模型

波形变化的规则程度。机壳内部场强最大点的电磁脉冲场时域波形如图 5-8 所示,对此进行频谱分析可知,其电磁能量主要分布在 580MHz、920MHz 附近。根据受试电台机壳内部尺寸推算,580MHz 与机壳的 $TE_{110}$ 谐振模的频率接近,而 920MHz 与机壳 $TE_{210}$、$TE_{120}$ 谐振模的频率接近,仿真结果符合机壳的谐振规律。

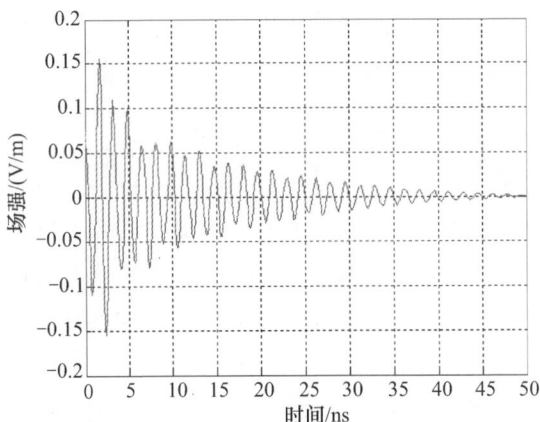

图 5-8 机壳内部耦合的电磁脉冲场波形

从图 5-8 仿真结果可以看出,在 1V/m 的超宽谱电磁脉冲辐射作用下,空心机壳内部最高场强可达 0.15V/m,考虑到装入电路板后的加载效应,可以推断机箱内部电场强度远小于入射场强。同时,考虑到电路内部连线尺寸小,对电磁脉冲的接收能力不强,通过机壳孔缝进入箱体内部的电磁场导致受试电台出现干扰现象的可能性相对较小。但是,受孔缝场增强效应的影响,孔缝附近的电磁辐射场强有可能高于入射场强,对孔缝附近的敏感电路产生的影响不可忽略。

## 5.2.2 通信电台电磁脉冲耦合试验验证

为验证受试通信电台的电磁脉冲辐射效应能量耦合通道,改变受试通信电台工作状态进行效应试验,根据效应规律变化情况和试验数据,进行分析判断。

1)去掉受试电台天线和天线调谐器

辅助电台处于大功率发射状态,在去掉受试电台接收天线的情况下,受试电台仍能接收辅助电台发射的信号。因此,在该验证试验中去掉受试电台接收天线和天线调谐器,在受试电台天线输入端口加装屏蔽铜帽,其他试验配置与前述超宽谱电磁脉冲辐射效应试验时相同。通过该验证试验发现,受试电台出现下述4种干扰现象的临界干扰场强值与表5-1测试数据基本一致:

A:显示屏显示异常,但不影响正常通话。

C:自动重启。

D:声音中断,调谐后才能恢复。

E:死机,调谐不能恢复,重新开机后正常。

出现"B:通话声音被压制,关闭辐射源后恢复正常"的临界干扰场强值明显下降且测试数据重复性降低。

上述试验结果表明:接收天线不是超宽谱电磁脉冲辐射导致受试电台出现A、C、D、E 4种干扰现象的主要能量耦合通道。而导致"通话声音被压制"故障的电磁辐射能量耦合通道与受试电台的接收天线紧密相关。对带内压制干扰,受试电台能否出现干扰只与其带内信干比有关,与接收天线的频率特性关系很大。单脉冲电磁辐射一般难以使用频装备出现压制干扰,但高重复率的电磁脉冲串提高了空间电磁辐射背景噪声,若进入射频前端的噪声功率淹没了有用信号,将导致用频装备出现压制干扰。由于受试电台对超宽谱电磁脉冲辐射接收效率不高(图5-5、图5-6),去掉接收天线后,机壳、线缆等等效天线仍能接收相关信号,但超宽谱信号接收增益下降幅度远小于受试电台带内信号,在超宽谱电磁脉冲辐射作用下的信干比明显降低,导致临界干扰场强值下降。由此可见,优良性能的选频天线系统(包含天线调谐器)是通信电台抗带内压制干扰的一个重要手段。

2)显示面板前覆盖接地屏蔽网

在受试电台显示屏前覆盖屏蔽铜网,铜网与受试电台外壳良好连接并接地,其他试验配置与超宽谱电磁脉冲辐射效应试验时相同。通过该验证试验发现,即使辐射场强达到150kV/m以上,受试电台显示屏仍能正常显示,出现其他干扰现象的概率明显降低。

由此可见,超宽谱电磁脉冲能量可以通过电台箱体孔缝耦合进入电台内部电路,从而影响电台内部电路正常工作。电台显示屏窗口是超宽谱电磁脉冲辐射导致受试电台出现"显示屏显示异常"的有效能量耦合通道,也是出现"电台重启、死机、声音中断(调谐后恢复)"等效应的主要能量耦合通道。

　　进一步分析表明:受试电台显示屏窗口附近密集布置着与显示信息相关的数字、模拟电路,若电磁脉冲辐射导致地电位出现较大波动,有可能使数值信息、地址信息、指令信息、复位信号出现错误,导致受试电台出现 A、C、D、E 4 种干扰现象。加之显示电路板最靠近显示窗口,接收的电磁干扰最强,导致"显示屏显示异常"的临界干扰场强远低于其他干扰现象出现时的临界干扰场强。

　　3) 受试电台供电电源及电源线调整

　　受试电台采用蓄电池供电方式,并采用屏蔽线缆给受试电台供电,其他试验配置与超宽谱电磁脉冲辐射效应试验时相同。试验发现受试电台仍然出现显示屏显示异常现象,即使辐射场强达到 150kV/m 以上,其他干扰现象均不再出现,从而证明,电台供电电源及其线缆是导致受试电台出现重启、死机等效应的有效能量耦合通道。

　　为了检测电源线耦合超宽谱电磁脉冲辐射的能力,在 100kV/m 电磁脉冲辐射作用下,用电流探头实际测量受试电台与电源线连接处电源线正极的感应电流,该探头测量的电压、电流转换比值为 5V∶1A,在电流探头与示波器之间连接 40dB 衰减器,测量结果如图 5 - 9 所示。

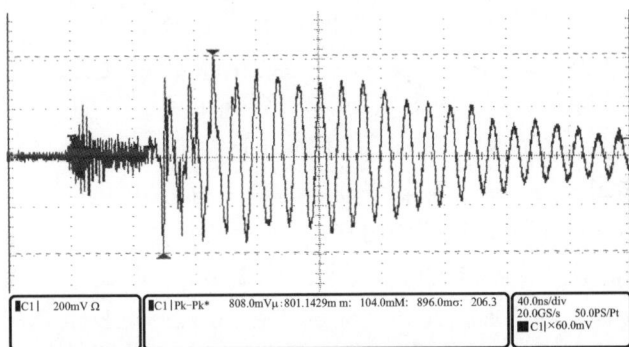

图 5 - 9　受试电台电源线耦合的电磁脉冲信号

　　由图 5 - 9 可以看出,示波器上显示的电压信号峰峰值为 808mV,经计算可知,电源线上感应的冲击电流峰值约为 8A。虽然该信号还要经过电源滤波器,但超宽谱信号上升沿陡、持续时间短,电源滤波器难以充分发挥滤波作用。因此,此感应信号可以通过电台供电电源进入电台内部,从而影响电台的正常工作。

　　综上所述可以证明:在超宽谱电磁脉冲辐射作用下,导致受试电台出现"通话声音被压制"故障的能量耦合通道是天线、机壳、线缆,临界干扰场强与受试电台的接收天线紧密相关;造成"显示屏显示异常"的主要能量耦合通道是电台显示面板的孔缝电磁耦合;造成"电台重启、死机、被压制"等现象的能量耦合通道是电台显示面板和供电电源线。

### 5.2.3　宽谱电磁脉冲辐射对短波电台的作用机理

从短波通信电台工作原理和国内外相关研究结论来看,造成面板显示异常、死机、自动重启等干扰效应的主要原因是,电台耦合的瞬态电磁脉冲能量干扰了电台内部数字电路的正常工作。在瞬态强电磁脉冲辐射作用下,脉冲能量通过电台主机箱体孔缝、电源线及天线耦合进入电台主机箱体内部,通过辐射耦合、传导耦合或者两者结合的方式在集成电路的输入端产生瞬态浪涌,产生过电应力效应(过电压应力或过电流应力)叠加在原电路信号上。当叠加信号达到一定程度时,便可导致输出逻辑状态的翻转,即由"1"到"0"或由"0"到"1",从而产生显示错误;造成集成电路芯片发生错误的操作,导致系统显示紊乱;若干扰出现在地址线或指令线上,则导致地址或指令错误,导致死机;若干扰出现在电源线、复位线上,可导致电台自动重启。至于声音完全被压制,则是由于天线接收的宽带电磁信号经选频滤波后,进入电台信号放大电路的干扰信号压制了有用信号,电台自动调节放大电路增益造成的。

静电放电与超宽谱电磁脉冲辐射相比,脉冲上升时间差别不大,频谱覆盖范围相对较宽。但是,比较表5-1、表5-2试验结果可以发现,两者导致短波电台出现的干扰形式、出现不同干扰时辐射场(静电放电电压)的相对强度却不尽相同。分析其差异的根本原因,在于静电放电与超宽谱电磁脉冲辐射具有不同的特性。超宽谱电磁脉冲辐射属于远场辐射,受试电台的不同部位能够全部处于电磁脉冲辐射激发的均匀场中,产生整体辐射作用。而静电放电属于近场耦合,辐射强度随作用距离增加迅速衰减;同时,静电放电能够通过电容耦合以瞬变静电场的形式作用于受试装备,导致静电放电效应与作用距离紧密相关。

超宽谱电磁脉冲辐射导致电台显示面板出错的临界辐射场强是出现其他故障现象时临界辐射场强的35%左右;而静电放电时出现显示面板出错、不能通话故障的放电电压基本相同,说明显示窗口不是静电放电能量耦合的主要通道或窗口远离放电板耦合效率低。

接触式放电脉冲上升沿陡,电磁辐射强;空气式放电持续时间较长,辐射频率和强度都较低。相同电压的空气式放电更容易导致受试电台出现干扰,说明电磁辐射不是影响电台正常工作的主要形式,静电感应作用更强。

在相同放电距离时,水平耦合板与垂直耦合板相比,与受试电台距离近,电容耦合强,更易对受试电台造成干扰,与试验结果一致。

综上所述,静电放电以电容耦合的形式作用于受试电台,导致地电位波动。

电压不稳或由此产生的信息、指令、地址错误是使受试电台显示面板出错、不能通话或自动重启的根本原因。

# 5.3　无线电引信超宽谱电磁辐射效应机理

采用 Tesla 型 1GW 超宽谱电磁脉冲辐射系统对受试无线电引信进行效应试验,该系统产生的电磁脉冲场垂直极化,最大辐射功率为 1GW,既可以辐射单次脉冲,也可以辐射重复率为 1 ~ 100 脉冲/s 的电磁脉冲串。试验时脉冲上升沿、下降沿宽度取为 0.3ns,脉冲持续时间 4ns。通过对处于不同状态的受试无线电引信进行效应试验,研究超宽谱电磁脉冲辐射对无线电引信电路性能的变化规律,并对其电磁辐射安全性进行评估。

## 5.3.1　效应试验方法与程序

效应试验方法与 4.2.3 节采用的无线电引信单频连续波电磁辐射效应试验方法基本相同,并按照 3.3.1 节给出的方法确定辐射场强和试验步骤。试验过程中,对同一发受试无线电引信,首先采用单次电磁脉冲辐射进行效应试验,如果第一次辐射后受试引信电点火头未发生发火,则继续进行第二次、第三次单次电磁脉冲辐射效应试验(共 3 次),并依次进行 20 脉冲/s 重复脉冲串电磁辐射效应试验(共 2 次)和 100 脉冲/s 重复脉冲串电磁辐射效应试验(共 2 次)。如果在某一次电磁辐射效应试验后受试无线电引信电点火头发火,则停止该引信的进一步试验,并记录试验结果。更换引信和电点火头,重复以上试验程序。

之所以选择多次重复试验,是因为超宽谱电磁脉冲辐射源输出不太稳定,给出的试验场强为其多次平均值。试验过程中,使用采样速率高于 4GS/s 的数字存储示波器,测量电磁脉冲辐射系统天线馈源处的电磁脉冲波形及幅度,监视辐射源的工作状态,发现异常,立即停止试验。

在完成某一辐射场强下的引信辐射效应试验样本量后,逐一检测受试引信的技术指标,与试验前的技术指标进行比较,研究超宽谱电磁脉冲辐射对受试无线电引信电路性能的影响规律;统计受试无线电引信的意外发火率,研究超宽谱电磁脉冲辐射对受试无线电引信工作安全性的影响规律。

由于超宽谱电磁脉冲辐射频率高、覆盖频段宽,作为供电电源的蓄电池和连接线缆有可能直接从电磁脉冲场中耦合电磁能量,并对试验结果产生影响。为了排除试验时供电方式变化导致的引信供电电源波动对效应试验结果产生的影响,试验时将供电电源或电池置于配试金属弹体空腔内部,采用微波线缆对受试引信供电,以降低电磁脉冲场通过电池或电源线对无线电引信产生额外的能量耦合。同理,引信发火信号检测装置也置于配试弹体空腔内,通过光电转换器转换为光信号,由光纤从配试弹体空腔尾部的小孔中输出,进行远距离测量。

### 5.3.2　电磁辐射对技术处理状态无线电引信安全性的影响

受试米波、分米波无线电引信均采用 DD-17 电点火头作为点火元件,效应试验时受试引信及其配试弹体垂直摆放于电磁脉冲峰值场强为 50kV/m 的位置处进行全电平辐射效应试验(距离辐射天线约为 18m),无线电引信不加电工作,代表技术处理状态,试验样本量为 10。经过 3 次单次电磁脉冲辐射、2 次 20 脉冲/s 重复电磁脉冲串辐射和 2 次 100 脉冲/s 重复电磁脉冲串辐射作用后,受试引信电点火头均未发火;检测受试无线电引信其他技术指标,均未发生明显变化。将受试引信及其配试弹体水平摆放且弹体轴线分别平行、垂直于电磁脉冲场辐射方向进行效应试验,电点火头也未发火,引信的技术指标也未发生明显变化。引信移至辐射场强为 100kV/m(距离辐射天线大约 7.6m)、150kV/m 处(距离辐射天线大约 4.0m),再次重复以上试验步骤,电点火头仍未发火,引信技术指标也未出现明显变化。试验结果表明:在辐射场强低于 150kV/m 的超宽谱电磁脉冲辐射场作用下,处于技术处理状态的受试无线电引信电路性能不会发生明显变化,该种电磁脉冲辐射对受试无线电引信的安全性也没有影响。同时也说明,在引信不加电工作的条件下,单纯从超宽谱电磁脉冲辐射场中耦合的能量不足以导致引信所用的电点火头 DD-17 意外发火。工作状态受试无线电引信在电磁脉冲辐射作用下出现的电点火头 DD-17 意外发火原因只能是引信起爆执行电路误动作。

### 5.3.3　电磁辐射对分米波无线电引信工作性能的影响

受试分米波无线电引信有两种电路结构的产品装备于部队:一种采用厚膜贴片集成电路结构,低频组件除电容、晶闸管外均采用贴片元件,是改进后的新式电路,目前已大量装备部队;另一种是采用普通双列直插式集成电路和普通电阻、电容的旧式引信,目前已不生产,但部队装备量仍较大。因此,主要对厚膜电路结构的受试引信进行超宽谱电磁脉冲辐射效应研究,同时对少量普通集成电路结构的受试无线电引信进行效应试验,以比较两种电路结构的受试无线电引信对超宽谱电磁脉冲辐射的敏感性。

初步试验表明,受试引信电磁脉冲辐射敏感方向与连续波电磁辐射敏感方向明显不同,受试引信及其配试弹体绕其轴线旋转,对效应试验结果几乎没有影响。为此,受试引信及其配试弹体按以下 3 种放置状态进行电磁脉冲效应试验:

A(垂直放置):弹体垂直放置,轴线与辐射场电场方向平行。

B(水平平行放置):弹体水平放置,轴线与电磁辐射场传播方向平行,受试引信面向电磁场来波方向。

C(水平横向放置):弹体水平放置,轴线垂直于辐射场电场方向和传播方向。

1)厚膜电路结构引信的效应试验结果

为大致观察超宽谱电磁脉冲辐射对工作状态受试无线电引信的辐射效应,取一发受试引信装在配试弹体上,垂直摆放于辐射场强约为 40kV/m 的位置,将引信加电工作,开启电磁脉冲辐射源进行单次辐射效应试验,受试引信电点火头发火,说明超宽谱电磁脉冲辐射场强足以影响受试无线电引信的工作安全性。为掌握其电磁脉冲辐射效应规律,采用辐射场强步进的方式开展了效应研究。在每一辐射场强作用下,每一摆放状态随机选取 10 发受试引信进行效应试验,在 10kV/m 以下的超宽谱电磁脉冲辐射场作用下,受试引信均未出现意外发火现象。其他试验结果如表 5 - 3 所列,表中仅列出每一辐射场强作用下、每一摆放状态 10 发受试引信中出现电点火头发火、引信技术参数变化等效应的试验样本。表中:以√表示 DD - 17 电点火头在电磁脉冲辐射作用下意外发火(√后为试验条件);以△表示引信参数变化。由于试验前后引信工作频率的变化百分比一般在 0.5% 以内,个别受试引信频率变化能够达到 2% ,仍然在该型引信工作频率分布(3.5% )的正常范围内,可以认为试验过程中电磁辐射对引信工作频率无影响。

表 5 - 3　某型厚膜电路结构分米波无线电引信超宽谱电磁脉冲辐射效应试验结果

| 辐射场强/(kV/m) | 放置状态 | 工作电流/mA | | 检波电压/V | | 灵敏度/cm | | 辐射效应 |
|---|---|---|---|---|---|---|---|---|
| | | 试验前 | 试验后 | 试验前 | 试验后 | 试验前 | 试验后 | |
| 12 | A | 38 | 43 | 4.0 | 4.3 | 23 | 20 | √100 脉冲/s |
| | A | 38 | 42 | 4.5 | 4.9 | 58 | 18 | △ |
| | A | 36 | 40 | 3.4 | 4.0 | 25 | 10 | △ |
| | B | 43 | 42 | 4.3 | 4.1 | 20 | 11 | △ |
| 16 | A | 40 | 39 | 4.6 | 4.3 | 31 | 45 | √单次 |
| | A | 40 | 40 | 3.5 | 3.8 | 16 | 24 | √100 脉冲/s |
| | A | 39 | 38 | 4.3 | 3.7 | 42 | 28 | √100 脉冲/s |
| | A | 42 | 41 | 4.1 | 4.1 | 11 | 24 | △ |
| | B | 39 | 40 | 4.3 | 4.6 | 45 | 40 | √单次 |
| | B | 40 | 41 | 3.8 | 4.0 | 24 | 11 | △ |
| | C | 41 | 40 | 4.0 | 3.7 | 11 | 26 | △ |

（续）

| 辐射场强<br>/(kV/m) | 放置<br>状态 | 工作电流/mA | | 检波电压/V | | 灵敏度/cm | | 辐射效应 |
|---|---|---|---|---|---|---|---|---|
| | | 试验前 | 试验后 | 试验前 | 试验后 | 试验前 | 试验后 | |
| 26 | A | 41 | 50 | 4.0 | 3.8 | 40 | 33 | √单次 |
| | A | 42 | 42 | 5.0 | 5.4 | 40 | 45 | √单次 |
| | A | 43 | >50 | 4.0 | 3.9 | 19 | 27 | √20 脉冲/s |
| | A | 38 | 41 | 3.6 | 4.0 | 55 | 60 | √单次 |
| | A | 43 | 40 | 2.3 | 2.1 | 64 | 90 | △ |
| | B | 40 | 42 | 3.4 | 4.2 | 12 | 70 | √100 脉冲/s |
| | B | 37 | 42 | 3.7 | 4.3 | 8 | 34 | √100 脉冲/s |
| | B | 40 | 41 | 2.2 | 5.6 | 18 | 38 | △ |
| | B | 39 | 42 | 2.8 | 2.8 | 9 | 48 | △ |
| | B | 38 | 41 | 2.6 | 2.8 | 20 | 60 | △ |
| | C | 45 | 42 | 4.5 | 3.8 | 50 | 70 | √单次 |
| | C | 44 | 43 | 4.0 | 4.0 | 30 | 19 | △ |
| 38 | A | 40 | 42 | 2.4 | 2.4 | 40 | 50 | √单次 |
| | A | 40 | 42 | 2.4 | 2.9 | 40 | 20 | √单次 |
| | A | 40 | 42 | 2.4 | 2.2 | 28 | 44 | √单次 |
| | A | 41 | 39 | 5.6 | 5.4 | 38 | 17 | √单次 |
| | A | 41 | >50 | 2.2 | 2.1 | 33 | 34 | √单次 |
| | A | 41 | >50 | 2.9 | 3.0 | 24 | 32 | √单次 |
| | A | 43 | 42 | 5.0 | 5.5 | 21 | 33 | √单次 |
| | A | 43 | 39 | 3.2 | 3.4 | 54 | 100 | √100 脉冲/s |
| | A | 38 | 39 | 2.1 | 2.1 | 23 | 2 | △ |
| | B | 39 | 40 | 2.2 | 2.6 | 45 | 100 | √20 脉冲/s |
| | B | 40 | 42 | 4.6 | 5.2 | 50 | 80 | √100 脉冲/s |
| | B | 43 | 33 | 4.9 | 2.1 | 45 | 23 | △ |
| | B | 43 | 41 | 5.5 | 2.2 | 52 | 15 | △ |
| | B | 42 | 43 | 2.6 | 5.0 | 20 | 21 | △ |
| | C | 38 | 39 | 2.5 | 2.8 | 27 | 100 | √20 脉冲/s |
| | C | 38 | 39 | 2.1 | 2.0 | 32 | 45 | √20 脉冲/s |
| | C | 41 | 42 | 2.3 | 2.6 | 48 | 20 | △ |
| | C | 40 | 38 | 4.0 | 3.6 | 44 | 70 | △ |

从表 5 - 3 可以看出:受试无线电引信处于放置状态 A 时,弹体垂直放置,轴线与辐射场电场方向平行,电磁脉冲辐射效应最明显;引信处于放置状态 B 时,电磁脉冲辐射效应敏感程度次之,尤其是当引信及其配试弹体水平横向(轴线垂直于辐射方向水平状态)放置时,电磁脉冲辐射效应最不明显,在 10kV/m 的辐射场强作用下受试的 10 发引信均未发生明显变化。不同放置状态、不同辐射场强作用下受试无线电引信的意外发火率如表 5 - 4 所列。在放置状态 A 下受试无线电引信的发火率随辐射场强增强迅速提高,但进一步试验发现提高辐射场强也很难使发火率达到 100% ,说明受试无线电引信抗电磁脉冲能力分散性很大;在放置状态 B、C 下受试无线电引信的发火率也随辐射场强增强而变大,但变化规律不明显,具有一定的随机性。

表 5 - 4　受试引信超宽谱电磁脉冲辐射发火率

| 辐射场强/(kV/m) | 12 | 16 | 26 | 38 |
|---|---|---|---|---|
| 放置状态 A | 10% | 30% | 40% | 80% |
| 放置状态 B | 0 | 10% | 20% | 20% |
| 放置状态 C | 0 | 0 | 10% | 20% |

从表 5 - 3 可以看出:试验前后,受试引信的检波电压虽然也会出现上下波动,但波动的范围并不大,除个别引信外,一般都能控制在 15% 以内。即使变化范围相对较大的引信,其试验前后的检波电压也能控制在正常范围(2 ~ 9V)以内,说明超宽谱电磁脉冲辐射对该型受试引信检波电压指标的影响可以忽略。

该型受试引信的正常工作电流范围是(40 ± 5)mA,效应试验前后,大多数受试引信的工作电流变化不大且均在合格范围内,但在 26kV/m、38kV/m 辐射场强作用下,分别出现了 2 发垂直放置和 2 发垂直放置、1 发水平平行放置的引信在效应试验前后的工作电流变化很大,试验后工作电流大幅度减小或超过 50mA,在表 5 - 3 中加底纹表示,说明此时受试引信虽然仍能完成相关功能,但内部已经出现了部分损伤。

超宽谱电磁脉冲辐射对受试引信的发火灵敏度影响明显,无论试验过程中受试引信是否发火,其灵敏度(检验时以发火作用距离表示)都可能产生成倍的变化,说明超宽谱电磁脉冲能够有效影响受试引信接近目标时的发火起爆时间,导致相关弹药的作战效能降低。

2)普通集成电路结构引信的效应试验结果

为分析、比较同一工作原理(电路)、不同电路结构的分米波无线电引信的超宽谱电磁脉冲辐射效应之间的差异,采用与厚膜电路结构引信电磁脉冲辐射效应相同的试验方法,对普通集成电路结构的同型分米波无线电引信进行了超宽谱电磁脉冲辐射效应对比试验。与厚膜电路结构引信相同,在受试引信及其配试弹体垂直放置状态下,受试引信的电磁脉冲辐射发火率仍远高于水平放置状态的发火率;不同的是,普通集成电路结构的受试引信在超宽谱电磁脉冲场辐射作用后,产生了不可恢复的硬损伤。受试引信及其配试弹体垂直放置状态下,试验结果如表5-5所列,每一辐射场强作用下的受试引信样品数量仍为10,表中仅给出了出现效应的样本。

表5-5 普通集成电路结构分米波引信超宽谱电磁脉冲辐射效应试验结果

| 辐射场强 /(kV/m) | 工作电流/mA | | 检波电压/V | | 灵敏度/cm | | 射效应 |
|---|---|---|---|---|---|---|---|
| | 试验前 | 试验后 | 试验前 | 试验后 | 试验前 | 试验后 | |
| 12 | 40 | 36 | 2.7 | 2.6 | 50 | 87 | √单次 |
| | 43 | 37 | 2.8 | 2.5 | 23 | 26 | √单次 |
| | 44 | 38 | 4.5 | 4.3 | 20 | 23 | √单次 |
| | 44 | 38 | 2.8 | 3.4 | 20 | 40 | √100脉冲/s |
| 20 | 42 | 44 | 3.0 | 2.8 | 30 | 20 | √单次 |
| | 43 | 44 | 4.7 | 4.5 | 40 | 20 | √单次 |
| | 39 | 40 | 2.9 | 2.7 | 20 | 50 | √单次 |
| | 42 | 43 | 3.0 | 2.8 | 26 | 23 | √单次 |
| | 43 | 20 | 6.0 | >10 | 26 | 0 | 高频组件损坏 |
| | 42 | 40 | 5.7 | 1.8 | 32 | 35 | △ |
| 26 | 44 | 42 | 2.9 | 3.0 | 39 | 30 | √单次 |
| | 41 | 42 | 5.6 | 5.7 | 33 | 32 | √单次 |
| | 39 | 39 | 2.9 | 2.9 | 25 | 20 | √单次 |
| | 42 | 41 | 4.4 | 4.4 | 20 | 24 | √单次 |
| | 43 | 42 | 3.2 | 3.1 | 23 | 40 | √单次 |
| | 43 | 43 | 4.6 | 4.7 | 22 | 40 | √20脉冲/s |
| | 40 | 40 | 3.6 | 3.4 | 14 | 0 | 组件损坏 |
| 38 | 42 | 42 | 3.6 | 3.5 | 25 | 27 | √单次 |
| | 42 | 41 | 3.8 | 3.8 | 33 | 48 | √单次 |
| | 39 | 40 | 3.2 | 2.8 | 35 | 20 | √单次 |
| | 43 | 42 | 3.2 | 3.0 | 30 | 24 | √单次 |
| | 44 | >50 | 2.8 | 0 | 10 | 5 | √单次/频率变化9% |
| | 44 | 44 | 3.2 | 3.3 | 35 | 35 | √单次 |
| | 43 | 44 | 5.0 | 4.9 | 32 | 26 | √20脉冲/s |

表 5-5 中加底纹表示的 3 发受试引信在超宽谱电磁脉冲作用后出现了明显的硬损伤：1 发引信在 20kV/m、100 脉冲/s 的电磁脉冲串辐射作用后，高频振荡频率消失，发火灵敏度变为零，工作电流大幅度减小，而检波直流电压提高到 10V 以上，说明高频振荡管可能已被电磁脉冲击穿——断路；1 发引信在 26kV/m、100 脉冲/s 的电磁脉冲串辐射作用后，虽然工作电流、检波电压、工作频率都基本正常，但发火灵敏度变为零，失去了近炸功能，说明受试引信高低频组件中有的元件已经损坏；1 发引信在 38kV/m、单次电磁脉冲辐射作用后，出现工作电流大幅度提高、检波电压降为零、发火灵敏度降低的故障现象，且工作频率变化 9%，说明高频组件已出现元件损伤。从受试引信的不同损伤情况看，高频组件损伤的可能性最大，但试验数据难以反映引信的损伤规律，主要表现为受试引信的个体差异。由此可以推断，受试引信抗电磁脉冲辐射损伤的能力分散性很大。

综合比较表 5-3、表 5-5 的试验数据可以看出：采用厚膜电路结构的受试引信较普通集成电路结构的受试引信抗电磁脉冲能力更强，主要表现在 26kV/m 以下辐射场强作用下的发火率低，在电磁脉冲串多次辐射作用下也未出现明显的硬损伤，但两种电路结构的引信在高场强作用下的发火率相差不大，大约为 80%。从表中还可以看出一个"反常现象"，似乎厚膜电路结构的受试引信比普通集成电路结构的受试引信更易受电磁脉冲辐射产生工作参数变化或潜在性损伤，具体表现为工作电流、检波电压和发火（距离）灵敏度变化较大。深入分析可以发现，两者的试验条件相差较大，普通集成电路结构的受试引信大多仅经受了单次电磁脉冲的辐射，而厚膜电路结构的受试引信大多经受了 20 脉冲/s、100 脉冲/s 脉冲串的反复辐射；若仅比较经受单次电磁脉冲辐射的受试引信工作参数变化情况或损伤情况，则不会得出上述错误结论。由此可以推断，超宽谱电磁脉冲辐射导致受试引信工作参数变化、潜在性损伤或损伤均具有累积效应。

## 5.3.4　电磁辐射对米波无线电引信工作性能的影响

与上述分米波无线电引信相比，某型米波无线电引信及其配装炮弹弹体构成的不对称偶极子天线的几何尺寸要大许多，对中心频率为 400 MHz 左右的超宽谱电磁脉冲辐射而言，其天线等效长度更接近于电磁波的半波长，接收效率应当大于受试分米波无线电引信，由此产生的辐射效应也应该更明显。基于以上考虑，对某型米波无线电引信进行了超宽谱电磁脉冲辐射效应对比试验。为研究电磁脉冲辐射的能量耦合通道，选择了 10 发受试米波无线电引信作为试验样本，其中 7 发引信功能正常，3 发引信不能产生高频振荡信号。

试验发现：受试米波无线电引信对超宽谱电磁脉冲辐射非常敏感，即使将受试米波无线电引信及其配试弹体安置在试验场地的最远端，测得超宽谱电磁脉冲辐射场强为 10kV/m,无论受试米波无线电引信的高频组件是否损坏,在加电工作状态下全部被单次电磁脉冲辐射触发点火,误炸率高达 100% ,试验结果如表 5 - 6 所列。由此可见:该型受试米波无线电引信远比上述分米波受试无线电引信对超宽谱电磁辐射敏感。进一步分析表明,该型米波无线电引信对超宽谱电磁脉冲辐射敏感的原因不仅在于等效天线长度的增加,更根本的原因是该型米波无线电引信的抗电磁干扰能力差,即使没有高频振荡——自差收发机损坏,在超宽谱电磁脉冲辐射作用下,点火电路仍能 100% 动作,导致引信误炸。说明超宽谱电磁脉冲辐射能够直接作用于该型引信的低频信号处理电路或起爆执行电路使引信误炸。遗憾的是,受试验设备和场地条件的限制,没有能够研究更低场强的超宽谱电磁脉冲对该型引信的辐射效应,难以给出其电磁辐射发火临界场强。

表 5 - 6    10kV/m 受试米波无线电引信超宽谱电磁脉冲辐射效应

| 引信编号 | 1~7 | 8~10 |
|---|---|---|
| 辐射前功能 | 功能正常,全部技术指标合格 | 不能产生高频振荡信号 |
| 辐射效应 | √单次 | √单次 |
| 说明:受试米波引信垂直摆放,与电场极化方向平行;辐射场强为 10kV/m | | |

### 5.3.5    超宽谱电磁脉冲辐射对无线电引信的作用机理

超宽谱电磁脉冲辐射作用于加电正常工作的受试无线电引信,触发使其发火的原因主要有两个:一是超宽谱电磁脉冲能量直接或通过与电点火头相连接的电路耦合到引信的电点火头,当耦合到电点火头的外界电磁能量大于其临界发火能量时,导致受试引信意外发火;二是外界电磁辐射通过干扰引信的电子组件导致引信起爆执行电路误动作,储能电容通过晶闸管对电点火头放电,造成引信发火。这两种原因的主要区别是前者造成电点火头发火的能量是由外界电磁脉冲辐射场提供的,而后者则是由引信自身点火电路的储能电容提供的。从超宽谱电磁脉冲辐射对技术处理状态无线电引信安全性的影响试验结果来看,可将第一种可能性排除。

为了进一步分析超宽谱电磁脉冲辐射对无线电引信的作用机理,选择部分器件损坏后的分米波无线电引信进行了电磁脉冲辐射效应对比试验。它们分别是高频组件损坏的引信 7 发,表现为通电后不能产生高频振荡信号,发火灵敏度检测时也不能输出发火信号,直流检波电压为 0 或大于 10V;高频振荡信号正常但发火灵敏度检测时不能输出发火信号的引信 10 发。与前述无线电引信电磁脉冲辐射效应试验方法相同,受试引信及其配试弹体垂直摆放,对它们分别进行电场强度为 25kV/m、37kV/m 和 53kV/m 的辐射效应试验,结果如表 5 - 7 所列(表中◇表示受试引信未发火)。高频组件损坏的 7 发引信在 25kV/m 辐射场强作用下,受试引信均未发火,而在 37kV/m 和 53kV/m 辐射场强作用下分别有 2 发引信发火,其他技术参数未发生明显变化。而高频振荡信号正常的 10 发引信在 25kV/m 和 37kV/m 辐射场强作用下,分别有 2 发引信发火,在 53kV/m 辐射场强作用下,又增加 1 发引信被 20 脉冲/s 脉冲串辐射触发出现发火。值得说明的是,在 3 种辐射场强作用下,出现发火的引信个体未发生变化,即低场强辐射出现发火的引信在高场强辐射条件下,仍然能够出现发火(电点火头已更换)。

表 5 - 7　受损分米波无线电引信超宽谱电磁脉冲辐射效应

| 序号 | 工作电流/mA | | 检波电压/V | | 试验前后 高频振荡 | 25kV/m 辐射效应 | 37kV/m 辐射效应 | 53kV/m 辐射效应 |
|---|---|---|---|---|---|---|---|---|
| | 试验前 | 试验后 | 试验前 | 试验后 | | | | |
| 1 | 14 | 15 | 0 | 0 | 0 | ◇ | ◇ | ◇ |
| 2 | 25 | 26 | 0 | 0 | 0 | ◇ | ◇ | ◇ |
| 3 | 33 | 32 | 0 | 0 | 0 | ◇ | ◇ | ◇ |
| 4 | 44 | 44 | >10 | >10 | 0 | ◇ | ◇ | ◇ |
| 5 | 50 | 51 | 0 | 0 | 0 | ◇ | √20 脉冲/s | √单次 |
| 6 | 64 | 65 | 0 | 0 | 0 | ◇ | √单次 | √单次 |
| 7 | >100 | >100 | 0 | 0 | 0 | ◇ | √单次 | √单次 |
| 8 | 88 | 88 | 0.8 | 0.8 | 正常 | ◇ | ◇ | ◇ |
| 9 | 48 | 48 | 2.3 | 2.2 | 正常 | ◇ | ◇ | √20 脉冲/s |
| 10 | 44 | 44 | 0 | 0 | 正常 | ◇ | ◇ | ◇ |
| 11 | 44 | 45 | 7.1 | 7.0 | 正常 | √单次 | √单次 | √单次 |
| 12 | 23 | 24 | 1.0 | 1.0 | 正常 | ◇ | ◇ | ◇ |
| 13 | 20 | 20 | 3.1 | 3.2 | 正常 | √单次 | √单次 | √单次 |
| 14 | 27 | 27 | 3.0 | 3.0 | 正常 | ◇ | ◇ | ◇ |
| 15 | 25 | 24 | 2.8 | 2.8 | 正常 | ◇ | ◇ | ◇ |
| 16 | 23 | 22 | 0 | 0 | 正常 | ◇ | ◇ | ◇ |
| 17 | 23 | 24 | 2.3 | 2.2 | 正常 | ◇ | ◇ | ◇ |
| 说明:受试分米波引信垂直摆放,与电场极化方向平行;1~7 号高频组件损坏,8~17 号高频振荡信号正常但发火灵敏度检测时不能输出发火信号 | | | | | | | | |

分析上述试验结果可以看出:即使高频组件损坏的引信,在超宽谱电磁脉冲辐射作用下仍然能够出现发火,说明导致无线电引信意外发火的一个重要原因是超宽谱电磁脉冲辐射直接作用于引信的低频电路或后续起爆执行电路。考虑

到引信的电路特点——可抗数个电脉冲干扰,超宽谱电磁脉冲辐射场通过引信高频组件正常作用使引信意外发火的可能性很小。

对高频振荡信号正常但发火灵敏度检测时不能输出发火信号的 10 发引信,超宽谱电磁脉冲效应试验时有 3 发出现了意外发火。对比出现意外发火的 3 发引信的工作电流可知,至少 13 号受试引信的低频信号处理电路已经损坏(高频电路工作正常,工作电流大幅度降低),说明超宽谱电磁脉冲辐射场能够直接作用于受试引信的起爆执行电路使引信误炸。

综上所述,超宽谱电磁脉冲辐射场是通过引信天线、与之相连的弹体或内部电路直接作用于无线电引信的低频组件或起爆执行电路,使起爆执行电路发生误动作,造成无线电引信意外发火的。

当受试无线电引信及其配试弹体垂直摆放时(与超宽谱电磁脉冲辐射场的极化方向平行),辐射效应最明显,无论是导致无线电引信误炸,还是产生软损伤(引信工作参数变化)、硬损伤(引信损坏)的概率都远高于受试引信及其配试弹体水平平行摆放或水平横向状态摆放时,即超宽谱电磁脉冲辐射场是通过电场耦合作用于受试无线电引信导致其发火或产生软、硬损伤的。

## 5.4　无线电引信高功率微波电磁辐射效应机理

为比较窄谱强电磁脉冲与超宽谱电磁脉冲对无线电引信辐射效应的异同性,采用 S 波段微波源在微波暗室内组成高功率微波试验系统对无线电引信进行了辐射效应研究,试验布置如图 5 – 10 所示。其中微波源的振荡频率为 2.865GHz,脉冲宽度为 80ns ~ 2μs 可调,输出脉冲串的重复率为 10 ~ 50 脉冲/s。试验过程中,受试无线电引信及其配试弹体置于辐射天线正前方,通过控制台调节高功率微波源的输出功率并借助双定向耦合器、功率计进行测量,通过监视窗观察(受试引信安装电点火头时)或点对点光纤连接(受试引信电点火头用等值电阻代替时)测试发火信号判断受试无线电引信是否出现意外发火。

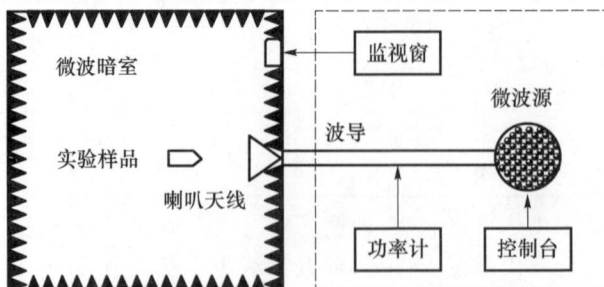

图 5 – 10　高功率微波辐射效应试验布置图

微波暗室的内部尺寸为 $10\mathrm{m} \times 10\mathrm{m} \times 4\mathrm{m}$，内部 6 面贴尖劈形吸波材料，屏蔽效能约为 $100\mathrm{dB}$。S 波段喇叭天线长边 $D$ 为 $38\mathrm{cm}$，短边为 $25\mathrm{cm}$，辐射增益 $G$ 为 $18.8\mathrm{dB}$，天线辐射方向是微波暗室内部正前方。微波暗室内远场电磁波为 TEM 垂直极化波。对于 S 波段，远场离喇叭天线口的距离应大于 $d$，$d$ 的计算公式如下：

$$d = 2D^2/\lambda = 2.758(\mathrm{m}) \tag{5-2}$$

微波功率测试系统（功率计）的作用是实时监测微波源传输到天线上的微波脉冲功率，首先由与波导相连的双定向耦合器，耦合出很小一部分微波功率，输出的微波能量经衰减器衰减后，由微波线缆传送给微波功率计探头，最终经换算和校准后由峰值功率计给出传输到天线上的微波脉冲功率。功率计读出的微波功率可以用来计算受辐射引信所在处的微波脉冲能流密度。在辐射天线正前方主波束内距离微波天线喇叭口 $R$ 处（远场，$R > 2.8\mathrm{m}$）的微波能流密度为

$$P_{\mathrm{W}} = GP/(4\pi R^2) \tag{5-3}$$

式中 $P$——微波辐射功率；

$G$——天线增益，$G = 75.86$。

对应的辐射电场强度为

$$E = \sqrt{30GP}/R \tag{5-4}$$

与 5.3.2 节试验结果类似，在试验场强范围内，即使受试无线电引信出现严重的硬损伤，高功率微波电磁辐射也不能直接导致处于技术处理状态的受试无线电引信的电点火头发火，后续试验中引信发火都是其起爆执行电路误动作引起的。

## 5.4.1 高功率微波辐射对工作状态分米波无线电引信的辐射效应

如前所述，在进行效应试验时，高功率微波辐射场垂直极化，受试引信及配试弹体摆放于微波暗室中，处于高功率微波辐射天线正前方，通过调节受试引信及配试弹体的摆放方向，确定受试引信的最敏感电磁辐射耦合方向。

试验时，对受试无线电引信加电工作后接上电点火头（DD-17），试验人员离开微波暗室并关闭屏蔽门后，开启微波辐射源，将微波天线的发射功率步进上调至最高输出功率 $850\mathrm{kW}$。如果在上调高功率微波发射功率的过程中，受试无线电引信意外发火，则停止上调高功率微波发射功率，记录此时的微波发射功率值，更换引信和电点火头后继续进行效应试验。其他试验条件与进行超宽谱电磁脉冲辐射效应试验时相同。

　　配试弹体以垂直或平行状态摆放,每种状态随机选取受试引信10发进行效应试验。当受试引信及配试弹体距辐射天线喇叭口6m时,经高功率微波辐射后产生明显效应的受试分米波无线电引信如表5-8所列,所有受试引信的工作频率均未发生明显变化,表中未给出具体数据。当引信及配试弹体垂直摆放时,在10发受试分米波无线电引信中,有3发引信分别在发射功率为600kW、830kW、850kW时出现意外发火,换算成辐射场强分别为6.16kV/m、7.24kV/m和7.33kV/m。除此之外,有4发引信被850kW(7.33kV/m)的高功率微波辐射后,发火灵敏度或检波电压出现明显变化,1发受试引信的工作电流大幅度提高,应该是出现了硬损伤。而当引信平行摆放时,在10发受试引信中,仅有1发引信在发射功率为400kW(5.03kV/m)时出现意外发火,辐射效应试验后除高频振荡保持相对稳定外,发火灵敏度、检波电压和工作电流等技术指标有5发引信出现较大的变化,尤其是2发受试引信的工作电流大幅度提高,应该是出现了硬损伤。比较受试引信摆放状态对试验结果的影响可以看出,无论是受试引信意外发火还是出现硬损伤,似乎与受试引信及配试弹体的摆放状态关系不大,具有一定的随机性。虽然垂直摆放状态意外发火数量多,但平行摆放状态下意外发火的辐射场强反而更低。究其原因,可能是试验时高功率微波的波长与配试弹体的直径相当造成的。

表5-8　分米波无线电引信高功率微波辐射效应(引信距天线6m)

| 受试引信摆放状态 | 工作电流/mA | | 检波电压/V | | 灵敏度/cm | | 辐射效应 |
|---|---|---|---|---|---|---|---|
| | 试验前 | 试验后 | 试验前 | 试验后 | 试验前 | 试验后 | |
| 垂直 | 39 | 40 | 2.5 | 2.4 | 17 | 17 | √830kW |
| 垂直 | 42 | 42 | 2.9 | 2.8 | 40 | 60 | √600kW |
| 垂直 | 34 | >50 | 2.5 | 2.0 | 20 | 8 | √850kW |
| 垂直 | 42 | 43 | 5.4 | 5.7 | 44 | 8 | △ |
| 垂直 | 39 | 41 | 2.5 | 4.3 | 17 | 100 | △ |
| 垂直 | 41 | 40 | 2.4 | 1.2 | 40 | 100 | △ |
| 垂直 | 44 | 36 | 5.5 | 1.9 | 35 | 40 | △ |
| 平行 | 39 | >50 | 2.1 | 2.0 | 34 | 56 | √400kW |
| 平行 | 42 | 43 | 5.4 | 5.7 | 44 | 8 | △ |
| 平行 | 39 | 41 | 4.3 | | 17 | 100 | △ |
| 平行 | 41 | 40 | 2.4 | 1.2 | 40 | 100 | △ |
| 平行 | 34 | >50 | 2.5 | 2.0 | 20 | 8 | △ |

由于高功率微波效应试验结果对受试引信的摆放状态并不十分敏感,为降低试验工作量,后续试验时受试引信及配试弹体垂直摆放,与高功率微波的极化方向一致,使受试无线电引信与高功率微波辐射场的能量耦合"最强"。

调整受试无线电引信及配试弹体与微波辐射天线喇叭口之间的距离到 4m,重新对加电的无线电引信进行高功率微波辐射效应试验,此时受试引信处的高功率微波能流密度最大为 321kW/m$^2$,最大辐射电场强度为 11.00kV/m。试验结果如表 5 -9 所列。在 10 发受试分米波无线电引信中,有 3 发引信分别在发射功率为 400kW、500kW、800kW 时出现意外发火,换算成能流密度分别为 151kW/m$^2$、189kW/m$^2$ 和 302kW/m$^2$,对应的辐射电场强度分别为 7.54kV/m、8.43kV/m 和 10.67kV/m。试验后有 7 发引信的检波直流电压变为 0,其中有 6 发引信不再产生高频振荡且发火灵敏度变为 0,说明自差收发机彻底损坏。综合比较,在 10 发受试分米波无线电引信中,有 7 发引信在经历高功率微波辐射后产生了新的硬损伤,其中有 2 发引信既产生了硬损伤,又使电点火头意外发火。

比较表 5 - 8 和表 5 - 9 的试验结果可以看出:对高功率微波辐射来说,提高辐射能流密度并不能大幅度提高受试无线电引信的发火率,而是使无线电引信出现硬损伤的比例迅速上升。高功率微波辐射对受试分米波无线电引信的作用以意外发火和硬损伤为主,导致硬损伤的最小能流密度为 140～150kW/m$^2$。

表 5 - 9　分米波无线电引信高功率微波辐射效应(引信距天线 4m)

| 工作电流/mA | | 检波电压/V | | 试验后工作频率 | 灵敏度/cm | | 辐射效应 |
| --- | --- | --- | --- | --- | --- | --- | --- |
| 试验前 | 试验后 | 试验前 | 试验后 | | 试验前 | 试验后 | |
| 40 | 35 | 1.2 | 2.1 | 正常 | 40 | 55 | √800kW |
| 41 | 42 | 4.3 | 0 | 0 | 100 | 0 | √500kW × |
| >50 | >50 | 2.0 | 0 | 0 | 8 | 0 | √400kW × |
| 40 | 41 | 2.4 | 0 | 0 | 17 | 0 | × |
| 43 | 45 | 5.7 | 0 | 0 | 8 | 0 | × |
| >50 | >50 | 2.0 | 0 | 0 | 56 | 0 | × |
| 36 | 37 | 1.9 | 0 | 0 | 40 | 0 | × |
| 43 | 34 | 3.4 | 0 | 正常 | 60 | 57 | × |

提高高功率微波的能流密度不能有效提高无线电引信意外发火率有两方面的原因:一是受试无线电引信的低频信号处理电路抗电磁脉冲能力相对薄弱,在高功率微波辐射作用下首先出现硬损伤(如辐射后检波电压为 0),使起爆执行电路的输入端短路,抗电磁脉冲能力增强,出现意外发火所需的辐射能流密度迅

速提高;二是在高功率微波辐射作用下起爆执行电路首先出现硬损伤,储能电容器不再能够对电点火头放电,电磁场的能量很难直接引爆无线电引信。因此,提高高功率微波的辐射能流密度只能使无线电引信出现硬损伤的比例迅速上升。

### 5.4.2 高功率微波辐射对工作状态分米波无线电引信的作用机理

1) 能量耦合途径与损伤机理分析

高功率微波辐射对无线电引信的能量耦合途径主要有 2 种,即通过引信天线或弹体的"前门"耦合方式和通过屏蔽不严的引信电路的"后门"耦合方式。通过"前门"耦合时,引信接收的电磁辐射信号直接加到自差收发机的输入端或者导致地电位波动,对引信高频振荡管影响最大,对低频处理电路也会造成一定的影响。高功率微波辐射能流密度较低时,引信接收的电磁能量不足以破坏引信的高频振荡管,但可能会对引信电路参数产生影响,使其发火灵敏度、检波电压和工作电流等出现较大变化,表 5-7 的试验数据证明了这一观点。高功率微波辐射能流密度高时,天线接收的浪涌电压或浪涌电流可直接导致高频振荡管击穿或烧毁,具体表现是引信的自差收发机损坏——发射频率变为 0,同时导致检波直流电压和发火灵敏度变为 0,表 5-9 的试验数据表明,这种损伤模式是受试分米波无线电引信的主要损伤模式,也证明了高功率微波"前门"耦合产生的电磁信号幅值大,容易造成引信的硬损伤。

由于当屏蔽系统上的孔缝尺寸大于入射电磁波波长的 1/4 时,入射电磁波 90% 以上的能量都可以通过孔缝耦合进入系统内部,而当孔缝尺寸小于入射电磁波波长的 1/8 时,耦合进入系统内部的能量随着缝隙变小而急剧下降。因此,高功率微波的高频特点决定了它以"后门"耦合方式作用于引信的可能性也较大。由于无线电引信的高频组件——自差收发机一般采用塑封方式,不具备电磁屏蔽功能,所以,高功率微波电磁脉冲可直接作用于自差收发机内部。另外,引信高频组件与低频组件之间的连线、孔洞为高功率微波辐射进入引信的低频组件提供了通路,成为高功率微波辐射对无线电引信作用的重要途径。在引信自差收发机未出现硬损伤的情况下,高功率微波电磁辐射作用能够使引信元器件产生不可逆的软损伤,使无线电引信低频信号处理电路的工作点发生改变,引起引信的发火灵敏度和工作电流出现明显变化(参见表 5-7 的试验数据),"后门"耦合也可能是导致引信技术指标发生变化的主要原因。

2) 无线电引信意外发火及损伤机理分析

由于高功率微波辐射频率单一(试验时采用 2.865GHz)且远离受试分米波无线电引信的工作频率及其谐波频率,在进行微波辐射效应试验时,不可能产生类似于目标回波信号的错误信息使引信意外发火。高功率微波电磁脉冲只能通过引信天线或未屏蔽的引信电路以"前门"或"后门"耦合的方式,把高功率微波辐射激发的浪涌信号加到引信电子部件中的低频信号处理电路,触发起爆执行电路,或直接作用于起爆执行电路,使晶闸管导通,点火储能电容对电点火头放电,使引信意外发火。

为证明上述观点,对自差收发机已完全损坏(发射频率消失、不能输出发火控制信号)的受试分米波无线电引信进行了高功率微波辐射效应试验。与前述试验配置相同,试验时受试引信及配试弹体垂直摆放于辐射天线正前方并加电工作,距离辐射天线喇叭口 4m。试验结果如表 5 – 10 所列,在 10 发受试无线电引信中,有 5 发引信分别在微波辐射功率为 50kW、50kW、260kW、344kW 和 850kW 时出现意外发火,相应的能流密度分别为 18.9kW/m²、18.9kW/m²、98.1kW/m²、130kW/m² 和 321kW/m²,对应的辐射场强分别为 2.67kV/m、2.67kV/m、6.08kV/m、7.00kV/m 和 11.00kV/m。效应试验后又有 4 发引信产生了新的硬损伤(表中辐射效应栏用 × 表示),工作电流变为 0,说明受试引信的自差收发机和低频信号处理电路均被烧毁或击穿,完全丧失了工作能力。

表 5 – 10　自差收发机损坏的分米波无线电引信高功率微波辐射效应

| 工作电流/mA | | 检波电压/V | | 辐射效应 |
| --- | --- | --- | --- | --- |
| 试验前 | 试验后 | 试验前 | 试验后 | |
| 45 | 43 | >10 | >10 | √50kW |
| 50 | 50 | 0 | 0 | √50kW |
| 25 | 24 | 0 | 0 | √260kW |
| >100 | 0 | 0 | 0 | √344kW × |
| 34 | 0 | 0 | 0 | √850kW × |
| 14 | 0 | 0 | 0 | × |
| 63 | 0 | 0 | 0 | × |
| 注:试验样本量为10;表中仅列出了产生明显辐射效应的样本,其他3发未产生明显变化 | | | | |

比较表 5 – 8 ~ 表 5 – 10 的试验数据不难看出:引信的自差收发机损坏后,在高功率微波辐射作用下,受试分米波无线电引信不但仍然能够产生意外发火,而且其临界发火能流密度大幅度降低,从原来的 67.1kW/m² 急剧下降到 18.9kW/m²(临界发火场强从 5.03kV/m 下降到 2.67kV/m)。分析其原因:一是自差收发机损坏后,引信低频组件的输入阻抗提高,接收电磁脉冲的能力增强;二是引信天线接收的电磁脉冲通过损坏的高频组件直接传导触发低频组件,效率提高。同时,在再次进行高功率微波辐射效应试验时,出现了新的硬损伤形式,如工作电流变为 0。这说明高功率微波辐射具有累积效应,首次辐射效应试

验后,引信出现了一定程度的损伤,使其抗电磁辐射能力下降。

总之,高功率微波辐射是通过带外耦合影响受试分米波无线电引信的低频组件导致其意外发火的,高功率微波辐射导致无线电引信损伤具有累积效应。

3）高功率微波辐射导致无线电引信意外发火的根本原因

前面的分析已经确定了高功率微波辐射对无线电引信作用的能量耦合途径、损伤机理和引起意外发火的大致原因。由于低频组件包括低频信号处理电路和起爆执行电路两部分,到底高功率微波辐射是通过哪一部分电路引起无线电引信意外发火的呢?下面通过试验进行验证。

选取高频振荡信号正常(自差收发机正常工作),起爆灵敏度为0(低频组件损坏)的分米波无线电引信进行高功率微波辐射效应试验。试验时受试引信及配试弹体垂直摆放于辐射天线正前方并加电工作,距离辐射天线喇叭口4m。在10发受试分米波无线电引信中,有4发引信分别在微波发射功率为50kW、70kW、250kW和280kW时意外发火,能流密度分别为18.9kW/m²、26.4kW/m²、94.3kW/m²和106kW/m²,对应的辐射场强分别为2.67kV/m、3.16kV/m、5.95kV/m和6.31kV/m,结果如表5-11所列。效应试验后,有7发受试引信产生了新的故障现象(表中辐射效应栏用×表示),表现为高频振荡信号消失或检波电压发生了较大程度的改变,这一现象同样证明了高功率微波辐射导致受试无线电引信损伤具有累积效应。

表5-11 低频组件损坏的分米波无线电引信高功率微波辐射效应

| 编号 | 工作电流/mA | | 检波电压/V | | 试验后 | 辐射效应 |
| | 试验前 | 试验后 | 试验前 | 试验后 | 工作频率 | |
|---|---|---|---|---|---|---|
| 1 | 23 | 22 | 0 | 0 | 正常 | √50kW |
| 2 | 24 | 24 | 2.3 | 2.2 | 正常 | √70kW |
| 3 | 21 | 22 | 3.1 | 3.1 | 正常 | √250kW |
| 4 | 24 | 24 | 2.7 | 0 | 0 | √280kW × |
| 5 | 23 | 23 | 1.0 | 0.2 | 0 | × |
| 6 | 28 | 27 | 2.9 | 0 | 0 | × |
| 7 | 45 | 44 | 7.0 | 0.8 | 0 | × |
| 8 | 45 | 44 | 3.2 | 0 | 正常 | × |
| 9 | 48 | 47 | 2.3 | 0 | 0 | × |
| 10 | 88 | 87 | 0.8 | 0.8 | 0 | × |

在上述10发受试分米波无线电引信中,由于试验前高频振荡信号正常,起爆灵敏度为0,因此可以断定其自差收发机正常工作,低频组件损坏。那么,到

底是低频信号处理电路损坏,还是起爆执行电路损坏了呢?从工作电流来分析。如前所述,受试无线电引信的正常工作电流范围是 $40\pm5$ mA,起爆执行电路(晶闸管)在非起爆的瞬间工作电流很小,在自差收发机正常工作的条件下,若工作电流与正常值相比变化较大,则可以判断为低频信号处理电路损坏(如表 5-11 中编号为 1~6 和 10 的引信),高功率微波辐射引起意外发火的 4 发引信分别为编号 1~4 的引信,出现意外发火时高功率微波辐射能流密度与表 5-10 大致相同。编号为 7~9 的引信,工作电流基本正常,在高功率微波辐射作用下,尽管又出现了新的硬损伤——高频振荡消失或发火灵敏度为 0,仍然未出现意外发火,估计其起爆执行电路(晶闸管)已被损坏。

通过以上分析可以看出:高功率微波辐射引起意外发火的 4 发受试引信均为低频信号处理电路已经损坏的引信,联想到高功率微波作用于自差收发机损坏的引信不仅意外发火率高,而且出现意外发火对应的高功率微波能流密度大幅度降低(表 5-10 的结论),可以推断,高功率微波辐射主要是通过直接作用于起爆执行电路(晶闸管)引起无线电引信意外发火的。

## 5.5　无线电引信强电磁脉冲防护技术

前述试验结果表明:在受试引信不加电工作的条件下,在试验场强范围内(超宽谱电磁脉冲 150kV/m、高功率微波 11kV/m),单纯从超宽谱电磁脉冲辐射场或高功率微波辐射中耦合的能量不足以导致引信所用的电点火头 DD-17 意外发火。在受试引信加电工作条件下,超宽谱电磁脉冲辐射场是通过影响无线电引信的低频电子组件,尤其是起爆执行电路导致无线电引信意外发火的;而高功率微波辐射也主要是通过直接作用于起爆执行电路(晶闸管)引起受试无线电引信意外发火的。那么,起爆执行电路(晶闸管)误动作的本质原因是什么呢?

### 5.5.1　强电磁脉冲导致晶闸管误动作的本质原因

图 5-11 所示是受试分米波无线电引信起爆执行电路的原理图,其中 SCR 为发火控制晶闸管,$S_f$ 为来自低频信号处理电路的发火控制信号,$C_1$ 为点火储能电容器,$R_1$ 为电源模块对储能电容 $C_1$ 进行充电的限流电阻,EED 为电点火头 DD-17。从图中可以看出:在电磁辐射作用下能够出现误动作导致受试引信意外发火的只能是晶闸管元件。由此可以推测引信意外发火有两种可能:一是晶闸管控制极得到发火控制信号 $S_f$ 使 SCR 正常导通,储能电容 $C_1$ 对 EED 放电使引信发火;二是 SCR 非正常导通,储能电容 $C_1$ 对 EED 放电使引信意外发火。

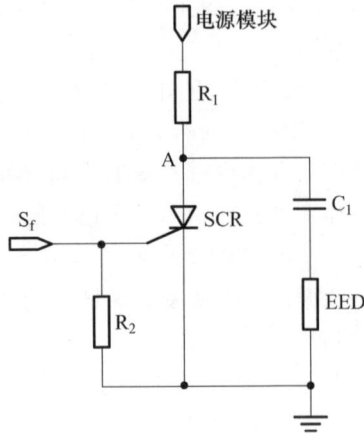

图 5 – 11　起爆执行电路原理图

对于第一种情况,根据效应试验结果和理论分析,无论是超宽谱电磁脉冲辐射,还是高功率微波辐射,电磁耦合信号都不能通过引信天线引入低频电路,导致其输出错误的发火控制信号引起受试引信意外发火。实测信号也证实了这一点,强场电磁辐射导致受试引信意外发火时,晶闸管发火控制信号 $S_f$ 没有变化,据此可以排除第一种可能。

晶闸管对正向电压的快速变化比较敏感,当电压变化速率超过临界值时,晶闸管无须控制极脉冲触发便可提前翻转到低阻区。由此可以断定:超宽谱电磁脉冲辐射、高功率微波辐射等强电磁脉冲场导致受试无线电引信意外发火的本质原因为:变化极快的电磁脉冲场耦合到引信电源模块和弹体上后,感应瞬变电压加载到执行电路的晶闸管阴阳极两端,产生的瞬变电压变化速率超过了晶闸管的断态电压临界上升率 $dV/dt$,导致晶闸管意外导通,储能电容器通过晶闸管对 EED 放电导致电点火头意外发火。

为了进一步提高受试引信抗电磁脉冲辐射能力,根据无线电引信强电磁脉冲场辐射意外发火的本质原因,可以采取多方面措施对其进行电磁防护加固。

## 5.5.2　更换晶闸管提高引信抗电磁脉冲辐射能力

首先,选用断态电压临界上升率 $dV/dt$ 更高的晶闸管代替受试无线电引信现用的晶闸管,在不影响引信其他技术指标的情况下,提高其抗强电磁脉冲辐射的能力。按受试引信发火执行电路制作印制电路板,进行电磁防护技术研究,采用 PHILIPS 公司生产的 BT169 替换受试引信用晶闸管前后,同一发受试无线电引信意外发火概率随超宽谱电磁脉冲辐射场强的变化情况如表 5-12 所列。根据试验数据拟合的发火率变化曲线如图 5-12 所示,晶闸管更换前后受试引信的超宽谱电磁脉冲辐射临界发火场强大约由 18kV/m 提高到 48kV/m。

表 5-12　更换晶闸管前后受试引信超宽谱电磁辐射发火率

| | | | | | | | | | |
|---|---|---|---|---|---|---|---|---|---|
| 更换前 | 场强/(kV/m) | 12 | 17 | 19 | 20 | 23 | 26 | 32 | 43 |
| | 发火率/% | 0 | 0 | 5 | 20 | 90 | 100 | 100 | 100 |
| 更换后 | 场强/(kV/m) | 43 | 48 | 50 | 51 | 54 | 58 | 68 | 80 |
| | 发火率/% | 0 | 0 | 5 | 10 | 80 | 100 | 100 | 100 |

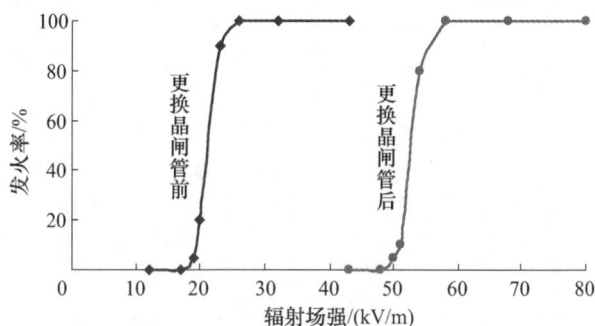

图 5-12　晶闸管更换前后受试引信超宽谱电磁脉冲辐射发火率对比

## 5.5.3　电源滤波技术

既然引信在瞬态电磁脉冲场辐射作用下,电源瞬变电压变化速率超过了晶闸管的断态电压临界上升率 $dV/dt$ 是晶闸管意外导通、导致引信意外发火的本质原因,那么,通过各种技术手段抑制受试引信电源电压的快速波动,应该能提高其抗强电磁脉冲辐射能力。

为此,利用印制电路板制作引信执行电路,分别研究了电容并联滤波、电感串联滤波、电感电容 L 形滤波对受试引信抗强电磁脉冲辐射的防护效果。兼顾元器件分布参数、体积和防护效果,确定了上述三种防护措施的元件参数最佳取值:电容滤波加载 1nF 旁路电容,电感滤波加载 12mH 电感,L 形滤波电感取值 12mH、电容取值 1nF。电源滤波前后同一发受试引信意外发火概率随超宽谱电磁脉冲辐射场强的变化情况如表 5-13 所列,拟合的发火率变化曲线如图 5-13 所示。由此可见,虽然电容滤波能够把受试引信的电磁脉冲辐射临界发火场强提高 60% 左右,但其防护效果比电感滤波、L 形滤波效果要差,采用 L 形滤波能够把受试引信的超宽谱电磁脉冲辐射临界发火场强提高 1 倍以上。

表 5 - 13  电源滤波前后受试引信超宽谱电磁辐射发火率

| | | | | | | | | |
|---|---|---|---|---|---|---|---|---|
| 滤波前 | 场强/(kV/m) | 43 | 48 | 50 | 51 | 54 | 58 | 68 |
| | 发火率/% | 0 | 0 | 5 | 10 | 80 | 100 | 100 |
| 电容滤波后 | 场强/(kV/m) | 68 | 80 | 85 | 87 | 92 | 96 | 102 |
| | 发火率/% | 0 | 0 | 5 | 20 | 100 | 100 | 100 |
| 电感滤波后 | 场强/(kV/m) | 82 | 89 | 91 | 92 | 96 | 104 | 107 |
| | 发火率/% | 0 | 0 | 5 | 10 | 100 | 100 | 100 |
| L形滤波后 | 场强/(kV/m) | 99 | 108 | 110 | 111 | 116 | 120 | 130 |
| | 发火率/% | 0 | 0 | 5 | 20 | 40 | 100 | 100 |

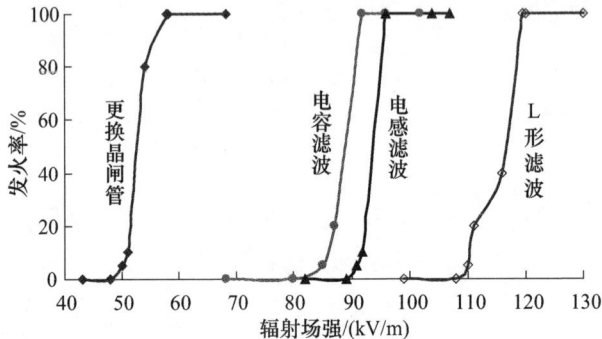

图 5 - 13  不同措施加固后受试引信超宽谱电磁脉冲辐射发火率对比

## 5.5.4  瞬态干扰抑制技术

瞬态干扰抑制技术中采用的重要防护器件就是瞬态抑制二极管(TVS),瞬态抑制二极管在受到反向瞬态高能量冲击时,能以极快的速率,将两极间的高阻抗变为低阻抗,吸收浪涌功率,使两极间的电压钳位于一个固定值,有效地保护电路免受各种浪涌的冲击。瞬态抑制二极管是响应最快的过电压保护器件,对快上升沿电磁脉冲具有较强的吸收作用。采用瞬态抑制二极管作为防护器件的受试引信执行电路如图 5 - 14 所示,在制作印制电路板时,瞬态抑制二极管的管脚应尽可能地接近晶闸管的阴阳极,防止管脚分布电感影响其瞬态电压抑制效果。

试验中并联到晶闸管两端的双向瞬态抑制二极管型号为 P6KE33CA,在对采取防护措施后的执行电路进行触发试验时,晶闸管仍能够正常触发使引信发火,这说明在引信执行电路上并联瞬态抑制二极管并不影响引信执行电路的正常功能。采用瞬态电压抑制技术前后同一发受试引信在超宽谱电磁脉冲辐射作

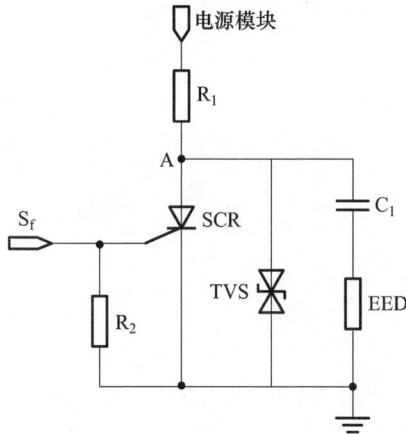

图 5 - 14　采用瞬态电压抑制的引信起爆执行电路

用下的意外发火概率随辐射场强的变化情况如表 5 - 14 所列,采用瞬态抑制二极管能够把受试引信的超宽谱电磁脉冲辐射临界发火场强提高 1 倍以上。

表 5 - 14　采用 TVS 前后受试引信超宽谱电磁辐射发火率

| 采用前 | 场强/(kV/m) | 43 | 48 | 51 | 54 | 58 | 68 |
| | 发火率/% | 0 | 0 | 10 | 80 | 100 | 100 |
| 采用后 | 场强/(kV/m) | 96 | 112 | 116 | 120 | 130 | 140 |
| | 发火率/% | 0 | 0 | 0 | 100 | 100 | 100 |

上述研究结果表明:无论采用断态电压临界上升率 dV/dt 高的晶闸管代替受试无线电引信采用的国产晶闸管,还是采用电源滤波技术、瞬态电压抑制技术,都能显著提高受试无线电引信的强电磁脉冲场防护性能。在此基础上,采用 PHILIPS 公司的 BT169 替换引信晶闸管,引信电源采用电感、电容 L 形滤波,在发火控制晶闸管两端并联 P6KE33CA 双向瞬态抑制二极管进一步抑制电源电压的瞬态变化。采用上述综合防护措施后,受试无线电引信在现有超宽谱电磁脉冲辐射作用下(最高辐射强度为 170kV/m)仍能正常工作,各项战技指标正常。

# 第6章 无线电引信连续波电磁辐射效应机理

第4章以通信电台、无线电引信为受试对象,系统阐述了用频装备连续波电磁辐射效应规律,从中可以看出:通信电台工作频带内部及其邻近频点的连续波电磁辐射效应属于阻塞干扰,当天线接收的干信比大于一定值后,后续信号检波、处理电路难以有效提取有用信号导致通信中断。因此,防护的对策是有效提升信干比、信噪比,降低周围用频装备的杂散电磁辐射。通信电台对带外电磁辐射相对钝感,其连续波强场电磁辐射效应机理与强电磁脉冲辐射效应机理基本相同,都是由于地电位波动造成的,防护的对策是对受试装备壳体良好接地,电源线、信号线、壳体孔缝采取良好的屏蔽措施。

无线电引信连续波电磁辐射效应规律与电磁辐射的调制方式密切相关,其效应机理也不尽相同。为此,本章采用试验研究、仿真分析相结合的方法,系统研究无线电引信的连续波电磁辐射效应机理,并简要介绍防护加固方法。

## 6.1 单频电磁辐射对无线电引信的效应机理

要分析单频电磁辐射对无线电引信的作用机理,需要首先判断电磁能量是通过何种途径作用于受试无线电引信的哪部分电路导致引信意外发火的。为此,将无线电引信电路划分为高频电路、低频电路和起爆执行电路三部分,通过理论分析及试验研究,确定单频电磁辐射的作用部位,分析确定导致引信意外发火的本质原因。

### 6.1.1 电磁辐射作用途径分析

受试无线电引信的起爆执行电路如图 5-11 所示,其正常作用过程是:在发火控制信号 $S_f$ 到来之前,电源模块通过电阻 $R_1$ 对储能电容器 $C_1$ 充电,当满足设定的发火条件后,引信低频电路输出发火控制信号 $S_f$,使晶闸管导通,储能电容器 $C_1$ 经晶闸管向电点火头 DD-17 放电使其发火。受试引信去掉了远解控制开关,引信要输出发火信号晶闸管必须导通,晶闸管导通有两种可能的原因:

160

一是执行电路中的晶闸管控制极得到发火控制信号 $S_f$ 使晶闸管正常导通;二是起爆执行电路中的电源模块(包括地线)受电磁干扰影响使输出电压剧烈波动,当瞬变电压变化速率超过了晶闸管的断态电压临界上升率时,导致晶闸管意外导通。

根据对受试引信低频电路的仿真分析及电磁辐射效应试验结果,单频电磁辐射(辐射场强低于 200V/m 时)直接作用于晶闸管两端的能量很小,晶闸管两端电压变化速率可以忽略,难以超过受试引信晶闸管的断态电压临界上升率,因而晶闸管不可能意外导通。由于同一发引信在其他条件不变的情况下,辐射场强越高其接收的电磁干扰越强。联想到 4.2.3 节效应试验结果(表 4-5),受试引信在单频电磁辐射作用下出现意外发火信号后,若继续提高辐射场强,意外发火仅能出现在一定的辐射场强范围内;辐射场强逐步增加到一定值后,引信不再输出起爆信号,由意外发火转变为瞎火。由此证明了受试引信在单频电磁辐射作用下不是由于晶闸管两端电压剧烈波动而意外导通,只能通过低频电路输出的控制信号作用使晶闸管正常导通。

为了验证上述分析结果,在效应试验过程中采用点对点模拟光纤传输链接同步检测受试引信发火控制晶闸管的控制端信号。试验发现:引信输出发火信号几乎与晶闸管控制端出现高电平同时出现,如图 6-1 所示,从而确定导致晶闸管导通的原因是晶闸管控制端得到发火控制信号。因此可以断定 200V/m 以下的单频连续波电磁辐射能量不是直接作用于执行级电路导致引信意外发火的。

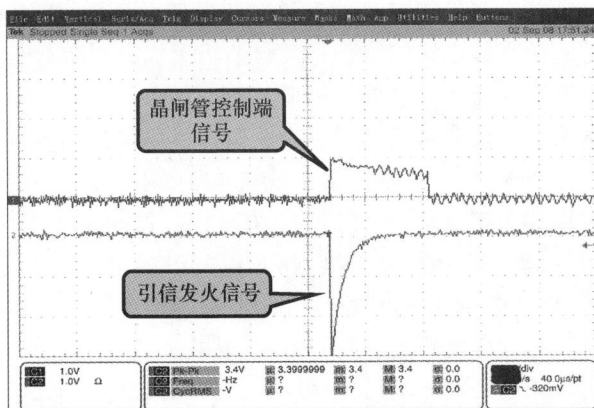

图 6-1　引信发火控制晶闸管相关信号

那么,单频电磁辐射是通过干扰引信的高频电路还是低频电路导致引信意外发火的? 为此,选取各项技术参数正常的受试无线电引信,拆掉高频电路后与配试弹体正常连接,根据前述试验方法,辐射场强从 10V/m 逐步增加到 200V/m,观察效应试验过程中受试引信是否出现意外发火。试验频率 $f$ 与受试引信的工作频率 $f_0$ 的相对偏差 $(f-f_0)/f_0$ 分别取 0、±1%、±2% 以及偏离其二倍频点 0、±1%、±2%。效应试验结果表明:受试引信拆掉高频电路后,200V/m 以下的单频电磁辐射不再能够导致其意外发火。与图 4 – 14 受试引信单频电磁辐射临界发火场强试验结果比较可以大致判断,单频电磁辐射是通过干扰引信高频电路导致引信意外发火的。

为了排除单频电磁辐射直接干扰受试引信低频电路导致其意外发火的可能性,对受试引信低频电路中的带通滤波和选频放大电路进行了仿真分析,发现单频电磁辐射信号将被滤波电路消耗,不能作用于引信低频电路中的后续电路,对受试引信意外发火没有贡献。同时,对引信低频组件供电电源、装定环孔和顶部进气道进行电磁屏蔽处理、更换配试弹体线度分别进行电磁辐射效应对比试验,受试引信临界干扰场强并未发生明显变化,由此排除了单频电磁辐射干扰低频电路供电电源、公共地线和孔缝耦合导致受试引信意外发火的可能。

通过上述电磁辐射耦合效应比较分析,在排除了受试引信起爆执行电路、低频电路受电磁辐射作用直接导致引信意外发火后,可以得出:200V/m 以下的单频电磁辐射是通过干扰引信高频电路导致受试引信意外发火的。

### 6.1.2　高频电路输出信号与引信意外发火

为了分析单频电磁辐射影响受试引信高频电路的原因,需要检测当受试引信输出发火信号时的高频电路输出信号及自差机天线发射信号频率。

选择任一电磁辐射频率进行效应试验,试验过程中采用点对点模拟光纤传输连接检测受试引信的检波电压信号。当电磁辐射场强升高到试验频率对应的引信临界干扰发火场强以上时,受试引信检波电压如图 6 – 2 所示,受试引信意外发火时检波电压有一定波动,峰峰值约为 0.35V。试验中还发现:自差机在某些辐射频率作用下,检波电压随场强变大而升高,最高可达 10V;而在另外某些辐射频率作用下,检波电压随场强增大而减小,甚至低至 0V。

引信高频电路与低频电路的连接只有三条线:地线、电源线和检波电压输出线。通过对引信低频电路的分析可知:低频电路含有抗电源电压波动电路,且电源模块有高频滤波电路,无论高频信号还是电源电压波动都不能导致引信输出起爆信号,从而可以判断检波电压的变化是导致引信输出发火控制信号的原因。为了验证上述推测,设计了如下试验:选取一发各项技术参数正常的引信,在引信检波电压线与地线之间连接一个二极管,检波电压线连接二极管正极,检测改

162

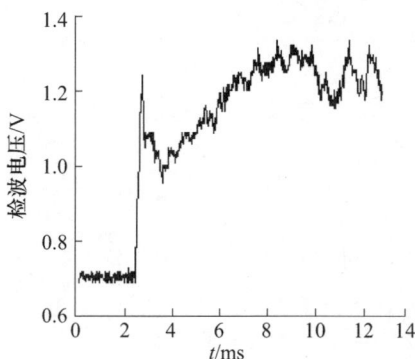

图 6 - 2 辐射发火时引信检波电压信号

装后引信检波电压约为 0.7V,用目标模拟器靠近受试引信仍有发火信号输出,然后用容易导致引信检波电压升高的辐射频率对改装后的受试引信进行电磁辐射效应试验,辐射场强从 10V/m 逐步增加至 200V/m。试验频率与受试引信的工作频率的相对偏差仍然取 0、±1% 、±2% 以及偏离其二倍频点 0、±1% 、±2% 。试验发现,当受试引信检波电压线与地线之间连接二极管后,在 200V/m 以下单频电磁辐射作用下引信不再有意外发火信号输出。正常引信检波电压约为 0.7V,在连接二极管后由于二极管在低电压作用下阻抗较高,多普勒信号可以作用于低频电路使引信正常发火。而在单频电磁辐射作用下当检波电压升高而出现波动时(检波电压低于 0.7V 对后续电路无影响),二极管起限压作用,使检波电压的波动不能影响低频电路。从而可以确定单频电磁辐射作用下引信检波电压波动是导致引信意外发火的根本原因。

## 6.1.3 单频电磁辐射效应机理分析

为进一步揭示引信检波电压及振荡状态变化的原因,对受试引信高频电路进行分析。受试引信自差机电路工作原理如图 6 - 3 所示。其中 $V_1$ 为高频振荡三极管,其集电极和基极分别与轴向环天线电感 $L_1$、$L_2$ 相连,$C_{01}$、$C_{02}$ 为天线分布电容。轴向环天线的等效电抗为感抗,相当于一个电感。天线等效电感、电容 $C_{01}$ 和 $V_1$ 的集射极分布电容 $C_1$ 构成一个电容三点式振荡电路。$V_3$ 为检波管,基极接 $L_2$ 的一端,发射极接 $L_2$ 的中间抽头。检波器的输入信号从 $L_2$ 上取出。$L_3$、$L_4$、$L_5$、$L_6$ 为扼流圈,用于隔离高频振荡电路和直流偏置电路。$R_1$、$R_2$、$R_3$、$R_5$、$R_4$ 为自差机的偏置电阻,用于调整 $V_1$ 和 $V_2$ 的直流工作点。二极管 $V_2$ 用以提高振荡电路稳定性。$V_{01}$ 为输出的低频信号。$V_d$ 为电源电压。

无线电引信自差收发机电路,实质上是一个带有收发天线和检波电路的 LC 电容三点式自激振荡器,其核心部分就是工作于高频大信号非线性状态的晶体

163

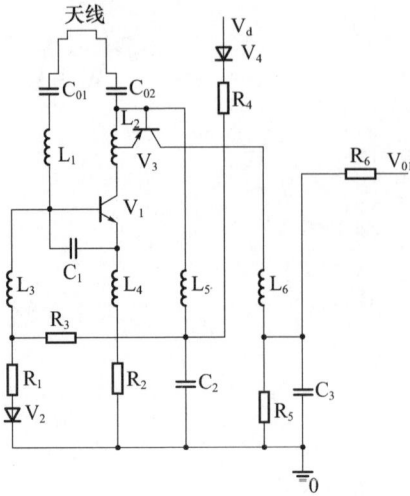

图 6 – 3　引信自差机构成原理图

管 $V_1$。它不同于一般振荡器的地方在振荡管基极上,当受到电磁辐射作用时,天线接收到干扰信号,振荡管基极上除了有振荡回路反馈回来的电压外,还作用着接收的外加干扰信号,干扰信号对自差收发机的作用相当于在振荡回路中加入了一个信号源(外部交变电动势)。在辐射效应试验过程中,由于辐射场强相对较大,耦合到自差收发机振荡器上的干扰信号(外加电动势)就比较强,会对自差收发机振荡频率、发射信号大小等工作状态造成很大影响。

　　若电磁辐射频率处于受试引信的牵引频带内,当外界辐射场强处于引信发生自激振荡与牵引振荡临界范围内时,引信高频振荡电路将处于自激振荡与牵引振荡不断变换的不稳定振荡状态,由于弹体等金属体的存在,单频电磁波在自差机天线接收时可能发生畸变,也就是说在引信选频网络振荡回路中并不是标准正弦波,上述原因都可能导致检波电压波动。若辐射频率不处于引信牵引频带内时,高频电路有混频作用,外界辐射信号及引信本振信号混频会产生直流分量,引起高频电路工作点变化,自差机本振信号及辐射信号变化都会使引信检波电压波动。至此可以得出单频电磁辐射作用于无线电引信的作用机理是:引信天线接收干扰信号,引起引信高频电路振荡频率、工作状态发生变化,最终引起检波电压波动使引信意外发火。若外界电磁辐射强度进一步提高,引信自差机将完全工作于牵引振荡状态,丧失近炸功能。

　　综上所述,单频电磁辐射导致无线电引信意外发火的主要能量耦合通道是自差机天线。单频电磁辐射导致无线电引信意外发火属于大信号干扰作用机理:引信天线接收单频电磁干扰信号,使引信自差收发机工作在自激振荡与牵引振荡交变的不稳定状态,引起检波电压波动,使低频电路向起爆执行电路输出发火控制信号,导致引信意外发火。

## 6.2　扫频电磁辐射对无线电引信的效应机理

单频电磁辐射导致引信意外发火的原因是引信低频电路向起爆执行电路输出发火控制信号,电磁干扰的有效作用部位是引信的高频电路;而在相同的辐射频段,扫频干扰导致引信意外发火的临界场强值要明显小于单频电磁辐射导致引信意外发火的临界场强值。据此可以推断,扫频电磁辐射不可能直接作用于引信执行级电路或引信低频电路使引信意外发火,仍然是引信执行级电路得到低频电路输出的发火控制信号导致引信意外发火的,电磁干扰的有效作用部位应该是引信高频电路,但其效应机理尚需深入研究。

### 6.2.1　引信意外发火原因试验验证

对处于工作状态的受试无线电引信进行扫频电磁辐射效应试验,通过引信装定环孔,采用点对点模拟光纤传输连接将低频电路输出的发火控制信号取出接至示波器,在测量引信发火信号的同时,观测起爆执行电路接收的发火控制信号波形。试验样本量 10 发,每发进行 10 次发火试验。试验发现,与单频电磁辐射效应试验类似,每次试验只要测得引信的发火信号,都能同步观测到起爆执行电路的发火控制信号。由此可见,扫频电磁辐射导致引信意外发火的原因为:引信天线及弹体接收扫频电磁波,作用于引信的高、低频电路,引信低频电路输出发火控制信号导致引信起爆执行电路误动作使引信意外发火的。

根据前期研究结果可以推断,扫频电磁辐射干扰无线电引信的有效作用部位也是引信的高频电路。为验证这一推论,选取一发各项技术参数正常的引信,拆掉其高频电路再进行扫频电磁辐射效应试验。在选择的受试引信易被干扰的扫频频段,辐射场强逐渐从 1V/m 增加到 200V/m,受试无线电引信均未出现意外发火现象,由此可以确定扫频电磁辐射干扰无线电引信的有效作用部位是引信的高频电路,引信发火的原因是引信起爆执行电路得到低频电路输出的发火控制信号。

### 6.2.2　扫频电磁辐射效应机理

如前所述,引信自差收发机在不接收外界电磁信号时本身是一个自激振荡器,具有固定的谐振频率;在接收外界电磁信号时变为一个非自持的振荡系统,由于系统的非线性效应,一般会出现三种振荡状态:外界弱信号使自激振荡项趋于一个非零的定常振幅,保持自激振荡状态;外界大信号抑制自激振荡使得自激振荡项振幅逐渐衰减到零,变为牵引振荡状态;交变的外界信号使某些频率范围内的振荡情况更加复杂,导致自差机工作状态不稳定。因此可以断定,对受试无线电引信进行扫频电磁辐射效应试验时,在每个驻留频点,由于外界电磁辐射频率不同,自差机接收的干扰信号频率不同,当外界电磁辐射达到一定强度时,必然导致自差机工作状态不断发生变化。即自差机振荡频率与振幅必然相应地不断发生跃变,引信高频电路不断地从一种振荡状态跃变到另一种振荡状态,这种振荡状态的跃变肯定会对高频电路输出信号(检波电压)产生影响。

为了研究自差机工作状态跃变对高频电路输出信号产生的影响,随机选取10 发改装过的各项技术指标均合格的无线电引信,正常连接配试弹体,按前述试验方法对其进行扫频电磁辐射效应试验。在监测引信发火信号的同时,测量受试引信自差机高频电路的输出信号。试验过程中,只要每次出现引信的发火信号,都能同步测量到引信高频电路输出的脉冲串信号,如图 6 - 4 所示。此脉冲信号幅度为 4V 左右,比多普勒信号幅度大得多,可能影响低频电路导致引信意外发火。为此,我们进行了以下两方面的试验验证。

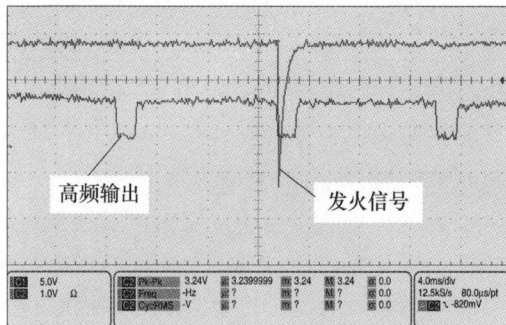

图 6 - 4　引信发火与自差机输出的关系

一是在受试引信检波电压线与地线之间正向连接二极管,安装于配试弹体上进行扫频电磁辐射效应试验。选择辐射中心频率与引信工作频率的相对偏差分别为 0、±2% 、±4% ,扫频带宽为 10MHz,扫频步长为 10kHz,频点驻留时间为 10ms,辐射场强逐步从 1V/m 增加到 200V/m,试验过程中受试引信均未意外发火。

二是对处于工作状态下的受试无线电引信,从检波电压线注入与图 6 - 4 中高频输出信号参数相当的脉冲波形,即方波周期为 10ms、低电平宽度为 1.2ms、上升沿与下降沿时间均为 0.2ms、高电平为 4.8V、低电平为 0.8V 的信号,受试引信有起爆信号输出。

从上述试验验证结果可以确定,高频电路输出的脉冲串信号是导致引信误炸的原因。至此得到扫频电磁辐射导致引信意外发火的作用机理:引信天线及弹体接收扫频电磁辐射干扰信号,干扰信号频率不断变化,导致引信自差机振荡状态不断发生跃变,高频电路输出脉冲串信号,使引信低频电路输出高电平控制信号,推动起爆执行电路晶闸管误动作使引信意外发火。

## 6.2.3　扫频步长对引信意外发火的影响

引信高频电路能否输出脉冲串信号,关键看引信自差机振荡状态是否发生变化,而自差机振荡状态的变化情况与其接收的外界电磁信号特征密切相关。如果扫频电磁辐射场强较小,自差机接收的外加信号就小,难以改变自差机的振荡状态,因而也就不足以使引信高频电路输出脉冲信号。因此,在各个扫频频段,扫频电磁辐射导致受试引信意外发火都存在临界场强值。除此之外,发现扫频步长与频点驻留时间对受试无线电引信意外发火临界场强值有重要影响。因此,选定频点驻留时间 10ms、扫频步长 10kHz,对受试引信进行了不同频段的扫频电磁辐射效应试验研究,测量确定了引信的意外发火临界场强值,详见 4.3.3节。为了深入研究扫频步长对引信意外发火的影响,选定频点驻留时间 10ms,扫频带宽 10MHz,通过效应试验确定了扫频步长对引信意外发火临界场强的影响规律。

1)扫频电磁辐射导致引信意外发火存在最小扫频步长

为研究扫频步长对引信意外发火场强的影响规律,首先需要明确它对高频电路输出脉冲参数有何影响。为此,随机选择一发受试引信,按前述试验方法,以辐射频率高于受试引信工作频率 2%,选定扫频带宽 10MHz,频点驻留时间 10ms、扫频步长 10kHz,测试确定其意外发火临界场强值。在其他试验条件不变的情况下,改变扫频步长观察受试引信出现意外发火时高频电路的输出脉冲波形,图 6-5 所示分别对应于扫频步长为 50kHz 和 100kHz。由此可以看出:扫频步长对引信高频电路输出脉冲波形有显著影响,在扫频频段、频点驻留时间与辐射场强一定的情况下,引信高频电路输出的检波电压脉冲高低电平随扫频步长增加而增加。这是由于扫频步长越大,作用于自差机干扰信号的频率跃变越大,引信自差机振荡状态变化越明显,即扫频步长决定引信自差机振荡状态变化的大小。由此可以推断,如果扫频步长太小,引信自差机接收外加信号频率变化越不明显,可能会导致高频电路不再输出脉冲检波信号。

为验证上述推断,在上述其他试验条件不变的情况下,使扫频步长从 50kHz逐步减小,观察受试引信高频电路是否输出脉冲串信号,能否导致引信意外发

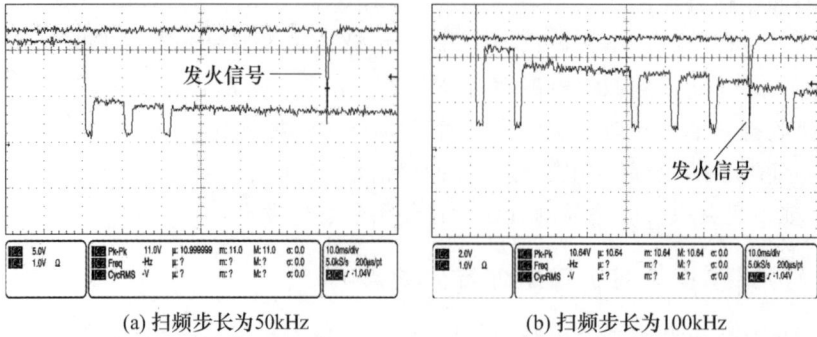

(a) 扫频步长为50kHz　　　　　　　(b) 扫频步长为100kHz

图 6 - 5　不同扫频步长对应的自差机脉冲输出

火。试验结果表明,当扫频步长取 50kHz、40kHz、30kHz、20kHz、10kHz 以及 8kHz、6kHz 时,受试引信高频电路均能输出脉冲串信号且能够导致引信意外发火。当扫频步长小于 5kHz 时,受试引信高频电路不再输出脉冲串信号,在一定范围内(低于单频电磁辐射对应的意外发火临界场强值)提高辐射场强,受试引信也不能意外发火。从而得出结论:扫频电磁辐射导致引信意外发火存在最小扫频步长,受试引信的扫频干扰步长临界值在 5～6kHz 之间。

2) 扫频步长对受试引信意外发火临界场强值没有影响

在给定的频段,扫频电磁辐射在低于单频电磁辐射对应的意外发火临界场强值下导致引信意外发火,扫频步长必须大于临界值。那么,扫频步长对受试引信意外发火临界场强值有否影响呢? 下面通过两组试验进行验证。

一是选择辐射频率高于受试引信工作频率2%,扫频带宽 10MHz,频点驻留时间 10ms,扫频步长 10kHz,试验确定受试引信的意外发火临界场强值;在其他试验条件不变的情况下,依次改变扫频步长为 6kHz、20kHz、30kHz、50kHz、100kHz、150kHz 和 200kHz,重新进行扫频电磁辐射效应试验,受试引信均能出现意外发火现象。

二是保持扫频带宽及中心频率、频点驻留时间不变,在试验误差范围内使扫频电磁辐射场强比上述条件下确定的受试引信意外发火临界场强值降低 1% 左右,扫频步长从 10kHz 依次增加到 210kHz(每次增加 40kHz),受试引信均未出现意外发火现象。

由此可见:扫频电磁辐射导致受试引信意外发火存在最小扫频步长,当扫频步长大于其临界值后,扫频步长对引信意外发火临界场强值没有影响;扫频步长小于其临界值时,引信意外发火临界场强值与单频电磁辐射临界场强值大致相同。

## 6.2.4 频点驻留时间对引信意外发火的影响

为了确定频点驻留时间对引信高频电路脉冲输出的影响,系统观察了扫频步长为 50kHz,不同频点驻留时间扫频电磁辐射效应试验时,引信自差机的输出脉冲波形,发现引信高频电路输出脉冲重复率取决于自差机振荡状态的跃变周期,也就是取决于各频点驻留时间,图 6 – 6 给出了频点驻留时间分别取 10ms、20ms 对应的自差机脉冲输出。由此可见,输出脉冲间隔等于频点驻留时间或其整数倍,如图 6 – 5(b)所示,也就是说,当自差机振荡频率改变时,高频电路才能输出一个负脉冲。一般是外界施加扫频电磁辐射时,连续输出几个负脉冲,随后受试引信出现意外发火。

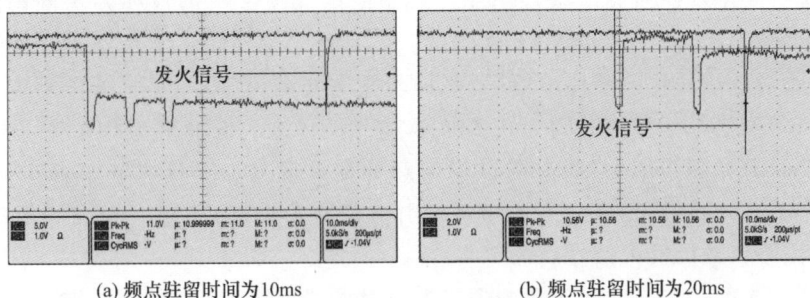

(a) 频点驻留时间为 10ms        (b) 频点驻留时间为 20ms

图 6 – 6 不同频点驻留时间对应的自差机脉冲输出

1)扫频电磁辐射导致引信意外发火存在频点驻留时间上下限

受试引信设计有带通滤波和选频放大电路,引信高频电路输出脉冲宽度(频率)必须在一定范围内才能通过低频电路,进而输出发火控制信号推动起爆执行电路工作导致引信意外发火。扫频干扰时,频点驻留时间应该存在下限值。但是,由于试验所用高频信号源在扫频时,最小频点驻留时间为 10ms,试验过程中未能确定干扰受试引信所需的最小频点驻留时间。为验证上述推论,进行了仿真分析:

仿真分析时,方波脉冲注入参数选择图 6 – 5、图 6 – 6 所示试验数据,方波低电平宽度为 1.2ms,上升沿与下降沿时间均为 0.2ms,高电平为 4.8V,低电平为 0.8V。由于选用的方波低电平时间、上升沿与下降沿时间之和为 1.6ms,因此仿真分析时,脉冲周期从 2ms 开始,逐渐增加到 40ms。结果表明:脉冲周期(频点驻留时间)越短,引信意外发火所需的脉冲数越多,而当频点驻留时间超过 26ms 时,引信不再意外发火。若脉冲周期小于 1.6ms,输出脉冲将转变为直流低电平,引信不再意外发火。

在保持扫频带宽及中心频率、扫频步长 50kHz、扫频辐射场强略高于受试引信意外发火临界场强值的条件下,调整扫频频点驻留时间进行扫频电磁辐射效应试验研究。试验中从 10ms 开始,逐渐增大频点驻留时间,观察引信高频电路是否输出脉冲串信号,是否导致受试引信出现意外发火。试验结果如表 6-1 所列,当频点驻留时间大于 32ms 时,引信不再出现意外发火现象,说明频点驻留时间太长,扫频电磁辐射将难以在较低的辐射场强下导致受试引信意外发火,其对受试引信的作用将与单频电磁辐射效应类似。

表 6-1　频点驻留时间对受试引信意外发火的影响

| 频点驻留时间/ms | 10 | 15 | 20 | 25 | 30 | 31 | 32 | 35 |
|---|---|---|---|---|---|---|---|---|
| 是否发火 | 是 | 是 | 是 | 是 | 是 | 是 | 否 | 否 |

为进一步验证扫频电磁辐射频点驻留时间对受试引信意外发火的影响情况,对受试引信进行了脉冲注入效应试验。对处于工作状态下的受试无线电引信,从检波电压线注入脉冲串信号,脉冲参数与实测值基本相同,低电平宽度为 1.2ms、上升沿与下降沿时间为 0.2ms,高电平为 4.8V,低电平为 0.8V。脉冲间隔从 2ms 开始逐步增加,观察受试引信意外发火情况。试验结果如表 6-2 所列,注入脉冲间隔从 2ms 一直到 28ms,引信都能发火,当周期大于或等于 29ms 时,引信不再输出发火信号。

表 6-2　注入效应脉冲间隔时间对受试引信意外发火的影响

| 脉冲间隔时间/ms | 2 | 5 | 10 | 15 | 20 | 25 | 28 | 29 | 30 | 35 |
|---|---|---|---|---|---|---|---|---|---|---|
| 是否发火 | 是 | 是 | 是 | 是 | 是 | 是 | 是 | 否 | 否 | 否 |

对比表 6-1 与表 6-2 的试验数据可以看出:虽然扫频辐射与脉冲注入效应试验时受试引信检波电压线上的脉冲串波形不尽相同,但都给出了脉冲间隔太大受试引信不再意外发火的结论,只是脉冲间隔的上限值有些差异,分别为 31ms 和 28ms,相差约 10%。由此可见,扫频电磁辐射导致受试引信意外发火,扫频辐射频点驻留时间必须适当,最小频点驻留时间可在 2ms 左右(受试验条件限制未能确定具体值),而最大频点驻留时间不宜超过 30ms,否则扫频电磁辐射将与单频电磁辐射效应相同。

2) 频点驻留时间对引信意外发火临界场强值没有影响

扫频电磁辐射导致受试引信意外发火,频点驻留时间必须适当,否则效应规律与单频电磁辐射类似。那么,频点驻留时间对引信意外发火临界场强值是否有影响呢? 与 6.2.3 节验证扫频步长对引信意外发火的影响相同,仍设计以下两组试验进行验证。

一是选择辐射频率高于受试引信工作频率 2%,扫频带宽 10MHz、扫频步长 20kHz、频点驻留时间 10ms,试验确定受试引信的意外发火临界场强值;在辐射场强和其他试验条件不变的情况下,从 10ms 开始,间隔 3ms,依次增加频点驻留时间,重新进行扫频电磁辐射效应试验,直至频点驻留时间达到 28ms,受试引信均能出现意外发火现象。

二是保持扫频带宽及中心频率、扫频步长不变,使外界扫频辐射场强比上述条件下确定的意外发火临界场强值降低 1% 左右,扫频频点驻留时间从 10ms、间隔 3ms,依次增加到 28ms,受试引信均未出现意外发火现象。

由此可见:扫频电磁辐射导致受试无线电引信意外发火存在一定的频点驻留时间范围,最小频点驻留时间约为 1.6ms(低电平持续时间与前、后沿时间之和),最大频点驻留时间在 30ms 左右。只要频点驻留时间满足前述要求,在 1% 试验误差范围内,频点驻留时间对受试引信意外发火临界场强值没有影响。

综上所述,扫频电磁辐射导致受试无线电引信意外发火存在最小扫频步长和频点驻留时间上下限,满足这些条件时,在 1% 试验误差范围内扫频步长、频点驻留时间均对引信意外发火临界场强值没有影响;否则,扫频电磁辐射对受试无线电引信的效应规律与单频电磁辐射效应规律相同,不仅有效作用频段窄,而且同一辐射频率对应的意外发火临界场强值要高很多。

## 6.3　调幅电磁辐射对无线电引信的效应机理

由于无线电引信正常工作时接收的多普勒信号就是调幅电磁辐射信号,因此,与扫频、单频电磁辐射相比,无线电引信更容易受调幅电磁辐射干扰而意外发火。当外界电磁辐射信号使受试无线电引信自差收发机处于牵引振荡状态时,只要对外界电磁辐射信号用类似于目标多普勒信号的信号进行调幅,就可以使引信自差收发机输出类似于多普勒信号的检波信号,使引信意外发火。为验证这一结论,本节通过研究多普勒信号模拟方法,探索在较宽频带范围内模拟多普勒信号调幅波对无线电引信的作用机理。

### 6.3.1　多普勒信号模拟仿真

对于多普勒信号的模拟,有两个关键参数:一是多普勒信号的频率;二是振幅要有增幅速率,即振幅要随时间逐渐增大。

调幅波的特点是载波振幅受调制信号的控制周期性变化,其变化周期与调制信号的周期相同,而振幅变化则与调制信号的振幅成正比。设调制信号为简谐波,振幅为 $V_\Omega$,角频率为 $\Omega$,初相位为 0,则其表达式为

$$U_\Omega(t) = V_\Omega \cos\Omega t \qquad (6-1)$$

同样,设载波为简谐波,振幅为 $V_0$,角频率为 $\omega$,初相位为 0,其表达式为

$$V_0(t) = V_0\cos\omega t \qquad (6-2)$$

那么调幅波的振幅为

$$V_A = V_0 + k_a V_\Omega \cos\Omega t \qquad (6-3)$$

式中 $k_a$——与调幅电路有关的常数。

因此,调幅波可以用下式表示:

$$V(t) = V_A\cos\omega t = (V_0 + k_a V_\Omega \cos\Omega t)\cos\omega t \qquad (6-4)$$

$$V(t) = V_0(1 + m_a\cos\Omega t)\cos\omega t \qquad (6-5)$$

式中:$m_a$ 叫作调幅指数或调幅深度,通常用百分数来表示,$m_a = k_a V_\Omega / V_0$。$m_a$ 的取值一般在 0 到 1 之间。若 $m_a > 1$,调幅波的包络将产生严重失真,经过检波后不能恢复原来调制信号的波形,而且占据的频带宽,这种过调幅情况应尽量避免。

若取调幅指数为 50%,在调幅信号的前半个周期内其振幅逐步减小,后半个周期内其振幅逐步增大。这样,就得到有增幅速率的模拟多普勒信号,如图 6-7 所示。多普勒信号频率由载波频率决定,增幅速率的大小由载波信号的振幅以及调幅指数决定,模拟的多普勒信号(已调制波)有增幅的波数由载波信号频率与调制信号频率之比决定。

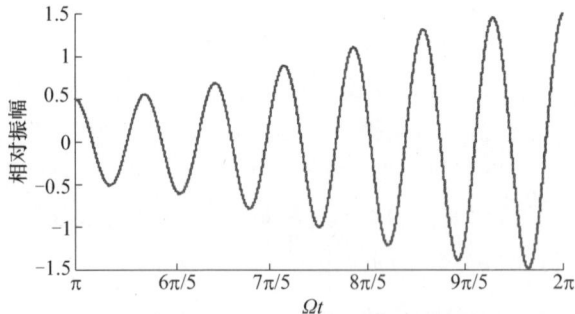

图 6-7　调幅波在后半周期内的变化波形

无线电引信具有低通滤波和选频放大电路,只有与多普勒信号频率相当的信号才能通过此电路,并被放大作用于后续电路;引信设有增幅速率选择电路,只有信号的增幅速率达到一定值后,引信才能发火;受试引信还设有抗干扰支路,只有多普勒信号到来并经过几个周期后,输出信号才由高电平转换为低电平,打开对后续电路的闭锁。因此对调幅波的调幅度、载波振幅、调制信号和载波信号频率进行调整,才能得到满足引信起爆要求的模拟多普勒信号。

## 6.3.2 晶体管混频原理

引信自差收发机既是一个自激振荡器,又是一个接收混频器。当没有外界电磁信号作用时,它通过自激振荡产生本振信号用于目标探测,在外界电磁信号作用下,还要完成信号接收及外界信号与本振信号的混频功能。

当两个或两个以上的电磁信号同时作用于晶体三极管电路时,由于晶体三极管放大电路增益的非线性作用,输出信号中将包含两个输入信号的乘积项,因此激发新频率成分——输入信号频率的和、差项。晶体管混频原理如图 6-8 所示,直流偏置电压 $V_{BB}$ 使晶体管工作于合适的非线性工作区,一般情况下,本振信号 $u_1$ 较大,输入信号 $u_s$ 较小,晶体管的工作状态主要由直流偏置电压 $V_{BB}$ 和本振信号 $u_1$ 决定。对于输入信号来说,可以近似看作晶体管工作于非线性放大状态。

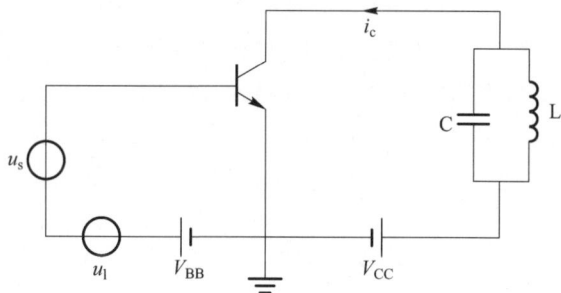

图 6-8 三极管混频原理

若本振信号、输入信号频率分别为 $f_1$ 和 $f_s$,则输出电流中包含非线性项 $u_1 u_s$,产生新频率 $f_1 + f_s$、$f_1 - f_s$,完成混频功能。由于无线电引信后续电路具有低通滤波器,若仅考虑混频后的低频分量,则混频后输出的中频电流为

$$i_i = \frac{1}{2} g_1 U_{sm} \cos 2\pi (f_1 - f_s) t \qquad (6-6)$$

式中 $U_{sm}$——输入信号 $u_s$ 的振幅;

$g_1$——电路跨导的基波分量。

由于 $g_1$ 只与晶体管特性、直流工作点及本振电压 $u_1$ 有关,故输出的中频电流振幅与输入的高频信号电压的振幅 $U_{sm}$ 成正比,若输入信号电压振幅按一定规律变化,中频电流振幅也按相同的规律变化。也就是说,信号经混频后,只改变了信号的载波频率,包络波形没有改变。对于输出信号各个分量,其包络波形变化规律相同。

### 6.3.3 自差收发机混频特性分析

下面分牵引状态与非牵引状态两种情况,分析自差收发机的混频特性。

当电磁辐射干扰信号频率与自差收发机本振频率相差不大,且辐射场强足够大时,自差收发机将处于牵引振荡状态,其振荡信号频率与电磁辐射干扰信号高频载波频率相同,显然此种情况下,经混频后得到的混频信号特征与电磁辐射信号特征一样,也就是说混频后信号包络线不会改变,若电磁辐射信号已被模拟多普勒信号调幅,则中频输出信号即为模拟的多普勒信号。

若电磁辐射干扰信号频率与自差机本振频率相差较大,且辐射场强较小时,自差机处于非牵引振荡状态。在这种情况下,由晶体三极管混频器的工作原理可知,混频后输出的中频电流分量振幅与输入的高频信号电压振幅成正比。若输入的高频信号振幅按模拟多普勒信号规律变化,则输出中频电流分量振幅也按相同规律变化。也就是说,混频后,只改变了信号的载波频率,没有改变调制信号特征,即包络波形没有改变。因此,在自差机处于非牵引振荡状态时,电磁辐射干扰信号与引信本振信号混频后,得到的混频信号包络线还是模拟的多普勒信号。只是载波频率 $|f_1 - f_s|$ 较高,经低通滤波器滤波后,信号强度变弱,电磁辐射敏感度降低。

若电磁辐射场强足够小,既不足以使自差机处于牵引振荡状态,又不能出现明显的非线性效应,则自差机难以输出具有多普勒信号特征的中频信号,受试无线电引信将不会出现干扰效应。

综上所述,不管自差机处于何种工作状态,只要用足够强的、具有模拟多普勒信号调制特征的高频电磁波辐射受试无线电引信,受试引信天线接收电磁辐射信号后,经自差机振荡三极管混频就能输出包络线具有模拟多普勒信号特征的中频信号,使后续电路正常工作导致受试无线电引信意外发火。

调幅波电磁辐射对无线电引信的作用机理为:引信天线及弹体接收模拟多普勒信号调制的电磁波,经自差机振荡器的混频和检波管检波并低通滤波后输出模拟多普勒信号,经低频电路放大,推动执行级电路误动作导致引信意外发火。

## 6.4 引信综合干扰与防护对策

为了提高武器装备在未来信息化战争恶劣电磁环境中的战场生存能力及作战效能,必须深入、系统地研究武器系统尤其是用频装备的电磁辐射效应机理、作用规律,根据电磁辐射对不同类型装备作战效能影响的能量耦合途径、失效模式、作用机理和普遍规律,"对症下药"进行电磁防护设计或加固改造,才能从根本上提高我军武器装备的电磁防护能力,夺取战争胜利的主动权。为此,在无线电引信电磁辐射效应机理研究的基础上,提出了无线电引信综合干扰与防护对策。

## 6.4.1　无线电引信综合干扰方法

综合分析对比单频、扫频、调幅电磁辐射对无线电引信的作用规律及效应机理,可以得到以下四个方面的不同之处:

(1) 在相同的电磁干扰频段,三种调制方式下受试引信的电磁辐射临界发火场强相差可达数十倍,如图 4 – 23 所示,调幅电磁辐射临界发火场强最小,扫频电磁辐射临界发火场强次之,单频电磁辐射临界发火场强最大。

(2) 在相同的电磁辐射场强作用下,三种调制方式能够导致引信意外发火的干扰频段范围差别很大。单频电磁辐射干扰频段范围最小,扫频电磁辐射干扰频段范围较大,调幅电磁辐射干扰频段区间最大。

(3) 不同调制方式电磁辐射干扰无线电引信的效应机理具有本质的区别:单频电磁辐射导致无线电引信意外发火属于大信号干扰机理,电磁辐射使引信自差收发机工作在自激振荡与牵引振荡交变的不稳定状态,引起检波电压波动,导致引信意外发火;扫频电磁辐射导致引信自差机振荡频率不断发生跃变,高频电路输出方波脉冲串信号,导致低频电路输出高电平发火控制信号,使引信意外发火;调幅电磁辐射作用于无线电引信,经自差机振荡器的混频和检波管检波并低通滤波后输出模拟多普勒信号,推动执行级电路误动作导致引信意外发火。

(4) 单频电磁辐射干扰无线电引信存在临界电场强度上、下限值。单频电磁辐射场强达到受试引信临界发火场强下限值后,引信能够意外发火;继续增大辐射场强到一定值后,引信出现瞎火。由此说明受试引信只有在特定频率、特定场强范围内的电磁辐射作用下才能够意外发火。若大幅提高辐射场强至数千伏每米,引信又会出现意外发火,但其效应机理与低场强电磁辐射效应机理完全不同,属于高功率微波辐射效应机理。而扫频与调幅电磁辐射场强超过受试无线电引信临界发火场强下限值后,引信总能出现意外发火,不存在临界发火场强上限值。

基于上述作用规律及效应机理之间的差异,为提高干扰无线电引信的成功率,可采用扫频调幅电磁波进行综合干扰:采用锯齿波对高频载波进行调幅,并且使载波频率在一定带宽范围内来回扫描,扫频步长取 10kHz 以上,频点驻留时间取 2ms 左右,同时尽量增大辐射功率,可大大提高对无线电引信的干扰概率。

## 6.4.2  无线电引信综合防护对策

基于无线电引信作用规律及效应机理,可以采用综合防护方法提高无线电引信的抗电磁干扰能力。

(1)综合采用电源滤波、瞬态干扰抑制技术,选用断态电压临界上升率高的晶闸管作为起爆控制元件,提高无线电引信抗强电磁脉冲干扰的能力。

(2)采用双工作频率协同探测技术。由图4－23可知,无论是单频电磁辐射还是扫频、调幅电磁辐射,辐射频率偏离引信工作频率越远,其临界干扰场强越高,能够相差数十倍。若引信采用双工作频率协同探测,两路探测电路工作频率相差50%左右,两路探测电路均输出发火控制信号时起爆控制电路才能输出起爆信号,将大幅度提高引信抗电磁干扰的能力。

(3)根据引信检波电压设计指标,在检波电压线与地线之间连接稳压值略高于检波电压值的稳压二极管,可有效提高无线电引信抗单频电磁辐射干扰的能力。

(4)改变引信高频电路设计,在天线与自差收发机振荡电路间增加带通滤波电路,对偏离引信工作频率2kHz以外的信号急剧衰减,提高无线电引信抗带外电磁辐射干扰的能力。

(5)同一批引信工作频率应尽量分散,尤其是战术运用时,齐射的弹药引信、导弹导引头工作频率更应尽量分散,即使遭遇敌方的电磁干扰,也只能影响其中的一小部分,进一步降低引信干扰概率。

# 第7章  效应机理研究带来的启示

通信电台、无线电引信电磁辐射效应机理研究表明:用频装备遭受电磁干扰具有明显的选频特性,不同频段、不同类型的辐射源对装备的耦合途径、作用机理以及临界干扰场强变化规律均不相同。即使非用频装备,由于电磁辐射耦合具有明显的选频特性,其电磁辐射临界干扰、损伤场强也必然与辐射频率密切相关。本章从电磁辐射场线耦合规律出发,通过对武器装备可能出现的干扰、损伤效应进行分类,总结装备电磁辐射效应共性规律,阐明电磁辐射导致受试装备出现干扰或损伤的共性物理本质及其决定因素,为提出装备效应等效的复杂电磁环境适应性试验方法、准确建立多源电磁辐射效应预测模型奠定理论基础,总结、提炼电磁环境效应试验评估技术的发展方向。

## 7.1  电磁辐射场线耦合规律

装备出现电磁辐射效应的根源在于场线耦合,掌握场线耦合规律,有助于科学分析装备电磁辐射效应机理,采取合理的电磁防护加固措施。

### 7.1.1  同轴线缆终端负载电磁辐射响应规律

采用 CST 公司微波工作室建立由电磁辐射源、同轴线缆、终端负载电阻等组成的仿真模型,同轴线缆两个端口分别采用片状电阻由芯线整体连接到屏蔽层上,构成完全屏蔽体。同轴线缆特性阻抗取 $50\Omega$,因此系统终端均选择 $50\Omega$ 匹配电阻。考虑到实际互连系统的连接方式,同轴线缆两端分别连接于长、宽、高分别为 $1.5\mathrm{m} \times 1.0\mathrm{m} \times 1.0\mathrm{m}$ 和 $0.40\mathrm{m} \times 0.40\mathrm{m} \times 0.40\mathrm{m}$ 的金属箱体(正方形面)的中央。同轴线缆水平放置,距地面 $1.50\mathrm{m}$。入射电磁波选择平面波,电场水平极化,场强为 $1\mathrm{V/m}$。$2\mathrm{m}$ 长同轴线缆终端匹配电阻负载电磁辐射响应电压波形如图 7 - 1 所示,由此可见,同轴线缆对电磁辐射响应具有很强的选频特性,$2\mathrm{m}$ 长同轴线缆终端负载响应电压峰值频点分别为 $74.32\mathrm{MHz}$、$148.7\mathrm{MHz}$、$223.2\mathrm{MHz}$、$297.4\mathrm{MHz}$、$371.7\mathrm{MHz}$、$446\mathrm{MHz}$、$520.2\mathrm{MHz}$、$594.2\mathrm{MHz}$。同理可得 $1\mathrm{m}$ 长同轴线缆终端负载响应电压峰值频点分别为 $149.5\mathrm{MHz}$、$298.9\mathrm{MHz}$、$448\mathrm{MHz}$、

597.2MHz。比较仿真试验结果不难发现:1m 和2m 长的同轴线缆终端响应电压处于峰值时,对应的线缆相对长度具有相同的规律,即线缆长度为辐射电磁波半波长的整数倍,峰值响应频率满足 $f = n \times c/(2L)$ ($n = 1,2,3,\cdots$)。这一结论与理论分析结果一致,是电磁波在同轴线缆内部反射谐振的必然结果。线缆响应的峰值频点之所以有所偏差:一是仿真分析时地面设置为完美导电材料,入射电磁场到达同轴线缆时不可能完全与其平行;二是入射电磁波受到金属箱体的反射作用,使电场分布均匀性受到一定影响。

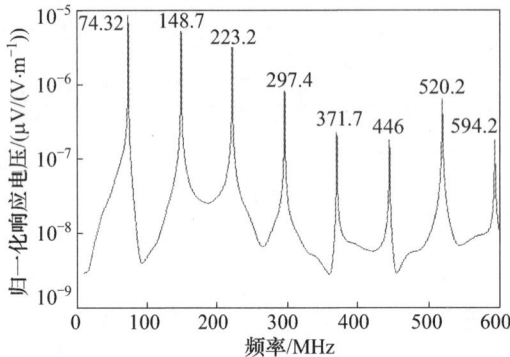

图 7 - 1    同轴线缆终端负载响应仿真结果

为验证仿真结果的准确性,选用 TPC 公司的射频同轴线缆,采用上述仿真配置条件进行试验验证。同轴线缆经穿墙插座在屏蔽箱内接 50Ω 同轴匹配负载,屏蔽室内通过 1m 长同轴线缆与频谱分析仪连接,受试线缆两端等效阻抗均为 50Ω。测试得到 2m 长同轴线缆终端负载归一化响应电压随频率变化曲线如图 7 - 2 所示。

比较图 7 - 1 仿真结果和图 7 - 2 实测结果可以看出,除了实测结果的第一个峰值响应频点外,两者的谐振频率基本一致,归一化响应电压峰值随谐振半波数的增加逐渐降低,验证了仿真分析结果的准确性。实测归一化响应电压值在820MHz 附近急剧增加,可能与受试线缆转移阻抗的频率特性有关。另外,同轴线缆两端连接的屏蔽室和屏蔽箱会对线缆屏蔽层感应电流的分布产生影响,可能是实测时在 28MHz 附近出现谐振峰的原因——屏蔽室壳体参与电磁能量耦合引起的。为验证这一推断的合理性,选择更大的屏蔽室(7.2m × 4.2m ×3.45m)在低频段重复上述试验,试验配置如图 7 - 3(a)所示,通过改变测试屏蔽室的几何尺寸,观察测试屏蔽室对同轴线缆终端负载响应电压大小的影响,测试结果如图 7 - 3(b)所示。

从图 7 - 3(b)可以看出,78MHz 和 150MHz 的终端负载峰值响应频点与

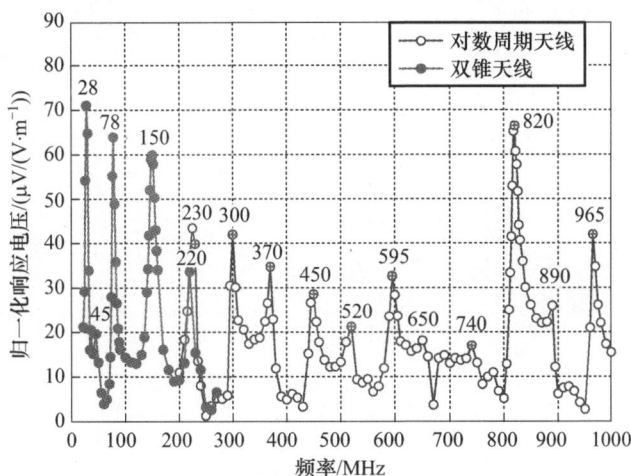

图 7 - 2 同轴线缆终端负载响应实测结果

(a) 试验配置

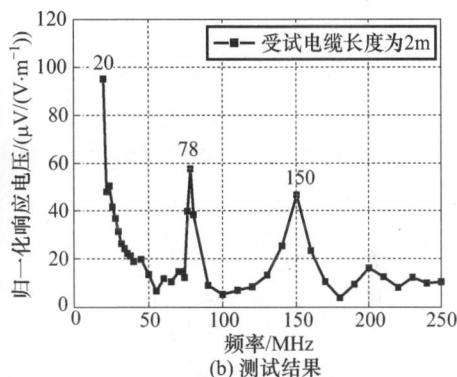

(b) 测试结果

图 7 - 3 大屏蔽室测试同轴线缆终端负载响应试验配置及结果

图 7 - 2 中的试验结果一致,大屏蔽室测试时在低频段最大峰值响应频点小于 20MHz(20MHz 以下由于辐射条件受限未测试),而采用小屏蔽室测试得到的最大峰值响应频点出现在 30MHz 左右,屏蔽室几何尺寸的增大,使第一个峰值响应频点降低,这在一定程度上说明了低频段出现的峰值响应是由于测试屏蔽室引起的。

图 7 - 1 仿真结果与图 7 - 2 实测结果的另一个重要区别在于仿真结果的选频特性很强、谐振峰很尖锐,峰值响应与相邻极小值相差百倍以上,而实测结果谐振峰明显变宽、峰值响应与相邻极小值相差不足 10 倍,这一区别将在下面通过解析求解进一步探讨。

为研究端口负载变化对其自身响应电压的影响规律,同轴线缆一端依然连接50Ω匹配负载,测试端口负载电阻分别选择1.0Ω、16.7Ω、25.0Ω、37.5Ω、50.0Ω、100Ω、200Ω,选择2m长线缆进行仿真分析,其他设置保持不变。仿真分析结果如图7-4所示,终端负载归一化响应电压随自身电阻值的增大而非线性单调增加,随谐振频率的增加而单调减小。

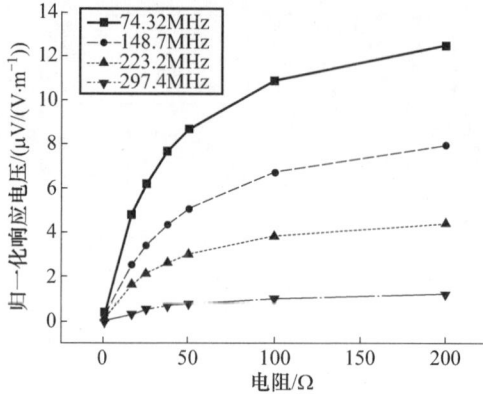

图7-4　谐振频点负载响应电压随自身电阻的变化

运用传输线理论分析,同轴线缆受到一定频率的电磁波辐射后,会在其屏蔽层形成感应电流,感应电流通过同轴线缆的转移阻抗转化为线缆芯线与屏蔽层之间的差模电压,可以认为它是在同轴线缆芯线与屏蔽层之间连接的等效感应电压源,其戴维南等效电路如图7-5所示。通过转移阻抗得到的感应电压并不能完全加到终端负载上,而是由同轴线缆特性阻抗与终端负载的分压决定的,导致随着终端负载阻值的增大,负载上的感应电压非线性增大。

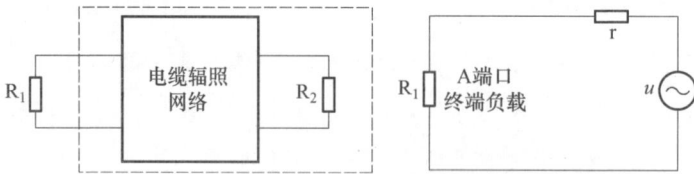

图7-5　等效电路模型

根据图7-5所示电路计算可得,同轴线缆终端负载响应电压与等效电压源的关系为

$$U_A = \frac{R_1}{r + R_1}U \tag{7-1}$$

将图7-4实测值及同轴线缆特性阻抗$r = Z_2 = 50\Omega$代入式(7-1)进行检验,最大误差均小于5%,验证了等效电路模型的准确性。

## 7.1.2　同轴线缆外导体感应电流分布理论分析

假设同轴线缆的长度为 $L$，平面电磁波入射方向垂直于同轴线缆外导体表面，极化方向与外导体长度方向平行，取外导体中心点为坐标原点，建立如图 7-6 所示的坐标系。假设平面电磁波对同轴线缆均匀辐射，同轴线缆外导体任意点 $z$ 处的感应电流为外导体总长 $L$ 上所有辐射感应电压元激发的感应电流元经传播和多次反射后，在 $z$ 处线性叠加形成的稳态分布。令平面电磁波的表达式为 $E(t) = E_0 \mathrm{e}^{-\mathrm{j}\omega t}$，则外导体 $z'$ 处由感应电压元激发的感应电流元为 $\mathrm{d}I_0(z',t) = H \cdot E_0 \mathrm{e}^{-\mathrm{j}\omega t} \mathrm{d}z'$，其中，$H$ 为转换系数。

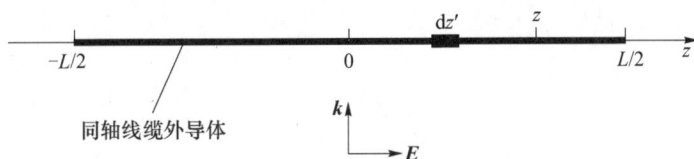

图 7-6　平面波均匀辐射同轴线缆外导体感应电流计算模型

感应电流元 $\mathrm{d}I_0(z',t)$ 在外导体上从左向右传播到 $z$ 处的电流为

$$\mathrm{d}I_{L_0}(z,z',t) = H \cdot E_0 \mathrm{e}^{-\mathrm{j}[\omega t - \gamma(z-z')]} \cdot \mathrm{d}z' \tag{7-2}$$

式中　$\gamma$——传播因子，$\gamma = \beta + \mathrm{j}\alpha$；

$\beta$——相位因子；

$\alpha$——衰减因子。

感应电流元 $\mathrm{d}I_0(z',t)$ 经外导体右端第 1 次反射后传播到 $z$ 处的电流为

$$\mathrm{d}I_{R_1}(z,z',t) = -H \cdot E_0 \mathrm{e}^{-\mathrm{j}[\omega t + \gamma(z+z')]} \mathrm{e}^{\mathrm{j}\gamma L} \cdot \mathrm{d}z' \tag{7-3}$$

式中："-"号来源于半波损失。感应电流元 $\mathrm{d}I_0(z',t)$ 经外导体左端第 1 次反射后传播到 $z$ 处的电流为

$$\mathrm{d}I_{L_1}(z,z',t) = H \cdot E_0 \mathrm{e}^{-\mathrm{j}[\omega t - \gamma(z-z')]} \mathrm{e}^{\mathrm{j}2\gamma L} \mathrm{d}z' \tag{7-4}$$

感应电流元 $\mathrm{d}I_0(z',t)$ 经外导体右端第 2 次反射后传播到 $z$ 处的电流为

$$\mathrm{d}I_{R_2}(z,z',t) = -H \cdot E_0 \mathrm{e}^{-\mathrm{j}[\omega t + \gamma(z+z')]} \mathrm{e}^{\mathrm{j}3\gamma L} \cdot \mathrm{d}z' \tag{7-5}$$

感应电流元 $\mathrm{d}I_0(z',t)$ 经外导体左端第 2 次反射后传播到 $z$ 处的电流为

$$\mathrm{d}I_{L_2}(z,z',t) = H \cdot E_0 \mathrm{e}^{-\mathrm{j}[\omega t - \gamma(z-z')]} \mathrm{e}^{\mathrm{j}4\gamma L} \cdot \mathrm{d}z' \tag{7-6}$$

同理，感应电流元 $\mathrm{d}I_0(z',t)$ 经外导体右端第 $n$ 次反射后传播到 $z$ 处的电流为

$$dI_{R_n}(z,z',t) = -H \cdot E_0 e^{-j[\omega t + \gamma(z+z')]} e^{j(2n-1)\gamma L} \cdot dz' \qquad (7-7)$$

同理,感应电流元 $dI_0(z',t)$ 经外导体左端第 $n$ 次反射后传播到 $z$ 处的电流为

$$dI_{L_n}(z,z',t) = H \cdot E_0 e^{-j[\omega t - \gamma(z-z')]} e^{j2n\gamma L} \cdot dz' \qquad (7-8)$$

因此,感应电流元 $dI_0(z',t)$ 经外导体左右两端无穷多次反射后,在 $z$ 处形成的感应电流 $dI(z,z',t)$ 可以通过求解式(7-7)和式(7-8)的无穷多项之和得到:

当 $z \geqslant z'$ 时,有

$$
\begin{aligned}
dI(z,z',t) &= \sum_{n=0}^{\infty} dI_{L_n}(z,z',t) + \sum_{n=1}^{\infty} dI_{R_n}(z,z',t) \\
&= H \cdot E_0 e^{-j\omega t} \left( \sum_{n=0}^{\infty} e^{j\gamma(z-z')} e^{j2n\gamma L} - \sum_{n=1}^{\infty} e^{-j\gamma(z+z')} e^{j(2n-1)\gamma L} \right) dz' \\
&= \frac{H \cdot E_0 e^{-j\omega t} (e^{j\gamma z} - e^{-j\gamma z} e^{j\gamma L}) e^{-j\gamma z'}}{1 - e^{j2\gamma L}} \cdot dz' \qquad (7-9)
\end{aligned}
$$

当 $z < z'$ 时,有

$$
\begin{aligned}
dI(z,z',t) &= \sum_{n=1}^{\infty} dI_{L_n}(z,z',t) + \sum_{n=1}^{\infty} dI_{R_n}(z,z',t) \\
&= H \cdot E_0 e^{-j\omega t} \sum_{n=1}^{\infty} (e^{j\gamma(z-z')} e^{j2n\gamma L} - e^{-j\gamma(z+z')} e^{j(2n-1)\gamma L}) \cdot dz' \\
&= \frac{H \cdot E_0 e^{-j\omega t} (e^{j\gamma z} e^{j2\gamma L} - e^{-j\gamma z} e^{j\gamma L}) e^{-j\gamma z'}}{1 - e^{j2\gamma L}} \cdot dz' \qquad (7-10)
\end{aligned}
$$

通过对长为 $L$ 的外导体上所有线元 $dz'$ 进行积分,可以得到平面波均匀辐射条件下同轴线缆外导体任意点 $z$ 处的感应电流(皮电流)为

$$
\begin{aligned}
I(z,t) &= \int_{-L/2}^{L/2} dI(z,z',t) \\
&= H \cdot E_0 e^{-j\omega t} \left[ \int_{-L/2}^{z} \frac{(e^{j\gamma z} - e^{-j\gamma z} e^{j\gamma L}) e^{-j\gamma z'}}{1 - e^{j2\gamma L}} dz' + \int_{z}^{L/2} \frac{(e^{j\gamma z} e^{j2\gamma L} - e^{-j\gamma z} e^{j\gamma L}) e^{-j\gamma z'}}{1 - e^{j2\gamma L}} dz' \right] \\
&= \frac{jH \cdot E_0 e^{-j\omega t} [(e^{-j\gamma L/2} + e^{j\gamma L/2}) - (e^{j\gamma z} + e^{-j\gamma z})]}{\gamma(e^{-j\gamma L/2} + e^{j\gamma L/2})} \qquad (7-11)
\end{aligned}
$$

考虑到实际中只有当衰减因子 $\alpha$ 很小时,同轴线缆外导体上的感应电流才会由于多次反射、叠加形成稳态的谐振电流分布。为分析这种谐振效应,在

式(7 - 11)中利用 $\gamma \approx \beta$、$\mathrm{e}^{\mathrm{j}\gamma L/2} \approx \mathrm{e}^{\mathrm{j}\beta L/2}(1 - \alpha L/2)$ 取一级近似,得到简化的解析表达式:

$$I(z,t) \approx \frac{\mathrm{j}H \cdot E_0 \mathrm{e}^{-\mathrm{j}\omega t}\left[\cos(\beta L/2) - \cos(\beta z)\right]}{\beta\left[\cos(\beta L/2) - \mathrm{j}\alpha L\sin(\beta L/2)/2\right]} \qquad (7 - 12)$$

取式(7 - 12)的幅值,得到同轴线缆外导体表面感应电流的幅值分布 $I(z)$ 为

$$I(z) = \parallel I(z,t) \parallel = \left|\frac{H \cdot E_0\left[\cos(\beta L/2) - \cos(\beta z)\right]}{\beta\left[\cos^2(\beta L/2) + (\alpha L/2)^2\sin^2(\beta L/2)\right]^{1/2}}\right| \qquad (7 - 13)$$

通过对式(7 - 13)进行理论分析,得出平面波均匀辐射条件下同轴线缆外导体感应电流分布规律如下:

(1) 当 $\cos(\beta L/2) \approx 0$ 时,$I(z)$ 取得极大值,同轴线缆外导体感应电流由于谐振形成峰值响应,其终端负载电压也同步达到极大值;衰减因子 $\alpha$ 取值越小,谐振峰越尖锐,这正是图 7 - 1 与图 7 - 2 同轴线缆终端负载归一化响应电压仿真与实测结果不一致的根本原因:仿真时同轴线缆屏蔽层采用 PEC 导体材料,衰减因子 $\alpha$ 远小于实际值,导致谐振峰过于尖锐。谐振时,$L \approx (2n - 1)\lambda/2$($n$ 为自然数)即外导体的长度为半波长奇数倍,辐射频率满足 $f = (2n - 1)c/(2L)$,驻波电流幅值服从 $\cos|\beta z|$ 分布。

(2) 当 $L = n\lambda$,即同轴线缆长度为半波长偶数倍时,外导体表面感应电流幅值服从 $1 + \cos(\beta z)$ 或 $1 - \cos(\beta z)$ 分布,但未谐振形成峰值响应。

(3) 当 $z = \pm L/2$ 时,$I(z) = 0$,即无论外导体感应电流是否由于谐振形成驻波,外导体左右两端感应电流均为零。

(4) 相位因子 $\beta = \omega/c$ 位于式(7 - 13)的分母上,因此,平面电磁波的辐射频率越高,外导体表面感应电流的幅值越低。

为了更加直观地表述上述结论并验证由简化解析表达式得出上述结论的正确性,令 $E_0 = 1\mathrm{V/m}$,$L = 1\mathrm{m}$,$\alpha = 0.1$,$H = 1 \times 10^{-3}$,$f = 1 \sim 1200\mathrm{MHz}$,根据精确解析表达式(7 - 11),采用数值分析的方法,利用 Matlab 软件,绘制外导体感应电流幅值随辐射频率的分布曲线,如图 7 - 7 所示。选取 150MHz、300MHz、450MHz、600MHz 四个典型频点,绘制外导体感应电流幅值随导体位置的分布曲线,如图 7 - 8 所示。

从图 7 - 7 中可以看出:同轴线缆外导体表面感应电流在 150MHz、450MHz、750MHz、1050MHz 等频点由于谐振出现峰值响应,通过计算可知这些频点刚好满足同轴线缆长度为半波长的奇数倍;在 300MHz、600MHz、900MHz、1200MHz 等同轴线缆长度为半波长偶数倍的频点,没有出现谐振峰值响应;同轴线缆外导

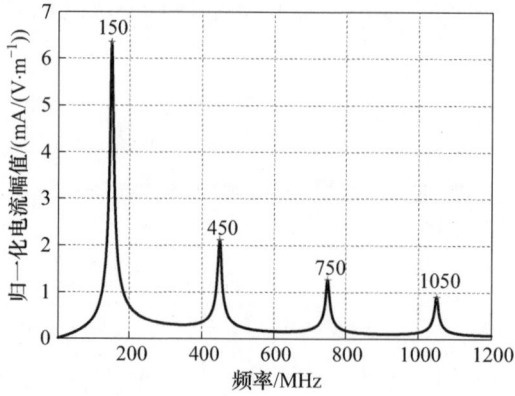

图 7 - 7　平面波均匀辐射同轴线缆时外导体感应电流幅值变化曲线

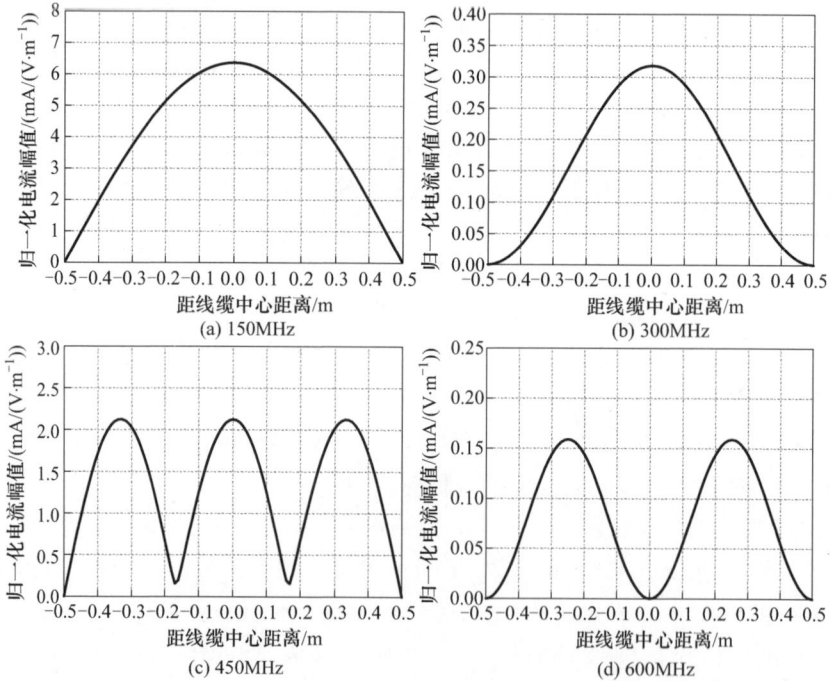

图 7 - 8　平面波均匀辐射同轴线缆外导体感应电流幅值随位置变化曲线

体表面感应电流的峰值响应随辐射频率的增大而减小。

从图 7 - 8 中可以看出,外导体长度为半波长奇数倍的两个谐振频点(150MHz 和 450MHz),感应电流的幅值基本服从 $\cos|\beta z|$ 分布,谐振出现的峰值个数(波腹)与外导体长度与半波长的比值相同;外导体长度为半波长偶数倍的两

个频点(300MHz 和 600MHz),感应电流幅值分别服从 $1+\cos(\beta z)$ 和 $1-\cos(\beta z)$ 分布;所有频点外导体左右两端的感应电流均为 0,且电流幅值呈现中心对称分布。通过上述分析可知:平面波均匀辐射条件下,利用精确解析表达式绘图直观得出的外导体感应电流分布规律与根据简化解析表达式理论分析得到的结论基本一致。

### 7.1.3　局部辐射条件的线缆感应电流分布

前述同轴线缆终端负载电磁辐射响应试验与仿真结果表明:线缆长度为辐射电磁波半波长的整数倍时,同轴线缆终端响应电压处于峰值状态。同轴线缆外导体感应电流分布的解析表达式表明:同轴线缆长度为辐射电磁波半波长的奇数倍时线缆感应电流出现峰值响应,与线缆长度为辐射电磁波半波长的偶数倍对应的频点,感应电流不会出现峰值响应。由于同轴线缆终端负载响应与其转移阻抗及外导体感应电流成正比,线缆感应电流不出现峰值响应,同轴线缆终端响应电压不可能达到极值。之所以出现上述差异,是线缆的辐射条件不同——局部辐射导致线缆感应电流、终端负载响应电压在线缆长度为辐射电磁波半波长的偶数倍时出现谐振峰值响应。

假设同轴线缆外导体长度为 $L$,取外导体中心点为坐标原点,建立如图 7-9 所示的直角坐标系外导体感应电流计算模型,平面电磁波入射方向垂直于外导体,极化方向与外导体长度方向平行,外导体受平面电磁波辐射的区域为 $[-L/2, x]$,其他区域处于电磁屏蔽箱体内,不直接接收电磁辐射。

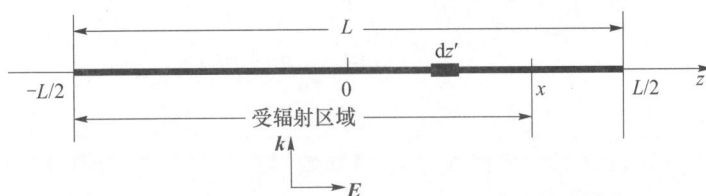

图 7-9　平面电磁波局部辐射同轴线缆外导体感应电流计算模型

与平面电磁波对同轴线缆外导体均匀辐射情况相同,由 $[-L/2, x]$ 区间 $z'$ 处的感应电压元激发的感应电流元 $dI_0(z', t)$ 可以在线缆两端多次反射叠加,最终在线缆各处形成感应电流分布。这一过程中,除了产生感应电流元的区间不同外,其余与平面电磁波对同轴线缆外导体均匀辐射完全相同。

当 $z \geqslant x$ 时,有

$$I(z, t) = \int_{-L/2}^{x} dI(z, z', t)$$

$$= \int_{-L/2}^{x} \frac{H \cdot E_0 e^{-j\omega t}(e^{j\gamma z} - e^{-j\gamma z}e^{j\gamma L})e^{-j\gamma z'}}{1 - e^{j2\gamma L}} \cdot dz'$$

$$= \frac{jH \cdot E_0 e^{-j\omega t}}{\gamma}\left[\frac{(e^{j\gamma(z-L/2)} - e^{-j\gamma(z-L/2)})(e^{-j\gamma(x+L/2)} - 1)}{e^{-j\gamma L} - e^{j\gamma L}}\right] \quad (7-14)$$

采用与平面电磁波均匀辐射相同的简化处理方法,式(7-14)可近似为

$$I(z,t) \approx \frac{jH \cdot E_0 e^{-j\omega t}}{\beta}\left[\frac{\sin\beta(z-L/2)(1 - e^{-j\beta(x+L/2)})}{\sin\beta L + j\alpha L\cos\beta L}\right] \quad (7-15)$$

取式(7-15)的幅值,得到平面波局部辐射条件下同轴线缆外导体表面感应电流($z \geq x$)的幅值分布为

$$I(z) = \|I(z,t)\| = \left|\frac{2H \cdot E_0 \sin\beta(z-L/2)\sin\beta(x/2+L/4)}{\beta[\sin^2\beta L + (\alpha L)^2\cos^2\beta L]^{1/2}}\right| \quad (7-16)$$

当 $z < x$ 时,有

$$I(z,t) = \frac{H \cdot E_0 e^{-j\omega t}}{1 - e^{j2\gamma L}}\left[\int_{-L/2}^{z}(e^{j\gamma z} - e^{-j\gamma z}e^{j\gamma L})e^{-j\gamma z'}dz' + \int_{z}^{x}(e^{j\gamma z}e^{j2\gamma L} - e^{-j\gamma z}e^{j\gamma L})e^{-j\gamma z'}dz'\right.$$

$$= \frac{2H \cdot E_0 e^{-j\omega t}}{\gamma}\left\{\frac{\sin\gamma L + \sin\gamma(z-L/2) - e^{j\gamma(L/2-x)}\sin\gamma(z+L/2)}{e^{-j\gamma L} - e^{j\gamma L}}\right\}$$

$$(7-17)$$

采用与平面电磁波均匀辐射相同的简化处理方法,式(7-17)可近似为

$$I(z,t) \approx \frac{jH \cdot E_0 e^{-j\omega t}\left\{\sin\beta L + \sin\beta\left(z - \dfrac{L}{2}\right) - \sin\beta\left(z + \dfrac{L}{2}\right)e^{j\beta(L/2-x)}\right\}}{\beta(\sin\beta L + j\alpha L\cos\beta L)}$$

$$(7-18)$$

取式(7-18)的幅值,得到平面波局部辐射条件下同轴线缆外导体表面感应电流($z < x$)的幅值分布为

$$I(z) = \|I(z,t)\|$$

$$= \left|\frac{H \cdot E_0\sqrt{\left[\sin\beta L + \sin\beta\left(z - \dfrac{L}{2}\right)\right]^2 - 2\left[\sin\beta L + \sin\beta\left(z - \dfrac{L}{2}\right)\right]\sin\beta\left(z + \dfrac{L}{2}\right)\cos\beta\left(\dfrac{L}{2} - x\right) + \sin^2\beta\left(z + \dfrac{L}{2}\right)}}{\beta[\sin^2\beta L + (\alpha L)^2\cos^2\beta L]^{1/2}}\right|$$

$$(7-19)$$

通过对式(7-16)和式(7-19)进行理论分析,得出平面电磁波局部辐射同轴线缆时,同轴线缆外导体表面感应电流分布规律如下:

（1）当 $\sin(\beta L) \approx 0$ 时,感应电流幅值取极大值,同轴线缆外导体表面感应电流由于谐振形成峰值响应。此时, $L \approx n\lambda/2$（$n$ 为自然数）,即外导体的长度为半波长的整数倍,辐射频率满足 $f \approx nc/(2L)$,这与平面电磁波均匀辐射条件下外导体表面感应电流分布规律有所不同,线缆长度为辐射电磁波半波长的偶数倍对应的频点出现峰值响应。

（2）外导体表面感应电流幅值随辐射频率的升高而降低、外导体左右两端感应电流均为零等规律,与平面波均匀辐射条件下得到的规律相同。

（3）感应电流在同轴线缆外导体上的分布趋于复杂化,不再具有中心对称性。

为了更加直观地表述上述结论并验证由简化解析表达式得出上述结论的正确性,令 $E_0 = 1\text{V/m}, L = 1\text{m}, \alpha = 0.1, H = 1 \times 10^{-3}, f = 1 \sim 1200\text{MHz}, x$ 为 0.4、0.2、0、-0.2（即受辐射线缆长度分别为 0.9m、0.7m、0.5m 和 0.3m）,根据精确解析表达式（7-14）和式（7-17）,采用数值分析的方法,利用 Matlab 软件,绘制外导体感应电流最大幅值随辐射频率的分布曲线,如图 7-10 所示。令 $x = 0.4$,选取 150MHz、300MHz、450MHz、600MHz 四个典型频点,绘制外导体感应电流幅值随导体位置的分布曲线,如图 7-11 所示。

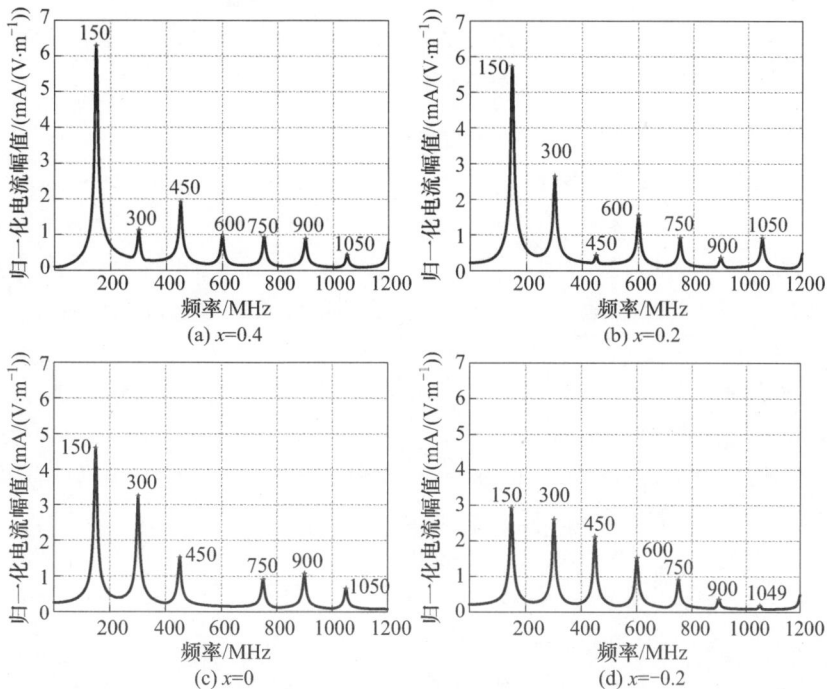

图 7-10　平面电磁波局部辐射线缆感应电流幅值随频率的变化曲线

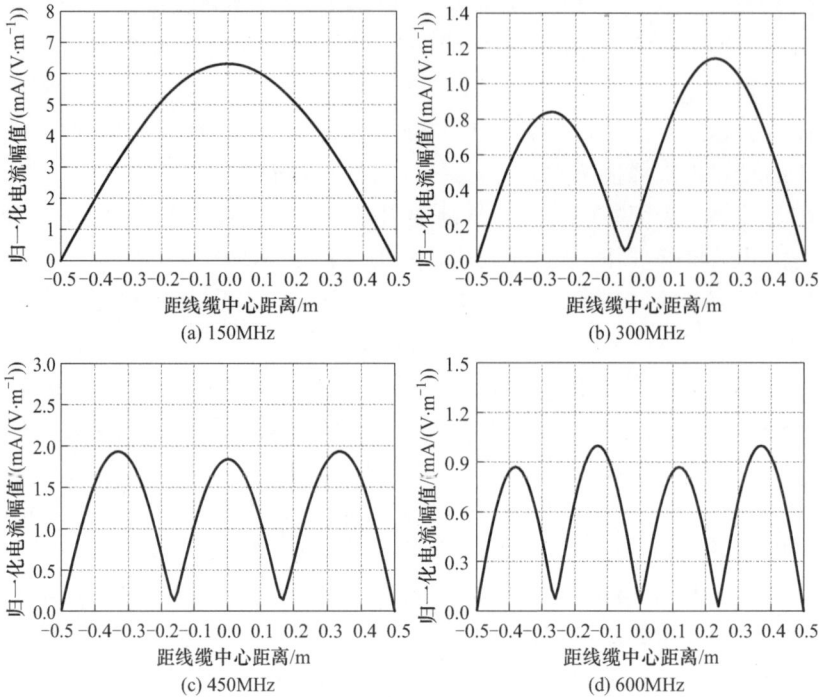

图 7-11  平面电磁波局部辐射线缆感应电流幅值随位置的变化曲线

从图 7-10 可以看出：

（1）平面电磁波局部辐射同轴线缆时，1m 长同轴线缆外导体感应电流在 150MHz、300MHz、450MHz、600MHz、750MHz、900MHz 等频点由于谐振出现峰值响应，通过计算可知这些频点满足外导体长度为半波长的整数倍，这与平面波均匀辐射条件下外导体感应电流仅在导体长度为半波长的奇数倍时出现谐振峰值有所不同。

（2）随着外导体受辐射长度的减小（$x$ 减小），奇数倍频点对应的峰值响应降低，偶数倍频点对应的峰值响应先升高再降低。分析其原因为：外导体受辐射的长度决定了其接收电磁能量的能力，低频时受辐射长度越短产生的感应电流元就越小，因此感应电流元多次反射叠加后形成的奇数倍频点峰值响应也就越小；偶数倍频点对应的峰值响应变化规律则不同，形成偶数倍频点的峰值响应主要是由于非对称辐射造成的，在 $x > 0$ 的前提下，$x$ 值越小这种非对称性就会越显著，因此形成的偶数倍频点峰值响应会越大，而当 $x < 0$ 时，感应电流元的减小成为主要影响因素，因此偶数倍频点对应的峰值响应也会随着 $x$ 的减小而降低。

（3）外导体感应电流的峰值响应随辐射频率的增大而减小。

从图 7 - 11 可以看出：

（1）外导体长度为半波长整数倍对应的谐振频点感应电流幅值近似服从正弦分布，但各个谐振峰的大小不再相同；谐振峰的个数（波腹）与外导体长度与半波长的比值相同。

（2）由于采用非对称辐射，外导体感应电流幅值不再呈现轴对称分布，变化情况与外导体受辐射的长度密切相关。

（3）所有频点外导体左右两端的感应电流均为零。

综上所述：处于均匀电磁场辐射条件下的线缆感应电流或同轴线缆终端负载响应电压，在线缆长度为辐射电磁波半波长的奇数倍时出现谐振峰值，谐振峰值随辐射频率增加而减小；当辐射场强不均匀或仅对线缆局部进行电磁辐射时，在线缆长度为辐射电磁波波长的整数倍时也会出现谐振峰值，各谐振峰的相对大小与电磁辐射的相对位置密切相关，难以看出简单的规律性，但谐振峰值随辐射频率增加而减小的趋势不变。

### 7.1.4　天线终端负载电磁辐射响应规律

为获取受试天线的电磁辐射响应规律，采用与图 3 - 11 所示相同的连续波电磁辐射效应试验系统对受试天线进行均匀辐射，测量其终端负载响应电压，利用单位辐射场强下的响应电压——归一化响应电压表征天线的终端负载响应规律。

采用位置替代法测试受试天线所在位置处的辐射场强，即连续波辐射场强的测量与受试天线的辐射响应测试分两次进行：首先将场强计置于试验区，测量该区域的辐射场强，通过调整试验区域、辐射天线距试验区的距离，尽量降低试验区域的场强波动幅度，最高不能超过 3dB；测量完成后，移开场强计，将受试天线放置于该试验区，在不改变辐照系统状态的条件下再次进行辐射响应测试。

1）卫通天线接收系统连续波电磁辐射响应规律

受试卫通天线馈电端口仅连接双工器和滤波器，放置于辐射天线正前方，如图 7 - 12 所示。辐射天线采用垂直极化放置方式，通过调整受试卫通天线的空间方位使其接收主瓣方向与辐射天线主瓣相对，保证接收到的归一化响应电压最高，测试电缆采用 20m 双屏蔽电缆。分别对测试电缆自身响应（电缆端接 $50\Omega$ 射频同轴负载）和测试电缆连接卫通天线的响应进行测试。

图 7 - 13 所示为卫通天线接收系统的带外归一化响应曲线，无论是卫通天线连接双工器、滤波器和测试电缆的整体响应，还是测试电缆的自身响应都比较低，在 $1 \sim 12\mu V/(V \cdot m^{-1})$ 之间，且响应规律大同小异，与 7.1.1 节同轴线缆终端负载归一化响应数量级相同，这说明受试卫通接收系统在带外频段

图 7 – 12　受试卫通天线与辐射天线配置方式

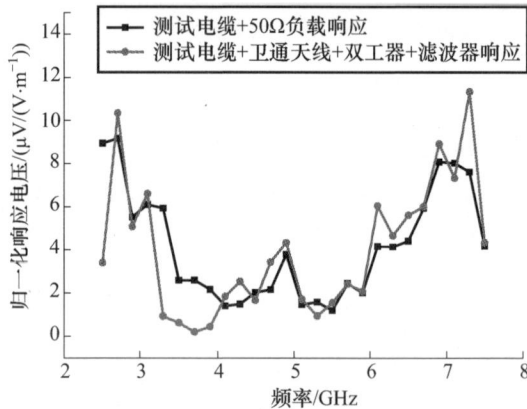

图 7 – 13　卫通接收系统及测试电缆带外连续波辐射响应

2.5 ~ 7.5GHz 内基本没有响应。

辐射天线分别采用垂直极化和水平极化方式,测量得到的受试卫通接收系统(仅含双工器和滤波器)和测试电缆的归一化响应电压曲线如图 7 – 14 所示。在辐射天线垂直极化和水平极化两种测试条件下,测试电缆自身的归一化响应值都远低于受试卫通天线的响应,因此测试电缆对测试结果的影响可忽略不计。受试卫通天线连接双工器和阻发滤波器的辐射响应频段为 8.7 ~ 13.7GHz。由于辐射天线垂直极化时卫通天线的归一化响应值远大于辐射天线水平极化时,可以推断受试卫通天线为垂直极化天线。在卫通天线(含双工器和滤波器)的接收工作频段,最大的归一化响应电压值大约为 70mV/($V \cdot m^{-1}$),较同轴线缆的归一化响应大约高三个数量级。

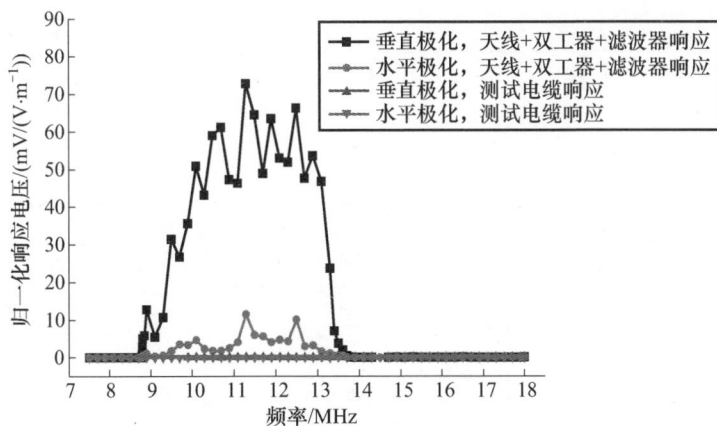

图 7 - 14　卫通接收系统及测试电缆 7.5 ~ 18GHz 连续波辐射响应

2）宽带测频天线连续波电磁辐射响应规律

受试宽带测频天线具有插入损耗较小的天线罩,拆开天线罩后如图 7 - 15 所示。电磁辐射响应测试时,测频天线置于辐射天线正前方,按表 7 - 1 所列 4 种状态依次进行测试,放置状态 A 的测试结果如图 7 - 16 所示。

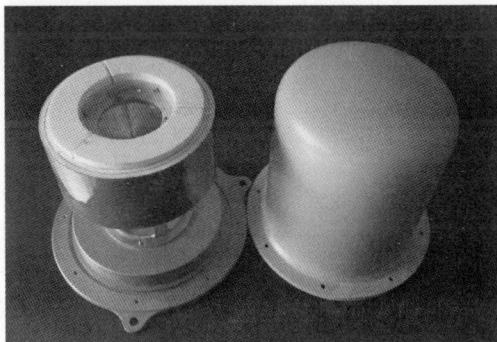

图 7 - 15　宽带测频天线

表 7 - 1　宽带测频天线受试状态一览表

| 序号 | 放置状态 | 试验状态 |
|---|---|---|
| 1 | A | 辐射天线垂直极化,受试测频天线垂直于地面放置 |
| 2 | B | 辐射天线水平极化,受试测频天线垂直于地面放置 |
| 3 | C | 辐射天线垂直极化,受试测频天线平行于地面、头朝向辐射天线放置 |
| 4 | D | 辐射天线垂直极化,受试测频天线轴线与地面法线成 45°,电磁波入射方向垂直于受试测频天线轴线与地面法线构成的平面 |

191

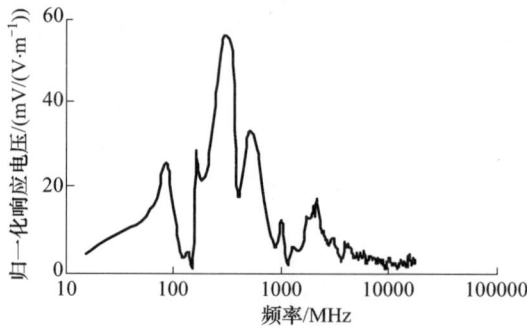

图 7 - 16    宽带测频天线连续波电磁辐射响应

在 3 ~ 18GHz 测试频段内,受试宽带测频天线呈圆极化接收状态,试验状态 A 和 B 辐射响应规律基本相同,归一化响应电压值为 1.5 ~ 8.5mV/(V·m$^{-1}$),大于天线顶部面向来波方向放置时的归一化响应电压值,有利于抵抗来自上方的电磁攻击。

在 1 ~ 3GHz 测试频段内,受试宽带测频天线不再保持圆极化接收状态,不同测试状态下的归一化响应电压值相差数倍且没有确定的关系,不同频点的最大归一化响应电压值为 8 ~ 20mV/(V·m$^{-1}$)。

在 20 ~ 1000MHz 测试频段内,受试宽带测频天线的归一化响应电压值对测试状态的依赖性仍然很强,不同频点的归一化响应电压值相差数十倍。在300 ~ 1000MHz 范围内,最大归一化响应电压值基本上随辐射频率增大而减小,大约从 56mV/(V·m$^{-1}$) 下降到 17mV/(V·m$^{-1}$);在 90 ~ 300MHz 范围内,最大归一化响应电压值随频率变化而振荡,最大归一化响应值在 50mV/(V·m$^{-1}$) 左右;频率低于 90MHz 时,不同频点的最大归一化响应值随辐射频率提高而增大,从 20MHz 时的 6.5mV/(V·m$^{-1}$) 单调上升为 45mV/(V·m$^{-1}$)。

综合比较同轴线缆、典型天线终端负载的电磁辐射响应规律可以看出:电磁辐射响应均具有明显的选频特性,归一化响应电压不仅与辐射频率密切有关,也与来波方向、极化方向有关;同轴线缆终端负载电磁辐射响应对辐射频率的敏感性比天线更强,而且峰值响应谐振频率与电磁波的辐射区域、均匀与否直接相关。同轴线缆终端负载的电磁辐射归一化响应电压在 10 ~ 100μV/(V·m$^{-1}$) 数量级,而天线终端负载的电磁辐射归一化响应电压在 10 ~ 100mV/(V·m$^{-1}$) 数量级,两者相差三个数量级。因此,在进行装备电磁辐射效应试验时,若受试装备存在天线或未加屏蔽的线缆接头时,其电磁辐射耦合强度一般要远大于同轴线缆,成为电磁辐射的主要耦合通道,必须引起足够重视。

# 7.2　用频装备电磁辐射共性效应规律

通信装备、无线电引信虽然均属于用频装备,但其电磁辐射效应规律大相径庭:通信装备具有很窄的工作带宽,在其工作频带内具有很高的接收灵敏度,相应地其电磁辐射敏感度也很高;一旦电磁辐射频率与其工作频率之差大于其工作带宽的 50%,其电磁辐射临界干扰场强迅速上升到 50V/m 以上,无论是邻近工作信道电磁辐射还是谐波电磁辐射,都很难对其产生干扰,应该说受试通信装备均具有较强的抗电磁干扰能力。相反,受试无线电引信虽然正常工作所需频带也很窄,一般在数十 kHz 以内,且采用带通滤波器试图抑制带外干扰,但电磁辐射效应试验表明这一措施并未奏效,仅当单频电磁辐射频率十分靠近受试引信工作频率时受试引信具有较强的抗电磁干扰能力,临界干扰场强甚至高于200V/m,一旦单频辐射频率偏离受试引信工作频率或采用扫频、调幅等电磁辐射对受试引信进行电磁辐照,在其工作频率及其二倍频、三倍频附近很宽的频率范围内,其临界干扰场强都可能小于 50V/m,难以满足电磁防护要求。为对用频装备进行有效的电磁防护加固,本节总结归纳用频装备电磁辐射共性效应机理。

## 7.2.1　带内电磁辐射耦合效应机理

电磁辐射效应的根源在于场线耦合,如 7.1 节所述,无论是天线耦合还是线缆耦合,均具有明显的选频特性,且天线耦合效率一般比线缆耦合效率高 2～3 个数量级。用频装备均具有接收天线,对电磁辐射比较敏感。其接收天线是电磁辐射耦合归一化响应最强的通道,最容易导致受试装备产生电磁辐射损伤,如采用高功率微波对无线电引信进行电磁辐射效应试验时导致受试引信自差收发机损坏。由于天线接收的电磁信号按受试装备的工作原理由前向后传输,因此最易受电磁辐射损伤的部位是射频前端或其防护模块(如限幅滤波器),经过信号完整性合理设计的受试装备,中间的元器件一般不易出现电磁辐射损伤。

电磁辐射既可以导致受试装备出现硬损伤,也可能使其产生软损伤——技术性能变差或潜在性损伤;电磁辐射损伤具有累积效应,电磁辐射场强足够高时,多次作用能够导致受试装备的临界损伤辐射场强逐步降低,无线电引信高功率微波辐射效应试验已经证明这一结论。

电磁辐射天线耦合最易出现的效应是带内阻塞干扰——临界干扰场强与受试装备接收工作信号的强度成正比,如通信装备,工作信号越强,则临界干扰场强越高,在其他技术参数不变的条件下,可以通过缩短受试装备的工作距离提高其抗电磁干扰能力;其次是天线接收电磁辐射产生的电信号导致受试装备工作状态发生变化而出现的干扰(工作状态变化)——临界干扰场强值与受试装备接收的工作信号强弱基本无关,如无线电引信,其临界干扰场强仅取决于受试装备本身工作电路的抗干扰能力。受试装备出现阻塞干扰的电磁辐射敏感度规律与其电磁辐射幅频响应特性紧密相关,归一化接收信号越强,临界干扰场强越低,两者随频率的变化关系基本成反比。

无论受试装备选频特性好坏,只要天线接收的电信号按受试装备的工作序列由前向后传输,一般只能出现硬损伤、阻塞干扰和工作状态变化三种效应,与电磁辐射干扰出现在工作频率附近还是其倍频点附近无关,受影响的只是其临界干扰场强值及其随辐射频率的变化关系。装备选频特性越好,其电磁辐射敏感频段越窄,抗电磁干扰能力越强,如通信装备;反之,电磁辐射敏感频段宽,抗电磁干扰能力弱,如无线电引信。

带内电磁辐射耦合效率高,临界干扰场强低,效应机理与受试装备的工作原理密切相关,同种受试装备个体间电磁辐射效应规律、临界干扰场强值一致性好,能够通过电路仿真逐级分析,针对效应机理进行防护加固。

### 7.2.2 强场电磁辐射效应机理

与带内电磁辐射效应机理不同,强场电磁辐射耦合信号对受试装备的影响并不一定遵循"由前向后"逐步传输的规律,接收天线也不一定是受试装备产生干扰、损伤效应的主要电磁辐射耦合通道,通常意义的电磁屏蔽也不一定能够发挥预期的电磁防护作用。例如,高功率微波、宽谱强电磁脉冲辐射导致受试无线电引信意外发火的根本原因是电源电压急剧波动,而强场电磁辐射导致通信电台"死机、重启、显示屏显示异常"的主要原因是受试电台电源电压不稳或由此产生的信息、指令、地址错误。分析不同受试装备在强电磁场辐射作用下产生效应的共同点,不难发现地电位波动发挥的作用:地电位波动导致电源电压不稳,可能导致无线电引信意外发火、通信电台自动关机(辐射消除后自动重启);地电位波动在数字电路中使高低电平翻转、宽脉冲变为多个窄脉冲,可能导致指令信息、地址信息或其他传输信息(显示等)错误,使受试装备出现死机或显示错误、功能紊乱等;地电位波动若出现在受试电路的复位信号线上,则会导致受试装备出现重启等故障。

由于任何信号都是以地电位为基准的,因此地电位波动对装备的影响可以体现在受试装备的不同部位;由于设备的地线是连通的,地电位波动对受试装备的影响可不遵守"由前向后"逐步传输的规律,可以同时对不同部位产生影响;屏蔽、限幅、滤波等传统的电磁防护措施,也难以完全解决地电位波动问题;接地是抑制地电位波动的基本手段,但接地线、电路布线等分布电感无法彻底消除,完全抑制地电位波动在技术上难以实现。同理,分布电感与布线方式密切相关,现有电磁仿真技术难以保证足够高的准确度,地电位波动导致的电磁干扰问题难以通过仿真手段定量分析。

双层屏蔽是解决地电位波动的有效手段,外层屏蔽体接大地、内层屏蔽体接受试装备的信号地,强电磁辐射导致外层屏蔽体产生较强的感应电流使地电位波动,但内、外屏蔽体之间的转移阻抗有限,内层屏蔽体的电位波动将受到较强的抑制,起到强电磁场防护的目的。

众所周知,同轴线缆在弱场作用下是抑制电磁干扰的有效手段,但在强电磁场作用下则不一定能够发挥电磁防护的作用。其原因是同轴线缆屏蔽层在电磁辐射作用下产生感应电流,经转移阻抗转化为差模电压,只要电磁辐射场足够强,差模电压信号就足以干扰受试装备使其不能正常工作;相反,普通的平行线、双绞线,由于两线距离很近,在低频电磁场作用下感应电流分布基本相同,只要终端负载分布对称,其共模感应电压难以有效转化为差模干扰信号,反而可以达到抑制电磁干扰的目的。我们在对某导弹装备控制设备进行射频电磁辐射效应试验时,发现产生方波控制信号的多谐振荡器受到严重干扰,主要表现为输出方波信号高电平持续时间延长、低电平持续时间缩短,占空比增大,同时信号的幅值减小。经效应机理分析,发现当控制设备受到电磁辐射时,在控制信号同轴线缆屏蔽层产生很强的感应电流,引起地电位的波动,导致多谐振荡器储能电容充放电电压发生变化,即改变了暂态、稳态的持续时间,从而导致多谐振荡器输出方波的高、低电平持续时间及占空比改变。将传输控制信号的同轴线缆用双绞线代替后,临界干扰场强反而有所提高。基于上述原因,将同轴线缆用屏蔽双线代替,屏蔽层良好接地、两条芯线用于控制信号传输,整套控制电路浮地工作,较好地解决了受试导弹装备控制设备的强场电磁干扰问题。

综上所述,受试装备在强电磁场辐射作用下出现的效应可大致划分为阻塞干扰、死机、重启、显示乱码、功能失效和硬损伤 6 种类型,导致硬损伤、阻塞干扰的能量耦合通道主要是接收天线,地电位波动也可能导致部分敏感元器件出现硬损伤,两者的区别是前者出现在射频前端或输入、输出接口,后者可出现在受试装备的中间部位。导致死机、重启、显示乱码、功能失效故障现象的根本原因一般为地电位波动,采用双屏蔽、良好接地措施是解决该类问题的主要方法。

## 7.3　电磁辐射效应试验评估技术发展方向

信息化战场电磁环境将向两个方向变化:一是用频装备数量急剧增加,频谱占用率大幅度提高,杂散辐射、谐波辐射难以有效控制,电磁信号在频域重叠交错,导致战场电磁环境日趋复杂;二是电磁辐射武器、电磁脉冲弹投入使用,用频装备辐射功率不断提高,空间电场强度增强导致战场电磁环境恶化。为研究装备的战场电磁环境适应性,电磁辐射效应试验评估技术必须不断创新。

### 7.3.1 强场电磁辐射效应等效试验技术

装备的电磁防护性能必须通过有效的试验来验证。目前,已经具备对设备或分系统进行电磁辐射发射和 200V/m 以下电磁辐射敏感度试验的条件,基本能够满足电磁兼容性能测试的需求。但对于系统级电磁辐射效应试验,采用现有的测试场地和试验方法则存在较大的问题。由于系统级电磁辐射试验的受试对象体积更加庞大,现有试验场地和方法不能保证受试设备被均匀辐照,分区辐照因所用试验设备不同或分区辐照方式不同将导致试验结果差异很大,甚至某些故障现象难以发现。随着相控阵预警雷达等大功率用频装备相继投入使用,我军装备面临的实际电磁辐射强度急剧增加,作战平台实测电场强度已高达数千伏每米,而国军标 GJB1389A—2005 中给出的舰船上发射机主波束下或陆军直升机外部电磁环境峰值场强在部分频段甚至高达 27460V/m,单纯依靠提高试验设备的辐射功率进行装备电磁辐射效应试验遇到了技术瓶颈。用实装进行效应试验,虽然能够在一定程度上解决燃眉之急,但试验频率难以连续调节,揭示被试装备的电磁辐射敏感特性遇到了技术难题。电磁辐射耦合具有明显的选频特性,特定频点试验合格的装备难以保证在其他频率、相同强度的电磁辐射作用下仍能正常工作。

系统级与设备级电磁辐射效应试验的最大区别在于受试装备的空间线度和辐射强度。单纯提高电磁辐射模拟设备的辐射强度或用实装作为辐射源进行效应试验,难以满足装备强场电磁辐射敏感度及其安全裕度试验的技术需求,必须发展等效替代的电磁辐射效应试验方法,确定试验场强的外推方法涉及复杂的科学问题。近年来,相继提出了大电流注入、直接电流注入等共模电流注入方法和差模注入 – 线性外推等效试验方法,一定程度上解决了强场电磁辐射效应试验的技术难题。但是,这些方法都具有严格的适用条件,基本解决的是输入、输出端口的电磁辐射耦合效应试验问题。对强场电磁辐射效应试验遇到的普遍情况——地电位波动导致的死机、重启、显示乱码、功能失效等故障现象的等效试验方法、电爆装置电磁辐射安全性试验方法亟待突破。

### 7.3.2 复杂电磁环境适应性评估技术

评价装备在战场多源复杂电磁环境下的适应性问题,理论上,可以采用多个实装或半实物模拟系统构建战场多源复杂电磁环境,进而开展电磁环境适应性试验评估。但是,战场电磁环境错综复杂,电磁环境模拟难以穷尽,"仿真如真"从根本上难以实现,对于装备在未来战场上可能面临的任意多源辐射组合情况,不可能全部通过战场电磁环境模拟和效应试验的方法一一进行测试和评价,因此,采用上述复杂电磁环境适应性评价方法在工程上并不具有普适性。为解决上述问题,一方面可以从装备电磁辐射共性规律和效应机理出发,探索装备电磁辐射敏感效应等效试验方法,按效应相似原则,科学确定电磁环境构建目标;区分训练阶段,合理确定电磁环境构设内容和重点;考虑技术成本效益,创新复杂电磁环境构建方法;建立系统敏感效应和环境模拟之间的对应关系,提出效应等效的复杂电磁环境适应性试验方法。另一方面,换个角度来思考,实验室条件下获取的装备单频、调幅等电磁辐射敏感度试验结果,虽然不能够直接、准确地评价装备在战场多源复杂电磁环境下的适应性问题,但它却真实反映了装备对不同频率、不同调制方式电磁辐射信号的耦合、接收能力及其自身在不同频率下的抗干扰、抗损伤特性,也可以说装备单频辐射敏感度曲线从某种程度上间接表征了外界电磁辐射场(输入信号)到受试装备敏感电路单元节点响应(输出信号,决定装备是否出现干扰)的频域传递函数曲线。为此,以实验室条件下获取的装备单频或特定调制方式下的辐射敏感度试验数据为基础,根据装备电磁能量耦合效应机理,通过理论分析推导,就有望建立武器装备在多源复杂电磁环境共同作用下的效应预测模型。从目前国内外学者持有的观点以及开展的相关研究来看,通过实测或预测战场复杂电磁环境特征参量,借助受试装备电磁辐射敏感度试验数据,采用相应的电磁辐射效应预测模型和方法,客观评价武器装备的战场电磁环境生存能力,将是该研究领域的发展方向。

用频装备在战场复杂电磁环境下将面临带内/带外窄谱电磁辐射、杂散噪声电磁辐射、宽谱强电磁脉冲及其任意组合的多个电磁辐射源,这些辐射源的频率、场强可能随时发生变化,组合形式多种多样,其辐射效应绝非是单源、单频电磁辐射效应的简单叠加,特别是受试装备中不可避免地存在着非线性器件,多个电磁辐射干扰源之间以及电磁辐射源同有用信号之间还可能由于交调、互调产生新的干扰频率,使受试装备的多源、多频电磁辐射效应试验产生传统单频电磁辐射效应试验难以发现的敏感现象。如何针对武器装备所面临的多源、多频电磁辐射环境,从电磁辐射效应试验中发现多源、多频电磁辐射敏感度与传统单频、窄带电磁辐射敏感度之间的内在联系,提出装备多源、多频电磁辐射效应建模方法,给出确定模型参数需要进行的试验类型与方法,分类建立装备多源、多频电磁辐射效应预测模型,是进行装备复杂电磁环境效应试验评估研究的核心问题。

　　装备在单频连续波或强电磁脉冲辐射条件下的抗干扰(损伤)能力,可以采用简单的一维敏感度数值(辐射场强)来表征。但是在多辐射源共同作用的情况下,装备的电磁辐射敏感特性涉及每一个电磁辐射源对整体效应的贡献度问题,多辐射源敏感度的表征方法可能呈现二维曲线、三维曲面甚至是多维空间的表现形式,这种复杂的表征方法难以直观描述受试装备的复杂电磁环境适应性。如何从装备电磁辐射效应共性干扰机理出发,以科学评估受试装备的复杂电磁环境适应性为目的,结合装备多源电磁辐射效应预测模型,提出电磁辐射源任意组合条件下的装备复杂电磁环境适应性表征方法,才能创新装备复杂电磁环境适应性评估技术,依据效应试验结果对受试装备的复杂电磁环境适应性进行科学评估。

# 参 考 文 献

[1] 魏光辉,陈亚洲,孙永卫. 微波辐射对无线电引信的影响与作用机理[J]. 强激光与粒子束,2005,
   17(1):88－92.

[2] 魏光辉,耿利飞,潘晓东. 通信电台电磁辐射效应机理[J]. 高电压技术,2014,40(9):2685－2692.

[3] 魏光辉,潘晓东,孙永卫,等. 窄带电磁辐射对无线电引信的作用规律[J]. 北京理工大学学报,2016,
   36(6):593－598.

[4] 费支强. 无线电引信连续波辐照效应及作用机理研究[D]. 石家庄:军械工程学院,2010.

[5] 耿利飞. 典型通信装备电磁辐射效应机理研究[D],石家庄:军械工程学院,2013.

[6] 潘晓东. 差模定向注入等效替代强场电磁辐射效应试验技术[D],石家庄:军械工程学院,2014.

[7] 耿利飞,魏光辉,潘晓东,等. 某型通信电台超宽谱辐射效应[J]. 强激光与粒子束,2011,12(23):
   3358－3362.

[8] 朱艮春,魏光辉,潘晓东,等. 典型通信电台带内干扰辐射效应研究[J]. 微波学报,2011,27(6):
   93－96.

[9] 魏光辉. 射频强场电磁环境试验系统可行性研究[J]. 实验室研究与探索,2005,24(6):68－70.

[10] 王韶光,魏光辉,陈亚洲,等. 无线电引信的超宽谱辐射效应及其防护[J]. 强激光与粒子束,2007,
    19(11):1873－1878.

[11] 王韶光,魏光辉,陈亚洲,等. 超宽带对无线电引信的作用效应实验研究[J]. 高电压技术,2006,
    32(11):78－80.

[12] 王韶光,魏光辉. 电火工品电磁危害的光纤测试方法[J]. 高电压技术,2007,33(5):6－10.

[13] 耿利飞,魏光辉,费支强. 连续波对无线电引信的干扰通道研究[J]. 北京理工大学学报,2009,
    29(S2):22－24.

[14] 费支强,魏光辉,耿利飞. 正弦波辐照对无线电引信作用机理研究[J]. 电波科学学报,2010,
    25(2):318－322.

[15] 潘晓东,魏光辉,李新峰. 同轴电缆连续波电磁辐照的终端负载响应[J]. 强激光与粒子束,2012,
    24(7):1579－1583.

[16] 魏光辉,卢新福,潘晓东. 强场电磁辐射效应测试方法研究进展与发展趋势[J]. 高电压技术,2016,
    42(5):1347－1355.

[17] 李新峰,魏光辉,潘晓东,等. 导线贯通金属腔体电磁辐射耦合电流的计算方法[J]. 北京理工大学
    学报,2016,36(6):625－629.

[18] 柴焱杰,孟丁,李建军,等. 复杂电子系统强电磁脉冲效应研究[J]. 无线电工程,2011,41(1):
    38－40.

[19] 李宝忠,何金良,周辉,等. 核电磁脉冲环境中传输线的电磁干扰[J]. 高电压技术,2009,35(11):
    2753－2758.

[20] 汤仕平,王桂华,张勇,等. 系统电磁环境效应试验方法:GJB8848—2016[S]. 北京:中央军委装备发

展部,2016.

[21] Pignari S,Canavero F G. On the equivalence between radiation and injection in BCI testing [C]. IEEE International Symposium on EMC Proceedings,Beijing,1997:179 – 182.

[22] Trout D H. Relationship Between Induced Currents from Bulk Current Injection Techniques versus Radiated Electromagnetic Field Illumination[D]. Huntsville: University of Alabama in Huntsville, 1995.

[23] Pignari S, Canavero F G. Theoretical assessment of bulk current injection versus radiation[J]. IEEE Transactions on Electromagnetic Compatibility, 1996, 38(2): 469 –477.

[24] Wellington A M. Direct current injection as a method of simulating high intensity radiated fields (HIRF) [J]. IEE Colloquium (Digest), 1996, 116(4):1 –6.

[25] Rasek Guido A, Loos Steffen E. Correlation of direct current injection (DCI) and free – field illumination for HIRF certification[J]. IEEE Transactions on Electromagnetic Compatibility, 2008,50(3): 499 –503.

[26] Flavia Grassi, Giordano Spadacini, Filippo Marliani. Use of Double Bulk Current Injection for Susceptibility Testing of Avionics[J]. IEEE Transaction on Electromagnetic Compatibility, 2008,50(3):524 –535.

# 内 容 简 介

本书系统阐述了装备电磁辐射效应规律与作用机理研究的相关理论和技术问题。重点阐述了典型通信电台、无线电引信的连续波电磁辐射效应规律、作用机理和强电磁脉冲场效应机理,确定了电磁辐射能量耦合通道,给出了电磁防护加固方法。全书共分7章:第1章阐述电磁环境特点及相关概念,给出了静电、雷电的一般防护方法;第2章分析了电子信息装备面临的电磁环境,给出了装备电磁环境效应与防护对策;第3章阐述了电磁辐射效应试验的相关技术问题,给出了提高试验准确度应遵循的原则;第4、5章分别阐述了典型通信电台和无线电引信的连续波电磁辐射效应规律、强电磁脉冲场效应机理与防护方法;第6章系统分析了无线电引信连续波电磁辐射效应机理,给出了综合防护方法;第7章总结了装备电磁辐射共性效应规律,阐明了复杂电磁环境效应试验评估技术的发展方向。

本书适合于从事装备复杂电磁环境效应建模和电磁防护指标论证、仿真预测、试验评估、防护加固设计的研究人员阅读,也可作为电磁防护专业研究生教材和相关专业研究人员的技术参考书。

This book introduces the related theoretical and technical problems on the feature and mechanism of electromagnetic radiation effects for equipment. It focuses on the feature and mechanism of continuous – wave electromagnetic radiation effects, and the mechanism of high intensity electromagnetic pulse radiation effects on typical communication equipment and radio fuses. The energy coupling channels of electromagnetic radiation are determined and the electromagnetic reinforcement methods are given. This book is divided into 7 chapters. In Chapter 1, the characteristics of the electromagnetic environment and related concepts are introduced, and the general protection methods for electrostatic and lightning are given. In Chapter 2, the electromagnetic environment faced by electronic information equipment is introduced, the electromagnetic environmental effects for equipment and protection counterplan are presented. In Chapter 3, the relevant technical problems of electromagnetic radiation effect test are described, and the principles that should be followed to improve the test accuracy are given. In Chapters 4 and 5, the effect feature of continuous – wave electromagnetic radiation, the effect mechanism of high intensity electromagnetic pulse radiation and its protection method for typical communication equipment and radio fuses are presented, respectively. In Chapter 6, the effect mechanism of continuous – wave electromagnetic radiation for radio fuses is systematically analyzed, and a comprehensive protection method is put forward. In Chapter 7, the general feature of electromagnetic radiation effects for equipment are summarized, and the development direction of test and evaluation technology for complex electromagnetic environmental effects is clarified.

This book is suitable for researchers who are engaged in the modeling of complex electromagnetic environmental effects, demonstration of electromagnetic protection indicators, simulation prediction, test evaluation, and protection reinforcement design. It can also serve as a postgraduate teaching material for electromagnetic protection or a technical reference book for researchers in related field.